服務隨創

少力設計
的邏輯思維

第三版

蕭瑞麟
國立政治大學科技管理與智慧財產研究所教授
新加坡國立大學亞太EMBA課程客座教授

SERVICE
BRICOLAGE

The Logic of Less-Design
for Adversary
Innovation

五南學術原創

　　五南出版社推動學術專書系列是一個時代性的使命，也是階段性的目標。過去，教科書的目標是為了更有效率的彙整與傳播知識。現在，學術專書的目的是為了創造新知識，而且是原創性的理論。當代的學術發展面臨到瓶頸，學術研究大量以「代工」為主，驗證「因果關連」成為主流。這樣的研究很難產生原創性的知識。以管理學來看，西方不斷有原創性的知識產生，像是麥可‧剽特（Michael Porter）的競爭優勢論、大衛‧蒂斯（David Teece）的動態能耐論、羅納德‧伯特（Ronald Burt）的結構洞理論、Jay Barney的資源論等。可是，放眼華人學術圈，卻較難找到深具原創性的理論。雖然這不是一蹴可幾的，但是總要有一個起點。這項專書系列希望就是這個起點，未來能夠吸引更多學者投入，逐漸發展出一系列的原創性的學術作品。

　　蕭老師之前推出的兩部作品《不用數字的研究》、《思考的脈絡》掀起學術圈對質性研究的關注。雖然《不用數字的研究》是一本學術專書，探討的是質性研究方法論，但是因為深入淺出，豐富引用中外文獻，讓書的底蘊夠、且可讀性高，也讓質性研究蔚為學術時尚。《思考的脈絡》則是實踐質性研究的成果，囊括十五個案例來解讀使用者、組織、機構等三大脈絡，又成為學術暢銷書經年而不墜。

　　蕭老師的學術研究頗為「斜槓」，常常跨界許多熱門主題。他由研究高科技跨到分析計程車司機的科技採納；由研究衛星派遣系統跨去分析供應鏈失靈；由供應鏈轉而分析歐盟跨國研發中心；由研發中心跨去分析電腦病毒；再由資安防治延伸研究韓流文化科技；再由流行音樂跑去分析地域創生；然後由城市未來跨界分析博物館的數位典藏；最近又由博物館商店的研究轉行到金融科技。雖然科技不同、產業不同、理論不同，但是他質性分析的脈絡卻是一以貫之。

這本書《服務隨創：少力設計的邏輯思維》是蕭老師又一部學術力作。他透過六年的田野調查，精簡出十個深入案例，透過這些案例提出原創性理論，更點出這些理論背後的邏輯思維。對他來說，也許用英文寫作的效率更快，所得到學術報酬更大，但他卻堅持用中文寫。他認為，那才能將學術魂灌注入作品中。當業界追捧AI（Artificial Intelligence）人工智慧的時候，他卻倡導另一種AI——Adversary Innovation（劣勢創新）。當業界風靡以機器人推動新零售時，他卻警告，新零售的關鍵是顧客體驗，而體驗是來自於顧客過往的經驗，要深入分析顧客的「參考點」，新零售才能夠有心靈的感受。

他又提出，企業手邊沒有資源，甚至只有負資源時，不能夠蠻幹，必須學習轉換資源的性質，才能夠改變資源的價值。如此，企業便可用「少資源」做出「巧創新」。面對商場上的強勢者，企業往往不知所措而退卻，不然就是螳臂擋車而被滅。他卻認為，面對強勢者不能「抗強」，而必須要施展「逆強」的謀略，弱勢者才能夠存活於激烈的競爭中。

這些劣勢翻轉的觀念以及服務創新的作法深具原創性，也扭轉了「學術是象牙塔獨白」的迷思。這些「少力設計」（劣者，少力也）思維勢必再一次影響學術思潮。期待這只是開始，希望未來有更多學者能夠投入這類專書，將手上豐富的田野資料、精彩的企業個案、深刻的理論分析，變成一本又一本的原創性著作，讓更多新觀念、新思維持續浮現。這些想法也許會在不久的未來，就會悄悄地改變企業的經營方式，改善社會的沉痾問題，甚至於健全國家的制度政策。期待，學術原創的年代逐漸向我們走來。

楊榮川

五南圖書發行人

沒有人是服務的局外者

　　研華科技多年來與若干著名大學商學院會定期約定進行「個案研究」，邀請教授針對公司面對的重大經營議題撰寫個案故事。然後，邀請公司內部相關主管及外部顧問，在教授指導下進行個案研討。經過多次充分研討之後，雖然教授與學員都不一定需要提出明確的解決方案，但由於經營團隊針對問題的充分分析、充分討論，解決問題的方向與共識也就自然而然地浮現出來了。這種「個案研討解決關鍵問題」的手法，我們通常用在解決長期且困難的重大問題，效果很好。

　　政治大學蕭瑞麟教授過去曾多次協助研華進行這種個案研討，本書中就包含兩個案例，談到研華的 IMAX 創新制度以及在大陸以小博大的策略。他的「脈絡思考創新論述」頗具特色。我們經歷過幾次實案體驗，確實得以解決公司中的重大議題，是突破創新的重要心法。本書中蕭教授再次以脈絡思考法分析企業問題，推出多個新案例，並加入近年來「所有產業最後都會演化成為服務業」的新經營思維。我個人經營研華科技至今 35 年，研華從表面看來是不折不扣的電子製造業，但我近年的實務經營體會也充分地證實是「演變為服務業」的必要進化。尤其近年來在全力推動物聯網的軟、硬整合方案，必須以「共創（Co-Creation）」模式迎向工業物聯網、工業 4.0 這些未來即將來臨的典範轉移。

　　面對這些挑戰，我們必須從服務思維及產業上下游的價值鏈創新整合著手。我們要以相對有限的資源去思考創新方案，深度關切顧客的體驗，並倒回來思考產品的設計與製造。企業已經不能再說：「我們是 B2B（Business-to-Business）的公司，所以不需要理解顧客，只要將業主與供應商照顧好即可。」未來的競爭中，沒有人是服務的局外者，更沒有人可以在劣勢中還任性揮霍資源。這樣來思考，就更能體會蕭教授所提「服務隨創」之深刻道理。

未來的企業即將面對數位轉型、人工智慧以及物聯網等新科技所帶來的快速變革新時代。但是，我們真的準備好了嗎？我們真的有足夠的資源去面對困境？科技業真的可以獨善其身地生產，只需要關心產品的功能，而不需要顧及服務與所帶來的顧客感受？這些迷思在本書中一一被點破。此時，正當各類組織紛紛創新商業模式之際，相信這本書所提供的個案，應該可以為企業經營者帶來寶貴的指引。這些案例背後的邏輯思維也更將讓企業經理人腦洞大開。

劉克振

研華科技　創辦人暨董事長

融媒體，見證服務隨創的年代

TV+智慧媒體時代已經悄悄來臨了。電視，熟悉又陌生，曾經的陪伴已經越來越遠。觀眾在遠離、收視在降低、廣告在貶值、企業在流失。在偉大的互聯網面前，這個可愛的天線寶寶甚至無所適從。人們尋找WIFI，尋找和互聯網連接的一切。而電視，也在尋找和被尋找著。每個人眼前都有一個巨大屏幕。

每個人手中都有一部超級電腦，終端電視被連接了起來，觀眾被連接了起來。他們之間的資訊交換，變成最強大的媒體。因為電視，新的機會也來了。再任性的個體，總會被好節目所吸引。這個世界再大，電視的影響力仍巨大。即使被互聯網＋，也需要有力量激發這種連接。電視有了機會，進化成為更強大的電視。這些就是天脈TV+使命。

未來，沒有純粹的產業，沒有單一的商業，沒有絕對的界限，沒有封閉的市場，有的只是雲生雲聚。誠如本書蕭教授所提到，唯一留下的是服務，因而成為一種新行業。幫助節目和品牌更有效地與觀眾及消費者連接，並從連接中實現價值。七年來我們堅持的目標，超過數百家電視機構生產了數以百萬條節目和廣告大數據。這些媒體資源透過媒體橋連接重構反向輸送到電視台，正源源不斷地為電視釋放巨大資訊能量。

很高興，蕭教授這本書如此貼近時代脈動，介紹天脈聚源的最新融媒體科技以及虛實融合的商業模式。我們為電視創造了 TV LINK／TV WATCH 互動場景連接呈現系統，讓節目互動可視化、生活化、伴隨化。我們為每一個電視觀眾手中的超級終端提供「TV+媒體」的一系列應用產品，創造出一系列圍繞節目內容引人入勝的媒體場景。

我們正在幫助近百家媒體優化內容，每天和數億觀眾進行著連接與互動，正在加速著電視行業的進化，並提升媒介價值。我們用更先進的媒體解決方案激發品牌影響力，用「媒體橋」幫助品牌在觀眾中找到消費者，用內容化社

區黏合和經營電視用戶。我們幫助電視和品牌去聆聽觀眾和消費者的每一個聲音,理解與洞察海量聲音背後的情感、內涵和商業機會。

如今,我們正在締造一個無邊界的產業。電視與互聯網正在打通邊界。觀眾用戶消費者正在合一。內容、用戶、商業、連接新生態正在形成。電視廣告的天花板正在被一個個掀開。TV+ 時代已經到來。而這一切,都被記載到這本書中;讓我們的努力被記錄,也即將揭開電視媒體的大變動,見證了天脈「服務隨創」的軌跡。

尹遜鈺
天脈聚源公司　執行總裁

作者序
劣勢才是常態

　　轉眼間,這本書邁入第三版。我藉著回到新加坡國立大學研究的期間,將整本書重新做個整理。目的是讓案例更為精簡,讓討論更為深入,也讓案例更加科普化。

　　未來可能只有一種行業,叫做服務業;未來可能必須學會一種創新,叫做劣勢創新。撰寫這本專書《服務隨創:少力設計的邏輯思維》背後有兩個目的。第一個目的是介紹服務創新。在使用者為主的世代,服務無所不在。服務已經不僅僅侷限於服務業,像是鼎泰豐無所不在的貼心服務,或是誠品書局以文青品牌推出的複合服務。任何有形的產品,都可以結合無形的服務。所以,銷售電腦需搭配管理諮詢服務;推廣電動車需結合智慧型維修服務;販賣服飾需附加時尚顧問服務;開超市需融入現場體驗與即時物流服務;經營電子商務需跨界網紅直播服務。

　　服務,原本只需有效率地為客戶解決問題。隨著時代的演變,服務不只要有效率,而且過程中還必須給予顧客良好的體驗。功能性的產品或服務,即使有效率,若顧客的情緒體驗不好,結果也是失敗。本書以不同的案例,針對不同的行業、不同的挑戰,來解釋服務如何能千變萬化,改變顧客的感受。

　　第二個目的是希望介紹劣勢創新。雖然這個觀念大家並不陌生,可是真正要理解其內涵卻不容易。開展研發的時候,總以為手邊會有豐沛的資源可供使用,但現實上卻不允許。實務上,我們所面臨的是匱乏的資源以及一連串令人無奈的制約。在這種情況下,企業需要理解如何能隨手拈來就是創新,進而突破困境而逆轉勝。這是最近興起的「隨創」(bricolage)理論。劣者,少力也。當我們遇到困境時,「少力設計」(less-is-more design)可以協助我們找到劣勢創新的機會點。不僅中小企業需要學會應用劣勢創新,大企業更要引以為戒,也是當代社會面臨無力感時亟需的一帖藥方。

　　這兩者加起來,就是「服務隨創」——如何在制約下創新,找出解套方

案。在這六年來，透過兩項科技部三年期計畫，我挑出十個案例，分為三個主題，來解讀服務隨創的觀念。開啟序幕的是柯達公司的「優勢隕落」過程。身處優勢，怎麼會隕落？柯達這家公司一直被認為是科技管理界的模範生，卻被自己的優越所綁架。這導致過去的核心能力變成僵固的作繭自縛。柯達案例警示我們，有豐富的資源並不見得會產生亮麗的創新，當企業剛愎自用時，優勢也會變成劣勢，這背後是盛極必衰的邏輯。

接下來，本書分為三項主題來探討服務隨創：以人為本、複合綜效以及少力設計。主題一是「以人為本」。任何服務都不能離開人，這道理並不難理解。可是，我們卻很驚訝地發現，企業宣揚的「以客為尊」大多只是口號，真正落實的少之又少。這並不是企業漠不關心，而是多數主管不知如何理解使用者行為。因此，本書第一個主題介紹精準分眾、相對感受以及認知導意等三種思維。

案例一是分析捷運報的再設計，理解如何以人物誌作為工具，理解鎖定分眾的行為特質（第2章）。想要一開始就鎖定大眾，可能會一無所得，唯有理解分眾的細緻需求，方能取得顧客洞見。我們將體認到，創新要鎖定特定區隔的目標客群，而不是廣泛的大眾，這背後是精準分眾的邏輯。案例二分析一家百貨公司推出新服務，卻不受待見。這不只需要繪製顧客旅程，理解流程與旅程之間的差異，也需體會顧客因過往經驗而產生不良的體驗，這背後是相對感受的邏輯（第3章）。案例三由博物館商店的文創行銷來分析導意的作法，探索如何循循善誘，將觀眾對文物錯誤的意會轉變成深刻的體會，這背後是認知導意的邏輯（第4章）。這些案例點出，不理解使用者的行為脈絡、不瞭解他們的痛點，就難以重塑顧客良好的體驗。

主題二探討的是「複合綜效」，探討服務創新背後的商業模式，關鍵在於整合與調適，分為三個主題：技術綜效、虛實融合以及調適複合。首先，史丹利的案例探索技術整合的議題，分析這家跨國企業如何透過技術併購來形成綜效，讓兩個技術重組成全新的商業模式。藉此，我們也介紹研華科技所運用的IMAX（Incubation, Merge, Acquisition and eXtreme product）作法，其在業界

頗負盛名。這是研華整合集團資源的作法，說明技術之間如何找到相互扶持的關聯，背後是技術綜效的邏輯（第5章）。其次，天脈聚源的案例探討「融媒體」（將電視媒體與網路媒體融合為一）的服務創新。該公司以創新的手法讓線上與線下服務產生虛實融合，讓電視機與手機相配合，最後形成雙屏聯動的複合商業模式，讓電子商務與手機「搖一搖」形成跨界整合，這背後是虛實融合的邏輯（第6章）。最後，愛奇藝的案例追蹤該行業的發展脈絡，解析後進者如何回應主流者，發展出一連串精彩的商業模式。後進擊者雖然處於劣勢，卻更能謀定而後動，讓資源能夠動態地調整，並複合出更具後勁的商業模式，這背後是調適複合的邏輯（第7章）。

主題三談的是「少力設計」的觀念，也用三個案例由淺而深地介紹劣勢創新的作為，分別為：以少為巧、負負得正以及由強尋弱。成功者一開始往往都是身處劣勢。他們運用什麼手法把劣勢轉為優勢，是關切的重點。第一個案例分析星野集團如何翻轉經營不善的旅館。這個案例用來說明隨創的三個原則：就地取材、將就著用以及資源重組。根據這三個原則，延伸更複雜的隨創作法，也展現資源的二元性觀念，藉由改變資源的性質，而去改變資源的價值，這背後是禍福相依的邏輯（第8章）。

第二個案例分析曜越科技，那是一家小型的散熱器製造商，因為產業的競爭而面臨生存危機。然而，當曜越改換跑道至電競產品，竟然能華麗轉身。這個案例分析如何巧妙組合手邊看起來沒價值的「負資源」，瞭解如何透過資源的相依特性，轉換劣資源的價值，這背後是負負得正的邏輯（第9章）。第三個案例分析研華科技的「逆強」（強弱逆轉）作法。當弱勢者遇到強勢者的壓制，要如何找出轉機，對外取得資源，然後翻轉劣勢。研華科技在大陸市場的表現，讓我們體會到逆轉勝的關鍵不是「抗強」，而是「逆強」。這背後是由強尋弱的邏輯——由強勢者身上逆向追蹤「強者必有其脆弱」的契機（第10章）。

最後，總結本書逆轉勝的思維如何隨手拈來，用最少的力量達到最好的創新效果，點出每個案例中服務隨創的洞見（第11章）。期待透過這些案例能解

讀服務隨創背後的思考脈絡，也讓這些逆轉勝的經驗得以傳承。這些案例源自於學術研究成果，提出原創性的理論與作法，希望透過科普化的呈現，可以讓企業深入體會創新的豐富內涵。在未來，當企業面對重重劣勢時，也能優雅地殺出重圍，逆光飛翔。

　　這兩期計畫延展六年，完成這十個案例並非易事。誠心感謝科技部給予多年期的經費補助，以及專書的補助與研究獎勵經費，也讓我有機會到倫敦駐點研究，使我可以心無旁騖地寫作、整理與校定這本書（科技部計畫：108-2918-I-004-001）。要整理這麼多案例，以及相關的文獻，真的必須全心投入才能完成，這些經費協助是非常關鍵的。在倫敦，我幾乎每天都到大英博物館去寫作，一方面是督促自己，一方面是希望藉由藝術的力量加持，讓我文思泉湧（後來證實效果也的確不錯）。此外，政治大學行動研究團隊（ART, Action Research Team）的夥伴相互扶持，才得以順利完成多場的採訪，分析堆積如山的資料，最後得到諸多幾項。在此深深感謝他們，特別是過去指導的碩士生更是我寫作過程的好幫手：鄭家宜（第2章）、關欣（第3章）、徐嘉黛（第4章）、莊惠琳與霍紫汀（第6章）、陳曌（第7章）、徐嘉黛（第8章）、汪詩堯（第9章）、陳穎蓉（第5與10章）等。也感謝林希玟、陳彣璿、陳懿軒、蔡宇晴、顏之好、郭咨宜、林書安協助徹底校稿，讓修訂版得以如期付梓，由衷感謝他們的參與以及陪伴。我們過去是師生關係，過程中成為研究夥伴，畢業時他們是我嘔心瀝血的「作品」。現在，他們成為我的小天使。

蕭瑞麟

2013.01.16 起筆於木柵政治大學
2020.01.16 二版完稿於倫敦大英博物館
2023.03.16 三版修訂於新加坡國立大學

CONTENTS

01

盛極必衰：伊士曼柯達
創造性毀滅

以人為本 —— 匱乏時，精準洞察

02

精準分眾：捷運報
以人物誌尋找顧客洞見

03

相對感受：科技百貨
繪製新零售的顧客旅程

04

認知導意：故宮商店
後赤壁文創行銷

複合綜效 —— 缺少時，以巧成多

少力設計 —— 劣勢時，施展隨創

01

盛極必衰：伊士曼柯達
創造性毀滅
Logic of Downfalling – Eastman
Kodak's Creative Drestruction

那些本來應該被市場幹掉的公司若想活下來，就
必須搞出個天翻地覆的風暴。這時，創造性毀滅
就浮現了。

——喬瑟夫‧熊彼得，經濟學家

在法國奧賽美術館，走入正廳會看到一幅約8公尺寬的大畫作，掛在視覺最震撼的位置，讓人無法不駐足凝視。這是湯姆士・庫蜕爾（Thomas Couture）的傳世巨作——《頹廢的羅馬人》。畫中是衣冠不整的男女，肆意縱情於酒宴之中，背景中的大雕像透露這裡是羅馬帝國，一個戰無不勝、攻無不克的強大王朝。雕像象徵先祖的榮耀，前景宴席中有男歡女愛，有醉得不省人事的賓客，有喝醉鬧事的青年，爬上雕像跟先祖敬酒，眾人正在歡愉之刻，只有一位青年愁容滿面，坐在畫的最左邊石柱上，似乎看不下眼前的這一切。畫的最右邊是兩位日耳曼賓客，一人身著紅袍，一人身著藍袍，目光冷靜地看著這場飽暖淫慾的安樂。日耳曼人，正是即將毀滅羅馬的外族強敵。

家族、企業、王朝之興亡，在每個時空都可見到。然而，我們卻很少思考，為何有些組織會由弱變強，而另一些組織卻是由盛而衰。現在的優勢，在一開始時通常都是臥薪嘗膽的過往。今日的頹勢，一追溯起來往往是因為昔日的放浪形骸。在本書中探討的「隨創」，廣義來說就是於劣勢中隨手拈來，皆可找到創新的契機。也因此，在一開始我們需要理解優勢是如何變成劣勢的。

戰國時代的孟軻做了最簡潔有力的結論：「生於憂患、死於安樂。」居劣勢時，要由弱變強，必須苦其心志，勞其筋骨，空乏其身，行拂亂其所為。也因此，弱勢者才能動心忍性，增益其所不能。相反地，居安不思危，卻縱情於聲色之中，肆意於淫慾之間，原本的優勢也會隨風飄逝。古今如此，中外亦然。

接下來，我們先理解「創造性毀滅」（creative destruction）的觀念[1]，然後來探索兩個現代版的「羅馬人」，理解美國伊士曼柯達（Eastman Kodak）公司如何由創新模範生逐漸淪入僵固思維。有著同樣命運的是日本之光——索尼（過往的翻譯為新力，Sony）公司。原本是科技明星，卻一不小心陷入穀倉效應。昔日的傑出，變成今日的平庸，深陷泥沼難以自拔。

/ 創意性毀滅 /

經濟學家熊彼得提醒企業，一不小心，原本身處優勢的企業很快就會創意性地「被毀滅」。這也就是「長江後浪推前浪，前浪死在沙灘上」的道理。一不留神，後浪轉眼變前浪，奔向沙灘好惆悵。創造性毀滅是一個自相矛盾的名詞，既然擁有創造力，又怎麼會被毀滅？經濟學家把這個觀念稱為自由市場所造成的混亂式進步。新市場的開放帶來持續性變革，每家公司都鍥而不捨地創新，以求生存於競爭的市場。在自由市場中，優勝者不斷地強大，雖不能壟斷，卻可以主導。強者越大，弱者越小；而強者吃掉弱者，就成為自由市場的常態。

其實也不盡然，經濟結構會不斷地改變，新經濟結構會取代舊經濟結構，新科技替換舊科技，新商業模式淘汰舊商業模式。這樣，長江後浪不斷推翻前浪，新一代創新不斷地摧毀前一代創新。這便是資本主義所帶來最殘酷，也最美好的禮物。很諷刺的是，主流者本來占盡優勢，而且知道在太平時期就應該要未雨綢繆，即時調整體質以因應變局。然而成功企業卻往往轉不了身，只能眼睜睜地看著自己的大船撞上冰山。古今中外，成功的主流企業為何都改變不了成功帶來的魔咒？這或許是上天的「公平」安排，讓驕傲者失敗，哀兵反而取勝。

我們需要認識兩個關鍵詞：主導設計與標準戰爭。主導設計（dominant design）是市場中公認為領先的設計，通常由主流者掌握，存在於產品創新、服務創新、技術創新或是商業模式創新[2]。例如，柯達生產的底片成為市場的主導設計，而這個主導設計背後有一套「技術標準」。主導設計具有領導地位，競爭者與後進者不得不遵守這套技術標準來設計自己的產品，因為若不追隨標準則難以生存。昔日資訊業巨人 IBM 推出的電腦系統就是當時的技術標準，追隨的廠商都必須跟著這套標準走。主導設計若運作成功，就可造成市場寡占效果，讓後進者不得不模仿。

企業可以透過七種方式形成主導設計[3]：產品迅速地規模化（economies of scale），讓多數消費者快速擁有，就能領導潮流；抓住先進優勢，先到先贏（seizing market entrance time）；讓產品規格標準化（standardizing product specification），就容易量產與更新；分銷通路有效率（effective distribution networks），鋪貨就可以又快又廣；巧妙區隔市場，就可以各個擊破（targeting market segmentation）；密集廣告（pervasive advertising），對客戶洗腦；建立社群口碑（building word-of-mouth through social networks）。這些作法都可以快速讓顧客採用產品，因而讓自己的產品設計與技術變成主流，形成主導設計。

然而，後進者的創意，加上主流者的傲慢，卻可以動搖主導設計。之前，錄影帶規格 Beta 系統被 VHS 系統打敗；微軟視窗作業系統被蘋果 iOS 作業系統超車；安卓（Android）手機作業系統與蘋果的系統分庭抗禮；百視達影視（Blockbuster）被後進者網飛（Netflix）摧毀；柯達軟片技術被數位照相技術取代，連帶公司也宣告倒閉。

體格好，體質不一定好。創意的後浪會推倒自大的前浪。越成功的企業，越難以創新；這樣弔詭的事，不斷上演。擁有豐富資源、充沛人才、悠久聲譽，應該是創新的常勝軍才是。然而，創造性毀滅理論告訴我們，多數企業成功時會造成組織內鬨、人才流失、資源錯置，接著做出一系列錯誤決策。設備精良、人多勢眾、產品豐富，這只是在物質世界的優勢。當企業體質不健康、思考不周密時，就會做出錯誤判斷，會錯失良機，最後會被環境所淘汰，被具備創造力的後進者「毀滅」。怎麼會這樣呢？我們來看看柯達與索尼的當代殷鑑。

柯達
/ 創新引擎失靈 /

柯達創立於 1881 年，可說是創新模範生，是那個年代的谷歌。隨後15年間研發出拍攝 X 光影像相紙以及醫療用底片，應用於心臟病、牙科、腫瘤與癌症的放射治療。1912 年，柯達將照相技術應用於商業印刷。1933 年，柯達研發出縮影底片，不僅用於銀行保險、圖書館、政府機構，更用在軍方郵件的傳

遞。1956年，柯達推出洗片機，讓沖洗照片只要花90秒。1964年，柯達生產膠卷型自動相機，銷售750萬台，創下銷售佳績。1966年，柯達與美國太空總署合作，研發出由太空拍攝地球的相機。

此時，柯達的海外銷售額達到21.5億美金，是當時第二名愛克發的六倍之多。在美國，柯達底片市場占90%，相機占85%，不可一世。你可能想不到，全球第一台數位相機出現於1975年，就是柯達研發出來的，技術超越索尼與佳能。可是，後來因為底片生意太好了，柯達不想分心於數位相機，於是放棄此研發案。畢竟，若是數位相機的生意做起來，會衝擊到底片的銷售。1989年，柯達公司研發出色彩更豐富的電影底片。2000年，柯達膠卷總銷售約占全球三分之二。2001年，柯達進一步併購Ofoto，改名為Kodak Gallery，希望讓6,000萬名使用者上傳網路分享照片。可是，因為底片生意太好了，柯達又放棄雲端分享服務專案。

1990年代，柯達曾將底片相關化學技術轉換成藥品，結果損失慘重[4]。2003年，柯達宣布發展數位影像業務；矛盾的是，柯達又陸續出售醫療影像相關專利權。2013年8月，柯達忍痛宣布破產。2016年，一位柯達資深主管接受媒體採訪時回憶：「獨占市場的優勢，對柯達其實是一個大問題。我們一直都覺得擁有百分之百市場天賦的權利。所以，我們根本不關心外面發生什麼事，或是後面有哪些追兵。」[5]

130年來，柯達擁有一萬多項專利，由2008年到2013年約獲取20億美金的專利收入。當2011年聽到柯達股價跌幅超過80%、2003年膠卷銷售大幅萎縮到41.8億美金，市場是震撼的。2004年到2013年，柯達年年虧損，只有2007年獲利。柯達於1997年的市值是310億美金；到2011年只剩下21億美金，在14年間幾乎每年蒸發一成。2013年，柯達忍痛宣布破產。震撼，帶出的只是遺憾（參見圖1-1）。如果當時柯達沒有那麼快就砍掉數位相機，會不會現在就成為了手機的主導設計？如果當時沒有太快丟掉Kodak Gallery的事業，會不會現在的Instagram就成為柯達的明星事業版圖？現在反省雖然對柯達已經太晚，但是對當今企業卻如暮鼓晨鐘。

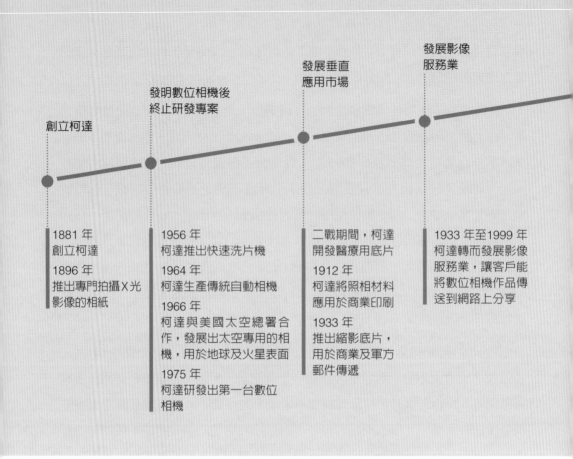

圖 1-1　柯達因迷戀過往成功而錯失轉型良機

上方時間軸文字：

創立柯達

發明數位相機後
終止研發專案

發展垂直
應用市場

發展影像
服務業

1881 年
創立柯達
1896 年
推出專門拍攝X光
影像的相紙

1956 年
柯達推出快速洗片機
1964 年
柯達生產傳統自動相機
1966 年
柯達與美國太空總署合
作，發展出太空專用的相
機，用於地球及火星表面
1975 年
柯達研發出第一台數位
相機

二戰期間，柯達
開發醫療用底片
1912 年
柯達將照相材料
應用於商業印刷
1933 年
推出縮影底片，
用於商業及軍方
郵件傳遞

1933 年至1999 年
柯達轉而發展影像
服務業，讓客戶能
將數位相機作品傳
送到網路上分享

　　企業一旦小有成就，不應該被自己的優勢所綁架，而陷入自滿與自戀。柯達當代的困境，不是因為不夠努力，而是肇因於昔日優勢所養成的短視、所形成的驕傲[6]。優與劣、成與敗，決定天平傾向哪一邊的關鍵，在於企業在得意時會不會被優勢所蒙蔽、被勝利所豢養。盛之所以成為衰，並非盛之罪，而是企業在鼎盛時不免帶來的剛愎自用，使集體思維僵化，將組織一步步帶向毀滅的道路。

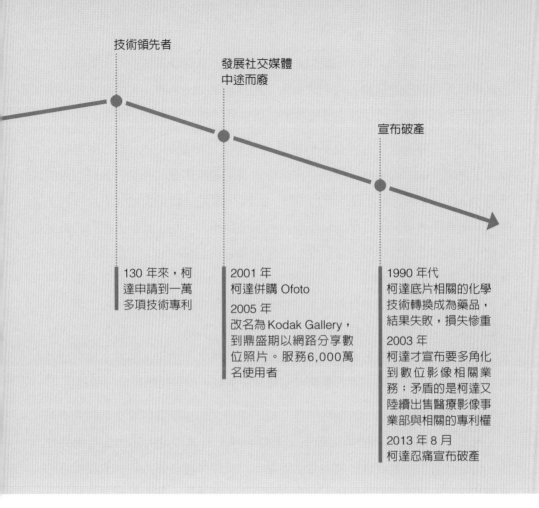

技術領先者

發展社交媒體
中途而廢

宣布破產

130 年來，柯達申請到一萬多項技術專利

2001 年
柯達併購 Ofoto
2005 年
改名為 Kodak Gallery，到鼎盛期以網路分享數位照片。服務6,000萬名使用者

1990 年代
柯達底片相關的化學技術轉換成為藥品，結果失敗，損失慘重
2003 年
柯達才宣布要多角化到數位影像相關業務；矛盾的是柯達又陸續出售醫療影像事業部與相關的專利權
2013 年 8 月
柯達忍痛宣布破產

索尼
/ 昔日科技英雄 /

　　另一個被成功綁架的企業是索尼，昔日科技產業的英雄。索尼兩位創始人井深大與盛田昭夫原本是研發飛彈的工程師。戰爭之後找到共同的事業，由一開始向美國授權生產收音機，逐漸發展成為龐大的科技企業，是高品質電子產品的代表，是日本之光。在井深大的年代，彩色映像管、錄影機、照相機產品的推出奠下索尼的基礎。換到盛田昭夫執掌時，研發出「隨身聽」（Walkman）因而聞名全球。第三時期接班人是大賀典雄，在持續的研發下，

索尼推出電腦、電視以及 V8 攝影機等家庭電器，業績蒸蒸日上。大賀典雄力排眾議投入遊戲機的研發，也因此誕生了明星產品 PlayStation。然而，任何事情過與不及都不好，過度專注於技術研發很容易燒錢，營收出現瓶頸。

第四代領導人是出井伸之，他接手之後索尼推出愛寶（AIBO）機器狗，因為是封閉系統所以不容易找到合作伙伴。索尼還推出讓出井執行長最驕傲的筆電 VIAO，流線造型讓賈伯斯也讚嘆。此間，索尼併購哥倫比亞唱片公司，成立索尼音樂事業部，目標是以影視內容創造競爭力。為了節制各部門的研發經費，出井伸之推行績效評量制度，將事業部視為利潤中心。這是讓分公司自負盈虧，短期間成本降低了，負債減少四分之一，利潤也提高 16 倍之多。可是，這也造成部門之間各自為政，研發人員關起門來建立各自的技術王國。部門之間技術不再分享，人員不再輪調，產品研發不但防外人，也要防自己人。索尼推出筆電卻難以將影音、電玩、相機等技術併入，後來又因為全球召回鋰電池的事件而大傷元氣。索尼音樂害怕利潤被削減，於是拒絕數位化道路。

第五代領導人霍華‧斯金格，是一位不懂日文，也不懂日本文化的威爾斯人。他是一位媒體出身的英國紳士，大聲疾呼要打破索尼內部群雄割據的狀態。但是他所做的是裁員、集中生產地點，以及停掉愛寶機器狗，取而代之的是液晶電視。他說要研發聚焦，結果冒出上千項新產品，而且專利互不相通。部門本位主義使索尼各事業部內鬥，研發部門相互競爭。隨身聽是索尼的代表作，但各事業部競爭，同時推出記憶卡隨身聽、筆型隨身聽、網路隨身聽三項產品，充電器也都不一樣。

當索尼內部各自研發新一代隨身聽時，蘋果電腦於 2000 年至 2001 年將 MP3 數位播放器改為可以裝 1,000 首歌的 iPod，讓使用者可以隨選歌曲，還可以連結麥金塔電腦，到 iTunes 商店下載歌曲，也讓音樂公司可以分潤，不用擔心盜版。iTunes 商店以低價形成規模，以平台塑成通路，讓音樂公司願意合作，讓使用者擁有自己的音樂圖書館。同時，蘋果推出 App Store 讓用戶下載應用軟體。蘋果電腦以創意重建產業秩序，形成新主導設計，而創辦人竟然是一位電腦門外漢。電子書技術最早也是索尼研發出來的，由於各部門擔心被分掉

營業額，不肯相互合作。後來，亞馬遜領先推出電子書，蘋果推出 iPad 更是風靡市場。斯金格似乎管不動這些技術主管，而他的時運也不佳，就任期間遇上日本經濟不景氣、地震、海嘯、水災。

於是第六代領導人上場，平井一夫是賣出 5 億台遊戲機的功臣。他接手後自然是持續發展這項熱賣產品。同時，他也併購雲端遊戲公司、比利時 Softkinetic Systems 影像感測器、東芝半導體（CMOS，強化手機零件部門的獲利）。在家庭電器方面，他的技術願景是「感動是創意的泉源」，創立用戶體驗部門來統合數位相機、遊戲以及電視。最後，這也只是停留在願景的層次。手機部門依然沒有辦法跟其他部門整合，用戶關心的缺點仍然沒有被改善。

比起三星或蘋果，索尼推出的手機至今仍有待改善。當時，新款的 Xperia Z5 邊框還是有點粗糙、電源鍵跟音量鍵離得太遠、相機夜拍畫面不夠亮、電池續航力表現普通、手機容易過熱。這些問題也許別家手機都有，然而，索尼面對的「後浪」是三星與蘋果，對手每次的進步幅度，總是讓索尼更顯落後。手機部門在 2018 年至 2019 年這兩年間虧損已經達 18 億美元。接著，索尼推出香水相機，卻沒有跟手機結合；推出大尺寸家庭電影院（近距離投影技術），卻沒有整合 4K 技術；推出抗噪耳機，藍牙連結功能卻不順。用戶體驗成為空談。

索尼的底子輸得更慘（參見表 1-1）。2015 年，索尼的銷售額是 769 億元（以美金計算），虧損 15 億元，雖然資產有 1,358 億元，市值卻只剩下 342 億元。三星電子銷售額是 1,959 億元，盈餘 219 億元，資產為 2,080 億元，市值 1,994 億元。蘋果銷售額與三星差不多（1,994 億元），獲利卻是三星的兩倍（445 億元）；資產略多於三星（2,619 億元），但市值卻是多四倍（7,418 億元）。在 2008 年至 2015 年間，索尼累計虧損共計 370 億元，那是大約它在 2015 年的市值（342 億元）。原本，索尼是可以交出比蘋果更亮眼的成績，可是卻讓自己深陷泥沼之中。

表 1-1　索尼面臨虧損，市值大幅縮減（單位：美金）

公司	2015年排名	銷售額	獲利	資產	市場價值
索尼	478	769 億元	-15 億元	1,358 億元	342 億元
三星	18	1,959 億元	219 億元	2,080 億元	1,994 億元
蘋果	12	1,994 億元	445 億元	2,619 億元	7,418 億元

雖然後來索尼的營收由負轉正，但這是賣掉筆電、電腦、化學等事業部門，以及東京與紐約的大樓，外加裁員一萬人所換來的代價。英國《金融時報》記者吉蓮・邰蒂（Gillian Tett）便點出：「後面這三代經營者的作法也引發內部的不滿，決策錯誤卻不用受到處罰，執行不力也不用下台，下台之後還可以當顧問支領高薪。這令被裁掉的數萬員工情何以堪，留下來的員工恐怕也難以心服。」2018 年，第七代領導人吉田憲一郎登場，目前表現如何仍然難以論斷。他所推出的三個經營重點是：服務、人工智慧、機器人。不過，目前只有看到 OLED 高解析電視（8K）以及全景虛擬實景系統。相機的銷售掉了五倍，手機的銷售掉了兩倍，在數位時代，索尼的前景堪慮。

/ 盛極必衰的邏輯 /

為何柯達的創新引擎會失靈？為何索尼會由英雄變成狗熊？他們曾經是最優秀的公司，有龐大的資源、優異的人才、忠實的客戶，可以持續推動創新，可是他們為什麼會落得這樣的下場？這樣的故事絕非只是因為他們碰巧運氣不好，柯達與索尼的故事也可能發生在任何一家企業。值得我們深思的一項關鍵問題是：企業如何陷入僵化思維？

組織之所以會由盛轉衰，是因為組織成員自以為是、故步自封，最終讓思維僵化。「成功詛咒」是一種能力陷阱，當在某一方面的能力表現得超好的時候，就傾向強化這項能力，而忽略培養新能力去因應逼近眉梢的危機。這便會讓組織

陷入「僵思效應」（Obduracy Effect），這不是《陰屍路》影集那種「殭屍」，而是僵化的思維[7]。僵思效應會出現三種症狀。

症狀一：自我感覺過於良好。當企業成功十年、二十年或更久，漸漸會由自滿、自負而產生自戀。資深主管不思進取，只想保住自己的位置，有的等退休，有的則躲進人群濫竽充數，有的思維跟不上時代，迂腐的眼光來不及與時俱進。當有人提出改革，患有僵思症的主管就會提出過去的豐功偉業，暢談成功的往事，批評改革的諸多缺失。眷戀過往的主管缺乏前進的勇氣，不想踏出舒適圈，於是不再學習、不再關心顧客與競爭者，逐漸與現實脫節。試想，當時柯達要是不放棄研發數位相機，也許類似 iPhone 的產品就不是由蘋果公司首先推出的。當時，若柯達持續建構社群與雲端分享技術，市值 2,316 億美金的臉書公司說不定就是屬於柯達的。

症狀二：人際關係變得糾結。成功企業通常背負人際關係的包袱，成為創新的枷鎖。在內部，員工不願意相互得罪，讓過時的作法繼續存在，讓錯誤的流程永遠不改。在外部，與供應商的關係穩定，也就心生懈怠，不願意找尋更好的方案。各種人事糾結使資深員工變成前進的絆腳石。恐懼使得舊人怕新人，下意識做出抵抗行為。所有舊人聚在一起，恐懼就會被放大，謠言就會四處流竄，弄得人心惶惶。舊日的人際關係，成為集體迷思，讓大家看不見眼前的危機，做不出正確的決策。隨著時代更替，船沉了，眾人一起陪葬。

症狀三：各自為政，變成目光短淺。具有人類學家背景的記者吉蓮・邰蒂，因發表《穀倉效應》（Silo Effect）一書而掀起關注[8]。她發現，索尼公司創新失敗不是因為地震、海嘯、水災，也不是技術落後對手，而是群雄割據。Silo本意是指農夫用於儲存穀物的倉庫，依農作目的而各自獨立存放，以分散風險；後來用來比喻組織過度地專業分工，讓各部門成為孤島，各做各的，互不聯繫。

企業以部門分工，原本是讓專業深化，讓責任有所依歸。可是，分工卻不協調，造成各行其是而難以整合，使各部門成為一座座孤島，老死不往來。於是，各研發單位閉門造車，事業部只銷售好賣的產品。就像索尼，三個部門開

發出三種隨身聽，卻不知道對手早已著手整合電腦、數位播放以及音樂平台[9]。孤島形成盲點，讓索尼只看見「隨身聽」，卻看不見新一代使用者要的是「隨選聽、隨時聽」。結果，十個部門開發出十種產品，配搭十種不同的充電器，讓使用者挫折不已。

企業推行關鍵指標（KPI, Key Performance Index）績效制度讓「孤島」更加孤寂，部門間競爭加速惡化。績效指標雖重要，但要運用得當。若用錯績效指標，研發部門爲達標，會不肯冒險開拓未來性產品；其他研發單位也不願意分享技術與知識，因會擔心被超越，也不願分享利潤。最後，大家一切以「達標」爲導向，使得新產品越來越沒競爭力。各自爲政，被KPI綁架，形成諸侯割據的狀態；主管的目光也變得短淺，讓決策者看不見危機的來臨。

主流企業獲勝後，就開始自滿而不求上進，最後敗給後起之秀。這幾乎已經成爲歷史規律。創意毀滅對主流者與後進者一樣重要。面對競爭環境，能否創新的關鍵往往不是資源的多寡，而是能否跳脫自己僵固的思維。主流者要小心被後浪推走；後進者不該妄自菲薄。強勢者需警惕，不要落入勝者必驕的魔咒；弱勢者要臥薪嘗膽，才能不斷創新。企業要翻轉這樣的命運，必須時時警惕，失敗爲成功之母，成功卻可能是失敗之種子。陷入僵思效應的企業需注意，儘管你有一千個理由抗拒變革，然而對手才不在乎你有多少苦衷。他們正在背後偷笑，期盼能早點創造性地將你毀滅，這就是盛極必衰的邏輯。

注釋

1 有關「創意性毀滅」的討論請參考：Abernathy, W. J., & Clark, K. B. 1985. Innovation: Mapping the winds of creative destruction. *Research Policy*, 14: 3-22. Landry, J. T. 2001. Creative destruction: Why companies that are built to last underperform the market – and how to successfully transform them. *Harvard Business Review*, 79(4): 129-129.

2 有關「主導設計」的討論請參考：Anderson, P. C., & Tushman, M. L. 1990. Technological discontinuities and dominant designs. *Administrative Science Quarterly*, 35(4): 604-633.

3 Suarez, F. F., & Utterback, J. M. 1995. Dominant designs and the survival of firms. *Strategic Management Journal*, 16(6): 415-430.

4　Economist. 2012. The last Kodak moment?. *The Economist*, January 14.

5　Feder, B. J. 1988. Kodak's diversification plan moves into a higher gear. *New York Times*, January 25.

6　這樣的短視近利又稱為「視差」，參見：Levitt, T. 1960. Marketing myopia. *Harvard Business Review*, 38: 45-56.

7　僵思效應原本是探討地方再生時遇到的頑強抵抗：Hommels, A. 2005. *Unbuilding Cities: Obduracy in Urban Sociotechnical Change*. Boston: MIT Press.

8　Tett, G. 2015. *The Silo Effect: The Peril of Expertise and the Promise of Breaking down Barriers*. London: Simon & Schuster.

9　詳細報導請見該書第二章：吉蓮・邰蒂（林力敏譯），2016，《穀倉效應：為什麼分工反而造成個人失去競爭力、企業崩壞、政府無能、經濟失控？》，台北：三采出版社。

以人為本

匱乏時，精準洞察

02

精準分眾：捷運報
以人物誌尋找顧客洞見
Precision Segmentation – Using Persona
for Customer Insights

我深刻理解到一件事，就是（開發產品的時候）你必須從顧客經驗著手，從顧客行為反推，再去瞭解需要怎樣的技術（來支援產品開發）。你絕不能從技術出發，然後才嘗試放入產品以及思考如何銷售。

——史蒂芬・賈伯斯，蘋果電腦創辦人

BTS（Bangtan Sonyeondan）是近年來在韓國火紅起來的「防彈少年團」。這個音樂團體的崛起使得其他團黯然失色。這讓人不禁好奇，在各家經紀公司紛紛推出美女與花美男團體時，爲何 BTS 卻能一枝獨秀？在 2018 年，大型經紀公司 SM 的銷售額是 1,106 億韓圜（約 32.9 億台幣）；同年，BTS 的銷售業績卻達 2,142 億韓圜（約63.7 億台幣）。關鍵是在青少年。在一片同質化市場，各團體跳的舞都差不多，音律也都是夜店風。BTS 經紀公司發現，粉絲不再只是喜歡華麗的裝扮以及整齊的舞蹈，青少年更喜歡叛逆風，要吶喊出心中的不平。粉絲也不喜歡經紀公司控制照片的供應管道，他們更期待有私家照片流出，讓粉絲能更貼近偶像。瞭解粉絲的痛點後，BTS 經紀公司做出三項調整。

首先，歌詞創作上，讓歌手更積極參與，讓他們反映當代青少年的心聲。就像熱銷的〈Fire〉歌詞中唱到：「活你想活的樣子，反正都是你的（生命）。不要太費心，輸了也沒關係。」在另一首〈鴉雀〉歌中，則教訓那群崇拜奢華的青少年，罵他們並非含著銀湯匙出生卻要擺闊，結果變成啃老族。〈鴉雀〉這標題是來自於韓國一句諺語：「鴉雀若是跟著黃鳥飛，最後只會斷雙腿。」青少年教訓青少年，讓青少年大快人心，同時又寓教於音樂。這種叛逆有理、發言無罪的風格，深深擄獲青少年的心。之後，BTS 成立「惠慈少年團」群組，特意「流出」免費的場外照片給粉絲，也讓偶像成員開直播與粉絲聊心事。藉著這案例可以窺見，理解目標客群的特性，就可以知道他們的行爲與思維，創新也就能夠更精準。本章就是要介紹如何以人物誌理解顧客的行爲。

/ 人物誌洞察行爲 /

要創新服務，資源又不夠時，就必須要精準鎖定分衆。根據使用者的痛點，找出需求，再思考對症下藥的良方，這樣才能讓有限資源發揮最大效果。多數企業是在不瞭解顧客需求的狀況下，就貿然投入資源。這使得原來就有限的資源更加匱乏，最後卻徒勞無功。資源浪費了，收效卻有限。在劣勢下創新時，需要精準掌握顧客的特性、思維以及行爲，如此推出的新服務才能夠一針

見效，精準才能夠命中，分眾才能夠巧用。以下狀況解釋如何根據不同顧客特性來分析痛點，找出解決方案。

龍角散：根據上班族痛點換包裝。百年老店龍角散曾經一度面臨經營危機。顧客不再購買他們的產品來鎮咳，原因是盒裝的龍角散攜帶不方便。上班族簡報時，要抑止突如其來的咳嗽，想打開盒裝的龍角散卻令人措手不及——打開盒子時很容易灑了一地，還讓人打噴嚏，結果是整套衣服都沾到粉。理解上班族的痛點之後，龍角散將盒裝改變成為長條袖珍鋁箔包裝，方便攜帶；並將粉狀改變為顆粒狀，更方便服用。龍角散後來加入一些中藥方，讓上班族在城市的空汙中可以隨時保養喉嚨。延伸到孩童與銀髮族，他們常常因為不容易吞藥而感到困擾；龍角散於是把顆粒狀再改為甜甜的果凍，讓藥丸可以塞入果凍，使得服藥時不但不痛苦，反而變得愉快。

蔦屋書店：服務菁銀族卻形成文青風。日本蔦屋書店原本是以出租唱片起家，為了租到百貨公司店面，也兼賣餐點。本來是針對音樂愛好者，後來也出租錄影帶兼賣書。隨著時代變遷，這些業務漸漸沒落。創辦人增田宗昭觀察到一群「菁銀族」（premium age），約45至60歲，生活富裕、注重品味、有時間享受人生。蔦屋以他們為分眾來設計一系列服務，而不僅限於租錄影帶或賣書。於是，新一代蔦屋書店誕生，不以賣書為主，而是以書店複合生活產業。書店裡有咖啡廳、餐廳、工作區，免費讓顧客拿書或雜誌來看，度過一個安靜的午後。書局主題設有策展人，不只幫顧客介紹書籍，還策劃國家主題展（例如，台灣週就介紹台灣的生活型態，以及找李宗盛來座談）。蔦屋還提供書籍伴隨服務；例如詢問旅遊書籍，就安排旅遊行程；找設計書籍，也協助房屋裝潢。

在戶外，蔦屋書店設有寵物區，讓主人可以帶愛狗與愛貓來活動。後來，更延伸以生活風格的模式來銷售電器。重點不是商品，而是商品所引發的美好生活。蔦屋書店以菁銀族重新定義書店的意義，成為「生活提案者」，幫助顧客思考如何過有質感的生活。結果，蔦屋模式卻吸引更多知識工作者與中產家庭，像是設計師會來蔦屋書店咖啡區，一邊工作、一邊思考，疲倦時就到書

店找靈感。年輕家庭想讓生活過得更有質感，也會來蔦屋書店探索，找尋屬於自己的生活風格。以菁銀族分眾出發，蔦屋吸引到更多嚮往優質生活的文青顧客。

《東歐報》：以百科全書設計鎖定知青。Bonnier是瑞典出版商，原本在東歐（前蘇聯國家）辦報，但業績節節衰退後，找來一位年輕建築師Jacek Utko當主編。他鎖定新生代「知識青年」為主要分眾來重新定位《東歐報》，推出令人耳目一新的報紙[1]。這群新知青渴求知識，卻看不懂新聞中許多專有名詞，也厭倦了政令宣導式的報導。他們希望新聞能活潑一點、內容科普化一些。瞭解新知青的脈絡後，這位主編設定兩項設計原則：封面海報化以及內容百科化。報紙的封面不再是「制式化」的頭條新聞，而是充滿特色的「海報」。由於印刷精美，許多讀者便將報紙封面當成海報框起來擺設。報紙內容則變成類似「百科全書」，將報導科普化，附上精美插圖。在俄國，報紙發行一年後量增長11%，第二年增長19%，第三年29%。在波蘭，報紙發行量成長率由第一年13%，第二年22%，第三年變35%。保加利亞成長率高達100%。精準分眾讓無聊的報紙變得有趣，並轉化成商機。

/ 人物誌分析五步驟 /

很多企業投入使用者行為研究，但還是成效不彰。更多主管聲稱運用「設計思考」來分析使用者行為，也宣稱以「人物誌」（Persona）方法分析使用者痛點，但業績仍未起色。這都是迷思，用了工具不代表理解這套工具背後的思維，更不代表關懷使用者。這樣的「工具迷思」讓企業迷失。某知名手機品牌曾推出一款手機，宣稱可在極短時間內連續拍攝200張照片，以捕捉每一瞬間。為了行銷這款「秒拍式」手機，公司投入高昂廣告費，請專業跳傘員從高空中以時數126英里的速度降落，測試連續拍攝200張照片的過程，以取得高空美景。但使用者卻反應冷淡：「有需要一次拍200多張照片嗎？這樣不是很占記憶體空間？還要花時間整理挑選照片？」這樣的反應讓人警覺，為何研發單位沒有先去理解使用者的需求？

「以人爲本」是服務創新的根本，人物誌是用來分析使用者痛點，以便找出創新的亮點。人物誌不只是工具，更是一套方法論[2]。我們先來理解人物誌的起源[3]。人物誌是 Persona，這個字來自拉丁文，原意是「面具」。人物誌類似電視劇中的角色設計。誠如英國劇作家莎士比亞（William Shakespeare）在《皆大歡喜》（*As You Like It*）一劇中寫道："All the world's a stage, and all the men and women merely players: They have their exits and their entrances..."人生就像個舞台，店員與顧客都是演員，有不同角色要扮演。一個角色要生動，就必須有詳細的描述，有個性、有靈魂，角色的言語需凸顯其行爲舉止。將使用者濃縮爲一個人物，不是簡化，而是整合分眾顧客的原型，以便精準地設計出合適的產品或服務。

人物誌於是被用到使用者行爲調查，形成一種研究方法。科技業常用到人物誌，像是英特爾與趨勢科技等企業採用人物誌來調查客戶需求。這類計畫被稱爲「顧客洞察」（customer insight）。目的是讓使用者具象化，讓研發人員心中存在使用者，提醒自己務必將使用者需求融入設計中。以人物角色建構出使用者模樣，在設計過程中與使用者密切對話，並以此設計相符合的服務，可降低失敗的風險。例如，台灣雅虎奇摩公司便在牆上張貼大型人物看板，提醒設計師要隨時與使用者對話。趨勢科技也將客戶分成不同人物，製作成人形立牌，讓工程師與人形立牌「聊天」，讓研發團隊持續聚焦，避免產品研發變成工程師的獨白，卻與現實脫節[4]。

製作人物誌包括三項基本內容。一是外觀層面，要找出代表人物的照片，除了長相與身材，更可以包括姿勢與穿著等線索。二是心理層面，含人物的快樂、憤怒、慾望、恐懼、悲傷等。掌握角色形成的人格，理解其人生態度，藉以分析使用者的愛恨反應。三是背景層面，建構人物的年齡、家庭、教育、種族、性別、職業、生活等特徵。一個完整的人物誌可以幫助設計者精準理解分眾特質，預測用戶的「悲鳴之聲」[5]。

人物誌製作可分爲五個反覆實踐的步驟：關鍵是分眾、人物現脈絡、標竿比對手、痛點找需求、原則導設計（參見圖 2-1）。常見的迷思是根本不知道

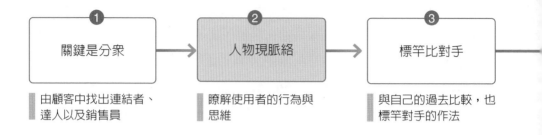

圖 2-1　分析人物誌的五項步驟

使用者是誰,就一股腦投入設計,結果耗盡資金後才發現推出的產品與服務不是使用者需要的。另一種常見的錯誤是,只是採用「設計思考」的步驟,卻忘記這些步驟的核心精神是找出使用者的行為脈絡。若光是採訪使用者,詢問其偏好,而沒有解讀他們的痛點與需求等證據,就算製作出人物誌,也是緣木求魚。

　　步驟一:關鍵是分眾,找出場域中的特定人物。人物誌的重點不是分析大眾或小眾,而是「分眾」。例如,就捷運報來說,大眾是所有以捷運通勤的乘客,這是相當模糊的。即使指定通勤的「小資女」乘客,還是太廣泛,因為小資女涵蓋的範圍仍然太大。小眾是指捷運通勤中比較少見的乘客,像是嬰兒、殘障人士、菜籃族(中年以上特定族群的家庭主婦)。除非任務是要為這些小眾設計某種服務措施,像是為殘障人士設計專屬通道,否則應該要鎖定精準的分眾。

　　分眾是大眾中的特色族群。例如,捷運報讀者分眾可含明日星(企業中的明日之星)、活動長(休閒時喜好幫朋友辦活動)、時尚咖(愛買流行服飾但經費不多)、愛玩客(像要在台北一日遊的外國人)、戀人(找約會餐廳的讀者)、精算師(看報找商品資訊,卻愛比較)、慕文青(尋找城市中藝文資訊的讀者,喜好新電影或是新書資訊)等。

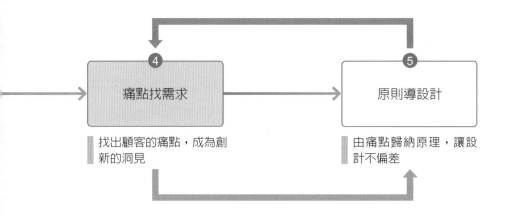

步驟二：人物現脈絡，描繪角色的特徵與行為。這是設定人物的行為模式。例如，「活動長」喜好辦活動、幫人介紹朋友，生活豐富又忙碌，有穿針引線的能力。就像戲劇裡有男女主角、配角、好人與壞人一般，人物特質描繪得越清楚，就越能讓我們聚焦其需求。設計人物的細部特徵時，可以先考慮外觀，像是服裝穿搭，再考慮行為。例如，「時尚咖」喜歡背大包包，而非公事包，身上穿的是網拍衣服；喜歡於網路商店找流行單品資訊，如粗針織毛帽。由外觀到行為細緻的描述，能讓我們與人物之間有生動的對話。

更重要的是凸顯這個分眾人物的個性。這有點像是星座的研究，例如，摩羯座是外冷內熱，看似現實，其實內心浪漫，心思細膩，是非分明；不想被人看出脆弱，天性渴望成功，常因奮鬥而陷入悲觀情緒；容易以貌取人，往往以第一印象決定是否接受；容易感動，也常有報恩的衝動。天秤座有強烈正義感，一被激發便不可收拾；偏愛福爾摩斯般的邏輯推理；能屈能伸，卻又隨時裝優雅，不管心中有多委屈；優柔寡斷是天性，猶豫不決是本能。射手座崇尚無拘無束的生活，是個享樂主義者；幽默、率真，人緣超好；外向、健談，喜歡旅行；兼具磁性與野性，有充沛的活力去實踐理想，渴望有人懂卻少人能理解；愛若束縛，寧可沒有[6]。

找出人物的個性，才能有足夠的資訊去回應。一般性的描述，像是可愛、善良、內向，沒有辦法描述出人物的行為樣貌。呈現特質後，接下來要鎖定主題去瞭解這個任務的需求。分析使用者的痛點必須要針對主題，而不是廣泛的抱怨。例如，要分析買化妝品的需求，而不是廣泛的購物需求。

步驟三：標竿比對手，找一位主流者對比。先設定每類人物誌的主題，例如「時尚咖」喜歡購物，可以鎖定服飾穿搭與流行化妝品的主題報導。接著，由「競品比較」找出特定主題，例如要報導華碩剛推出的「智慧錶」，《Upaper》以「單一」產品報導為主；而《爽報》的報導則比較「多品牌」產品性能，像是螢幕解析度、處理器性能、電池、防水功能、上架日期與價格等。由此便可歸納出兩報在「買錶」這個議題上的差異，並理解使用者對兩方的反應。使用者認為好或不好，並不是絕對的，而是相對的。

步驟四：痛點找需求，傾聽使用者的困擾。針對特定主題，對比主流的作法，便能浮現使用者痛點。如果漫無目的詢問使用者，可能就會得到模糊的回應，因為使用者不知道應該針對購物、展覽或是美食，來給予回饋。要仔細聆聽使用者的困擾，至少要問三至五次「為什麼」，以便能夠追根究柢，找到問題的根源。一位女性想要減肥，原因可能不只是為了健美；如果深入探究，可能會發現，是因為身材變形，而不能穿以前的漂亮衣服；也可能是因為發胖的身材，使她在人際關係方面遇到一些瓶頸。痛點有表面的，也有深層的。需求分析更要注意，不是去找採納條件（condition of adoption），而是找出因果關係（causation）。因此，如果是考試沒考好，原因應該不是房間冷氣太冷或是晚餐沒吃飽（這是採納的條件），而是要瞭解讀書過程發生什麼問題。整理出常識並沒有幫助，人物誌需要蒐集的是脈絡中的知識，是這個領域的關鍵字。

步驟五：原則導設計，對症方下藥。當使用者樣貌越清晰，就越能有效對話，設計也就越能契合顧客需求。就特定議題分析該人物的痛點，進而歸納設計原則。以「時尚咖」為例，《Upaper》報導的印花系列風格，要價太高，對小資女沒有吸引力；報導中的模特兒身材太美，反而讓小資女自慚形穢。時尚咖更好奇的是名人如何穿搭、如何配色，而非奢華品牌。這些痛點便可以歸納

出設計原則，像是以流行單品引導多元穿搭的「一週穿搭原則」、以報導名人服裝搭配爲主的「名人推薦原則」，或是以基礎配色示範的「穿搭配色原則」等。這些原則可以引導設計者創新方向，更可以檢核創新是否走偏方向。以下就用捷運報作爲案例，說明人物誌的運用方法。

/ 由捷客找洞見 /

聯合報系於 2007 年向台北市捷運局標下捷運報《Upaper》的發行權，目的是拓展新通路，其廣告效果遍及台北 117 個捷運站點。聯合報系更可以透過《Upaper》經營年輕族群。不過，這項獨家代理權並沒有爲《Upaper》帶來太大的優勢，因爲《爽報》也隨之跟進。雖無發行權，卻在捷運站 6 公尺以外發放（如此就不違法），更在北、中、南三地捷運與台鐵火車站外設置派報點[7]。《Upaper》面臨兩大挑戰。一是來自台北市捷運局；換約時，如果《Upaper》績效不好，可能要交出經營權，連同《Upaper》品牌。二是來自競爭對手《爽報》；台北捷運讀者似乎對《爽報》的印象較《Upaper》來得深刻。這也令《Upaper》感到不解，到底，這群行動族讀者想看什麼？《Upaper》又應該設計怎樣的捷運報？讀者普遍存在五項抱怨。

第一，感覺《Upaper》的內容很空洞，不夠聚焦，希望內容能夠更有結構、更具體，不是單純的資訊呈現，而是表達事件的脈絡。第二，報紙字體太小，在移動中閱讀傷眼力，車廂震動也讓閱讀的感受不舒適，而且讀者不喜歡看長篇大論，喜歡看些圖片配精簡的文字報導。《爽報》頭版總有辣妹照，《Upaper》生硬的文字報導一對比就相形見絀。第三，《Upaper》跟一般早報差不多。讀者抱怨，前天在晚報上看到的新聞，當天早上竟然會出現在《Upaper》。缺乏新意，所以讀者認爲有看沒看都沒差。第四，報紙與網媒的內容不連貫。《Upaper》的網頁出現的是「Hi 捷客」。網路版內容單調，讓讀者認爲報導製作不用心，品質比素人部落格還差，排版也缺乏美感。網路搜尋關鍵字亦找不到相關文章。第五，報紙有油墨，女性讀者早上往往會擦護手霜，手一摸到報紙就會沾到黑墨，油墨的味道也很難聞。

這些抱怨點出，捷運報編輯團隊對讀者的理解不足。根據捷運報初期的整理，《Upaper》的女性讀者占七成，原先設定的是小資女。但是，小資女真是對的分眾嗎？《Upaper》現有新聞內容是她們喜歡的嗎？這些議題都是我們在分析人物誌時要思考的。以下以「明日星」人物誌作為參考，搭配買化妝品的主題。我們先分析人物的特徵與需求，找出痛點，再歸納設計原則，最後呈現捷運報的思辨設計[8]。

/ 人物：明日星 /

郝亮是獅子座，26歲的她身高160公分，體重47公斤，散發青春洋溢的魅力，被公司視為明日之星。在科技公司上班剛滿一年的郝亮，經常需要一人多工，要負責最新研發專案、要舉辦部門創意馬拉松大會，還要把活動花絮剪輯成精美影片；下班又得花時間參加公司社團活動，或是跳舞、練瑜伽、補習英文。郝亮知道，在職場上只有不斷充實自己、經營關係，才能累積實力。這樣馬不停蹄的生活，也讓她體力有些透支，開始出現黑眼圈，這對愛漂亮的她很是困擾（參見表2-1）。

每天，郝亮寧可多花時間睡覺，也不願將時間花在化妝上。只用10分鐘打理儀容，她就一路快走至捷運站，擠進車廂。她利用智慧型手機於乘車時間處理專案任務，在到達公司前看過一遍Gmail、Line與Facebook等未讀訊息，以有效整理資訊。短暫的通勤時間是她調整思緒、迅速充電的時刻。郝亮認為，大事不能不知道，但不用知道太多。「剛剛好」的資訊量是郝亮需要的，她希望有懶人包幫她整理近期資訊。郝亮對活動與朋友都盡心盡力，但對自己的生活就顯得力不從心。回到家就像放完電，只想休息養體力。跟外貌有關的妝髮穿搭，也沒時間搞懂。她想參考達人推薦，最好報導能幫她整理好重點，讓她省心地跟上潮流。

主題：買遮瑕筆，不想要目錄式的報導。郝亮的需求是美妝資訊。她有時睡眠不足，黑眼圈和痘痘冒出來，想要維持好氣色只能靠「遮瑕」。她正想添購遮瑕筆，但又不知該選哪一款。《Upaper》以專欄介紹精選十支不同品牌的

遮瑕筆，然後像商品型錄般地介紹各品牌的價格、成分和型號，並未分析遮瑕筆的功效（參見圖 2-2）。郝亮雖然對某幾款品牌有好感，但她想知道產品功效。她對這類專題報導有些反感，因為太像置入行銷。她拿著報紙講評：

> 「這樣的報導很像商品型錄啊，一次塞給我這麼多選擇，讓我很困擾呢。我在搭捷運時很擠，搖搖晃晃，這些字密密麻麻看不清楚。我也看不出這十支有什麼差別呀。到底應該怎麼選？我不喜歡他們一直用新聞來賣我東西，一定有收廠商回扣。這根本不是新聞嘛。」

相較之下，《爽報》則報導化妝方式，較具親和力。《爽報》將整篇報導分為三項流程：底妝、修容、眼妝，每一項都在六個步驟內完成。目標是透過

表 2-1　明日星的人物誌摘要

明日星　｜　郝亮

挑個化妝品有必要那麼複雜嗎？

性別：女　年齡：26 歲　身高：160 公分　體重：47 公斤

獅子座的郝亮在軟體公司擔任專案經理。一人多工，要負責多項研發專案，又要舉辦部門活動，還要把活動花絮剪輯成精美影片。下班又得花時間參加社團活動。資質與顏質，都是郝亮在乎的。但越來越忙碌的生活，讓她睡眠不足，想要好氣色只能靠遮瑕來擋了。

特　　徵：工作精明，但生活不想太聰明。在工作上用心講究，分秒必爭，身手俐落；下班後就想省心省力。跟外貌有關的妝髮穿搭，懶得多花心思，但又得跟上流行。

行　　為：郝亮每天上班時間都掌握精準，從起床到出門，從出門到上捷運，按部就班，分秒必爭。在車上除構思工作內容外，還常關注美妝資訊。每次翻開報紙，不是介紹一堆同類型產品，就是著重技巧教學。上班好忙、下班好累，根本無心再去找哪裡買。

關心主題：怎麼比較遮瑕筆呢？郝亮嘆口氣說：「有誰可以來幫幫我，分門別類整理一下。把化妝品弄得那麼複雜，實在造成我的負擔啊！」

原有設計原則

《Upaper》的設計以目錄式推薦遮瑕筆

PAIN POINT

UPAPER

郝亮喜歡一次搞定所有的資訊，包括使用方法、使用情境與選購地點等。簡單易懂的資訊圖表或專家現身說法，是最容易讓「明日星」快速吸收資訊的作法。譬如，《Upaper》可以邀請彩妝達人教導各類遮瑕產品的使用方法，像是如何搭配棉花棒、遮瑕刷、海綿等工具，解釋各有何效果。知道使用技巧，不但能讓商品效果發揮，專業觀點更能讓「明日星」信服，讓她們想帶走這些實用知識。

郝亮撐著臉頰說：「給我好多選擇並沒有用呀！我就是不知道哪一支適合我。推薦一堆給我，又不詳細介紹，只跟我說品牌、成分和型號。化妝品重點是在質地跟效果，不是成分。這樣一比完，反而搞得我更糊塗，做不出選擇。」

原有設計原則

《爽報》以教學步驟與產品搭配推薦遮瑕筆

PAIN POINT

爽　報

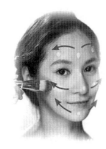

《爽報》詳細介紹化妝流程，對郝亮來說卻是資訊過載。她沒時間，也沒有意願閱讀不必要的資訊。這並不是她懶得閱讀，而是她只想讀需要的資訊，最好有專家幫忙過濾。郝亮悶悶不樂地說：「我只不過要買一支遮瑕筆，不用給我這麼多訊息啦。化妝我自己會，朋友也會教我，我才懶得去看這種操作手冊。女生化妝何必一個口令一個動作。我只需要遮瑕，不需要這麼多資訊。」

圖 2-2 　《Upaper》以目錄式推薦遮瑕筆，而《爽報》以教學步驟與產品搭配推薦遮瑕筆

化妝技巧展現 V 字臉的視覺效果，讓五官更立體。《爽報》提供化妝教學，帶動銷售粉底液、修容棒、眼影、眼線、睫毛膏等商品；並教導各種化妝品的使用方式、上妝部位、塗抹方向與妝容技巧。不過，對於《爽報》的教學式設計，郝亮仍舊不買單，她說道：

「我只不過要買一支遮瑕筆，不用給我這麼多訊息。我不需要學習如何化妝，倒是想知道如何挑選化妝品。這篇報導卻以『選取適合自己膚色的粉底液』一句帶過，說了等於沒說。我就想知道捷運站附近哪裡可以買到這些商品呀，結果報導卻只說『各大百貨專櫃』；好像在跟我說『你自己去找櫃姐吧』。」

對於每天趕著上班的郝亮來說，教學資訊並不契合她的需求。郝亮說：「化妝又不是在組 DIY 家具，不需要照著步驟逐一解釋吧，為何弄得那麼複雜啊！」她只想知道如何選購遮瑕筆，不需要這麼豐富的資訊。雖然《爽報》的設計很詳細，卻沒有回應「如何挑選化妝品」的需求。郝亮不需要整套化妝的知識，而是需要選出適合自己化妝品的方法。

痛點：能不能幫忙排序。《Upaper》提供商品型錄式資訊，主要介紹品牌與價格。《爽報》則提供化妝教學資訊，只附上某品牌專用「黑眼圈遮瑕筆」、「1.5 毫升 680 元」這樣的資訊。報導看似豐富，助益卻有限，留下搜尋的煩惱。由「明日星」可以整理出三個痛點與相應需求。

痛點一：內容過載，沒有排序。不論是《Upaper》提供 10 種商品介紹，或是《爽報》詳細介紹化妝流程，對郝亮來說都是資訊過載。這並不是她懶得閱讀，而是她只想讀需要的資訊，最好有專家幫忙過濾。郝亮買遮瑕筆的疑問是：「我常會在不同品牌間猶豫，琳瑯滿目的商品不知道差別在哪裡？我想遮黑眼圈和痘痘，而我是乾性膚質，不知道哪項商品才適合我？」郝亮需要優先次序的評比資訊，告訴她如何挑選遮瑕筆。例如，市面上有哪幾款熱門品牌？不同品牌間有何差異？尤其對需要遮住黑眼圈，又必須待在冷氣房裡的女生來說，哪一支才適合？這類報導才是郝亮需要的。

痛點二：適不適合自己，會不會買錯。郝亮懶得挑選，會聽從好友的推薦，但也因此常買錯，因為適合朋友的化妝品，不一定適合自己。例如，上次好友推薦某品牌眼線，她使用後卻會暈開，因為那款不適合乾性皮膚，而且眼皮容易出油。此後，她在購買化妝品前一定先試用。郝亮需要可信度高，又能針對個人差異的推薦。不同品牌遮瑕筆仍有差異，例如質地滋潤的比較適合乾性皮膚，較清爽的適合油性皮膚，有些則要注意是否會引發過敏。郝亮說：「如果能有見證人現身說法，就知道適不適合自己的需要，可以降低失誤率。」

痛點三：會不會用錯方法。很多女生其實對化妝品要怎麼擦最適當，常常一知半解。例如，到底要用手擦，還是用刷子擦，兩者會有差別嗎？要由上刷還是往下刷，會有什麼影響呢？什麼時候要用棉花棒或是化妝棉輔助？這些小細節，其實也是女生在使用化妝品時的疑惑。如何買對、用對化妝品，是郝亮渴望的資訊。

顧客洞見：指標配上懶人包。針對郝亮買遮瑕筆的痛點，可以整理出三項設計原則（參見表2-2）。原則一是「指標優先排行」。郝亮需要聚焦決策點，例如遮瑕度、持妝度、保溼度等主要功效，再建立各項指標排行榜，以有效提高決策效率，降低決策失誤。報導可以藉跨品牌的調查評比與專家訪談，以情報性分析提高報導專業度，也藉此培養記者對美妝議題的敏感度，建立專業感。

表 2-2　明日星之痛點與設計原則

	原報導設計		原設計原則
《Upaper》	挑選十支不同品牌遮瑕筆，以介紹商品、成分、價格和型號為主，未比較遮瑕筆特性。	商品型錄化原則	過去報紙的消費性情報習慣配合廠商推案，一次介紹數十家廠商的流行彩妝商品。
《爽報》	報導帶出九種相關商品，但該怎麼選擇化妝品，卻僅以「選取適合自己膚色的粉底液」一句帶過。	教學步驟化原則	逐步解講化妝技巧對「明日星」並沒有吸引力，因為她們沒有太多時間閱讀，覺得資訊過載，反而無法挑選。
	使用者痛點		新設計原則
痛點一	內容過載，沒有排序。	原則一	指標優先排行：幫讀者聚焦挑選商品，解釋買遮瑕筆要關注的三項重點：如遮瑕度、持妝度與保溼度。
痛點二	適不適合自己，會不會買錯。	原則二	同理心連結：依使用者的不同膚質狀況，報導女性在日常生活中關於化妝的痛點，再連結到挑選方式。
痛點三	會不會用錯方法。	原則三	懶人包：以情境幫「明日星」篩選合適產品，由達人簡易教學，並揭露捷運站附近商店。

　　原則二是「同理心連結」。郝亮需要知道不同膚質適合的化妝品類型，並參考使用者的分享。這包括使用過程要注意哪些化妝細節、使用前後會有哪些差異，或者如何做好保養工作等。閱讀使用者的親身見證，郝亮認為比置入廣告更具公信力。廠商也可以由此理解自己產品的優缺點，並由使用回饋中找到新品開發契機。

　　原則三是製作「懶人包」。郝亮喜歡一次搞定所有的資訊，包括使用方法、使用情境與選購地點等。簡單易懂的資訊圖表比較容易讓郝亮快速吸收資

訊。《Upaper》可以邀請彩妝達人教導各類遮瑕產品的使用方法，像是如何搭配棉花棒、遮瑕刷、海綿等工具。知道使用技巧，不但能讓商品效果發揮，專業觀點更能讓「明日星」信服。《Upaper》還可以解釋不同情境的使用狀況。例如，經常熬夜加班的女生，常會有熊貓眼的困擾，會較重視「遮瑕度」。皮膚容易出油的女生，經常在中午出去買飯，可能會局部脫妝，因此需重視「持妝度」。整天坐在冷氣房裡的女生，需要的是「滋潤度」高的遮瑕筆。如此一來，「明日星」就可以自行比對症狀，做出適合的決策。「哪裡買」也是明日星的一大難題。郝亮沒有太多時間逛街，希望能獲知捷運站周邊的消費資訊，讓她下班後可以順道購物。《Upaper》可提供捷運站附近的百貨資訊，讓郝亮得知選購地點。

對新設計反應如何？厭惡「業配文」的使用者就說：「這樣一目了然又有知識性的教學很吸引人，不是幫品牌打廣告，而是強調功效，感覺就有公信力。」新設計不再像是置入行銷。深受化妝困擾的使用者說：「講到使用者痛點，很有共鳴。原來也有人遇到跟我一樣的問題，所以看這些資訊時會有感覺，期待這些資訊能解決我的問題。」也有使用者提出建議，希望有「綜合多項評比」的總推薦，因為有時使用者還是難以抉擇，期待可以集結更多人的試用經驗後再公布最終選擇，這樣就可以讓「明日星」有決策參考（思辨設計請參見圖2-3）。

一家化妝品廠商表示：「原來我們可以和不同類型的女生溝通。這樣不但可以讓商品訴求更精準，也可以達到教育消費者的目的。」這也可能開拓《Upaper》未來的商情顧問服務，幫助美妝品牌進行使用者調查，讓廠商更瞭解自己的商品定位，進而設計適當的媒體策略，和目標客群對話。《Upaper》更可以由過去一次性的廣告收費，轉為較長期的顧問服務收費。如此一來，也可以跳脫廣告季節性漲跌困擾。《Upaper》還可逐步建立美妝知識庫，依主題企劃重新編輯，出版美妝專書或網路版教學指引，將知識模組化，創新營收來源。《Upaper》也可藉此發展廣告以外的商業模式，包括互補性（互惠）廣告、顧問服務收費、專書及知識庫銷售等。

愛美
小語

愛美的你是否總覺得怎麼遮都遮不掉？想表示你對於遮瑕有相當大的誤解啊！這次除了讓你快速選擇對的產品，精選了 9 隻遮瑕筆，以三大評分重點讓你對於挑選重點，並且針對有挑選障礙的你，解說遮瑕挑選重點，以三大評分重點讓你快速選擇對的產品。準備好跟花斑臉說掰掰了嗎？最後教你遮瑕技巧速成法。

Upaper Lab
勇敢無包袱的研究單位！

本次精選九家遮瑕筆品牌，執著於實踐九大中立研究精神，不受誘惑威脅，有話直說卻不空口說白話，有著如法醫般的鑑識態度，有幾分證據說幾分話，我們將讓他的研究報告赤裸呈現！當然我們也歡迎踢館！來吧，帶上你的產品，我們將讓全都露公平公正公開的研究過程！

排行大精選

遮瑕筆

不想再修圖？那就靠遮瑕筆一筆勾消吧！

遮瑕度

持妝度

滋潤度

1

2

3

1、香緹卡 2000元
遮瑕力強，但相對厚重，但因為保濕度低，所以拿來遮眼睛，會容易有厚重感，補妝難補。
遮瑕力：★★★★★

2、BY TERRY遮瑕筆 1499元
輕薄舒適卻提供卓越遮瑕修飾力，改善眼週暗沉，讓細紋、瑕疵、斑點不再是你的困擾，專業的完美妝容，一次按壓，輕鬆完成。
遮瑕力：★★★★

3、RMK 液狀遮瑕筆 1250元
光滑觸感能瞬間於肌膚推勻，完美服貼。旋轉筆尖含適量遮瑕膏後，直接塗擦在肌膚上，再以指腹輕輕拍打遮蓋在意部位即可。
遮瑕力：★★★

遮瑕度
根據不同的情況，搭配的遮瑕厚度也須調整。注意要避免因為遮瑕的層層堆疊，和原先的底妝產生色差。

持妝度
希望遮瑕力能夠維持一整天，妝前的打底相當重要。在不同上妝步驟加入遮瑕動作，會產生不一樣得妝容效果。如此才來才能達到最佳的持妝度。

1、la prairie 2479元
可立即為顴骨和眼睛四周增添光采，成功遮蓋疲憊痕跡、眼睛下方的黑眼圈和膚色不勻之處。
持妝力：★★★★★

2、丹紅 490元
於隔離霜後，使用丹紅遮瑕點在在意的部位，再以指腹輕輕推散遮瑕重點的邊緣，使其與膚色融合再上底妝更顯自然。或於上妝後使用亦可。
持妝力：★★★★

3、ARTDECO 882元
打造細緻無瑕的清透容顏，妝效持久不易脫妝，蘊含礦物質滑順柔潤質地，延展性佳且對無黏膩感。
持妝力：★★★

1、Clinique 680元
同時維持不油膩的保濕妝容，局部使用於明亮眼部輪廓，淡化黑眼圈、鼻樑及唇部周圍肌膚，可修飾翻沉區域或膚色不均之處。
滋潤力：★★★★★

2、SOLONE 349元
多重滋潤配方添加，可保持水份，防止水份逆流失，維持唇部水潤動人。
滋潤力：★★★★

3、資生堂 shiseldo 440元
保濕力強，但相對厚重，但因為遮瑕度低，所以拿來遮雀斑，不容易有厚重感，補妝容易。
滋潤力：★★★

滋潤度
若本身屬於乾性肌膚，建議挑選保濕較強成分的產品。除了在上妝，比較容易與肌膚服貼外，長時間下來也比較不會發生脫妝、出油等狀況。

遜興館 SOGO　忠孝館 SOGO　明曜百貨

三位女性經驗分享

大學生 花咪
▼

熬夜又曬太陽，黑眼圈、痘痘都來了屬於油性肌的我，本來出油速度就快，每次到炎熱夏天就更煩了，又因為最近常在戶外辦活動，出油量暴增！油光滿面的，上妝都吃不住、遮瑕吃不住、膚況都現形單露，自己都覺得尷尬！只好將粉越擦越厚，但頂著厚厚的妝上的痘痘、粉刺卻越來越猖狂…
處方籤：您需要控油效果好、重視遮瑕度且有防曬系數的產品！

貿易公司行政 蓉蓉
▼

每天在冷氣房，空氣好乾燥。原本的油性肌膚更加惡化，油光滿面的，上的根本吃不住。連帶肌膚瑕疵也全被看光光，好糗啊！每次上妝遮瑕越厚，至少妝會慢慢不會一次掉光光。但頂著厚厚的妝，臉上的痘痘乾粉卻越來越猖狂，這樣的做法根本沒有對症下藥呀！(搖頭)
處方籤：可使用保濕噴霧、乳液來鎖水，選擇滋潤度高的化妝品會幫你解決您的困擾！

銀行業上班族 Jill
▼

長時間工作，上妝後老是浮粉，我屬於麻煩的混合性膚質，T字部位超容易出油，臉類又乾。最近想讓氣色看起來更好，所以會上粉底液、遮瑕筆、蜜粉。但令人困擾的是每次在家化妝妝妝好好，以完美妝容出門，到了下午就開始浮妝，花費心思做的遮瑕功夫就在一夕之間脫妝消失，讓毛孔、痘痘都現出原形，超糗的。
處方籤：T字部位與臉類要分開保濕，而您需要的是持妝度高的產品！

圖 2-3　「明日星」遮瑕筆報導的思辨設計

U paper

九支遮瑕筆重點評比

Upaper Lab

此遮瑕排行榜網羅了專櫃、開架、美妝等各地來源之遮瑕筆，精選出9支知名遮瑕筆進行重點評比。評比項目分別針對保濕度、遮瑕度、持妝度三大重點比較。評選人員則邀請彩妝界名師、知名部落客、素人等30位遮瑕使用者，共同進行意見交流，透過綜合討論共同完成最後評分。星星即代表產品在這項評點的效果，越多顆星星代表效果越佳。而使用者可針對本身肌膚情況，對應表格評比，挑選出最適自己的遮瑕筆。

遮瑕評比	香緹卡	泰利	RMK	蓓莉	丹紅	雅蔻	倩碧	資華	資生堂
遮瑕度	★5	★4	★3	★1	★2	★2	★3	★4	★4
持妝度	★3	★4	★4	★5	★4	★3	★1	★2	★2
保濕度	★1	★2	★2	★3	★4	★4	★5	★4	★3

遮掉瑕疵 讓你美麗無死角

一般來說，能維持6到8小時不脫妝的產品，就算是持妝度較久的了。妝容只能維持4小時以下就屬於持妝度較差的產品。但這也不是絕對的，還要根據個人的膚質以及天氣的溫度來定，像是油性肌在夏天炎熱濕潤的環境中，持妝度都會降低，產生浮粉的現象。不過，皮膚太乾也會脫妝，變成斑駁的妝容。所以平常就需要貫徹保濕措施，妝前再加強一下保濕步驟，以減少脫妝的可能性。油性肌挑選遮瑕筆除了要重視持妝度，還需要控油效果好的遮瑕產品來配合，乾性肌則要隨時保持肌膚的水量，挑選滋潤度高的遮瑕產品是首要考量。這樣一來，就能讓小瑕疵不再出來say hello！

想要一手遮天又怕欲蓋彌彰嗎？遮瑕不是蓋上就好，而是要視遮瑕需求及肌膚情況來做產品選擇。目前市面上遮瑕產品也不僅僅主打遮瑕力，更強調許多附加功能。但是你真的懂自己需要什麼嗎？很多時候，沒有對症下藥的遮瑕，不但會越遮越凸顯缺點，或是遮到妝太厚，反而影響整體妝容質感。知名彩妝師Kevin認為，即使天生肌膚不是無暇可擊的人，但因為現在化妝品科技進步，只要運用得當，還是可以擁有後天好膚質。只要選對產品、用對技巧，絕對能讓你揮別小花貓，有張水煮蛋臉。

為什麼需要遮瑕？大多數是因為臉上出現了黑眼圈、痘痘、疤痕、雀斑等症狀。不過，雖然大家都可能遇到相似的症狀，但不是每一款遮瑕筆都適合你！挑選遮瑕筆必須看遮瑕度、持妝度、滋潤度三大原則。也許沒有一支遮瑕筆是超級完美，但你絕對可以依自己的實際需求來選擇考量重點。因此，在挑選產品前，必須考量自己的肌膚狀況，才能選出符合自己需求的產品，達到完美妝容效果，有時候蓋得多不如蓋得巧啊。因此，先了解你有哪些困擾、屬於哪一種膚質吧！

可可 26歲 初級部落客
即使口袋不深也十分講究美妝保養的小資女孩，最喜歡與友人討論產品試用心得。

其實擦什麼樣化妝品是其次，首要之務就是在上妝前先保養好自己的皮膚！脫妝、浮粉可能是因為肌膚水份不夠，也就是要多做一些保濕的保養，例如上妝前先敷一下面膜，只要臉部足夠保濕，就會比較好上妝，也就可以盡量避免脫妝、浮粉的問題囉！平日的保養品也要首重保濕，把基本問題解決了，膚況自然會好。

KOSÉ COSMEPORT

一加一大於二

 潤澤

 彈力

 粗糙感

美麗日記

現代人因生活作息異常引響內分泌、體力欠佳、紫外線照射或情緒因素造成膚質惡化。

(1)隨意吃：食物簡單烹飪
(2)算著吃：吃進多少食物會稍微留意熱量
(3)額外吃：一些保健食品
(4)偶而吃：當然也是偶而會吃些自己喜歡的零食
(5)補充膠質：膠質對女性而言非常一定要多攝取，來源可選熱量較低的
(6)喝飲料絕不加糖：我雖然沒有皮膚的煩惱，但有胖的煩惱(笑)

/ 精準分眾的邏輯 /

由使用者身上找到洞見，這是以人為本的設計原理。然而，瞭解使用者的行為並沒有想像中那麼容易，直接去採訪使用者，得到的只是抱怨。要從使用者身上找到創新的靈感，首先要精準地分類、細緻地分析。用人物誌將同類的諸多使用者化身為一個人物，便能精準地理解他們的痛點，從而梳理出他們的需求。這樣，我們也就能夠找出創新的切入點，歸納出相對應的設計原則。捷運報的案例讓我們理解「精準分眾」的三項思維。

第一，鎖定分眾才能命中；目標大眾則是百發難中。多數企業認為，既然要投入預算研發產品、製作廣告，就應該對準廣大的群眾，而不是小眾。這是定位的迷思。小眾是到訪頻率不高、貢獻值不高的顧客；分眾不是小眾，而是大眾裡個性鮮明的區隔族群。例如，捷運報的大眾是通勤族，很明顯這樣的顧客（讀者）形象是模糊的。若將通勤族分為明日星、活動長、時尚咖、精算師、愛玩客、戀人、慕文青等分眾，就能精準地掌握需求，打中目標族群的需求。然而，這並不代表鎖定分眾會侷限產品的推廣。分眾會有外溢效應；因此明日星的需求也會滿足輕熟女與上班族的需要；活動長的需求也會是休閒族的渴望；時尚咖的需求也同樣會打中小資女的痛點。分眾只不過是將大眾的顧客樣貌具象化，以便精準釐清他們的需求。

第二，人物越有個性，服務越能感性。人物誌要凸顯分眾的行為特質。以人為本的考量，最難的就是理解不同型態使用者的行為。同樣是捷運報的讀者，明日星對化妝品的資訊需求、活動長對藝文展覽的資訊需求、時尚咖對購買服飾的資訊需求、愛玩客對旅遊的資訊需求，是截然不同的。這是由於他們各有獨特的行為特徵，展現於他們對資訊的篩選、對閱讀的偏好。人物誌的目的不只是分類，更是描繪差異。例如，最初飛利浦公司為年輕女性推出刮鬍刀，由於釐清分眾需求，才得以理解女性除毛部位與男性刮鬍之間差異甚大。男性刮鬍鬚講求的是陽剛，女性得體刀希望看起來像化妝品；不同除毛部位的細緻度與皮膚的高低起伏是男女有別的；女性體質會因為氣候環境變化而有敏

感的反應，男性卻比較不受影響[9]。分眾可以讓我們理解人物的個性，設想出感性的服務，避免研發偏誤或過度設計的遺憾。

第三，歸納設計原則，讓洞見不會打折。只是將一位使用者的抱怨整理出來，用途是有限的。分析人物誌，目標是要找出用戶思維與行為的脈絡。由這些脈絡著手，才能由顧客找出創新的洞見。但是，多數企業在分析人物誌時，不僅沒考慮到分眾的區隔，也沒理解行為脈絡，最後更沒有將分眾的觀察歸納為設計原則。整理設計原則是人物誌分析的臨門一腳，需要由顧客的痛點去釐清行為脈絡。最終，透過設計原則的歸納引導服務創新。歸納設計原則需要與分眾人物對話，持續修正這些原則並轉換成服務設計，如此顧客洞見才不會打折。

以人為本，就是由使用者身上找到創新的線索。理解使用者的行為特質、生活脈絡，才能得知他們的痛點，理解他們潛在的需求，並且轉換成為創新的亮點。理解分眾的人物特性，就算資源不多，也可以設計出感人的服務。人物誌背後是精準分眾的邏輯，而非僅是填表格、發問卷、跑數據與做採訪。創新是否能鎖定目標客群，最終取決於我們是否能誠心地傾聽使用者的悲鳴之聲，這便是精準分眾的邏輯。

注釋

1　參見波蘭設計師 Jacek Utko 在 2009 年於 TED 的演講：「好的設計，能拯救報紙嗎？」

2　由使用者找出創新來源的分析，可參見最早的論述：Von Hippel, E. 1988. *The Sources of Innovation*. New York: Oxford University Press. Von Hippel, E. 2005. *Democratizing Innovation*. Cambridge, Massachusetts: MIT Press.

3　Pruitt, J. 2006. *The Persona Lifecycle: Keeping People in Mind throughout Product Design*. San Francisco: Elsevier.

4　雖然有些研究宣稱是以人物誌去分析使用者需求，但實際上卻對人物的思維與行為沒有太多著墨，像是：Idoughi, D., Seffah, A., & Kolski, C. 2012. Adding user experience into the interactive service design loop: A persona-based approach. *Behaviour & Information Technology*, 31(3): 287-303. SchÄFer, A., & Klammer, J. 2016. Service dominant logic in practice: Applying online customer communities and personas for the creation of service innovations. *Management*, 11(3): 255-264.

5　這是原研哉的大聲疾呼。他認為，設計是一個覺醒的過程。設計者要由使用者的「悲鳴之聲」，也就是痛點，去反思產品或服務的設計盲點，並從中覺醒。這樣才能設計出讓顧客感動的產品與服務。參見：原研哉（黃雅文譯），2007，《設計中的設計》，台北：龍溪出版社。

6　改編自陳茂源微博的星座分析。

7　感謝前期政治大學科技管理研究所同學楊純芳、鄭家宜的協助，以及東吳大學歐素華老師的參與。感謝聯合報系王文山總經理、聯合報系服務研發中心總監吳仁麟、捷運報方桃忠總經理的大力協助，讓本研究的田野調查得以順利完成。於此，感謝科技部專題研究計畫──劣勢創新：企業與城市於制約中的資源隨創（MOST 102-2410-H-004-153-MY3）之經費補助。本專案部分案例之分析可參見：歐素華，2019，〈精準分衆以創新：由使用者行為引導媒體服務設計〉，《中山管理評論》，第 27 期，第 1 卷，11-56頁。

8　此範例是由真實證據中歸納而虛構出的人物。感謝鄭家宜（政治大學科技管理與智慧財產研究所）同學擔任人物誌模特兒。本專案根據人物誌所提出的設計稿由周起提供。此案例素材取自鄭家宜的碩士論文：鄭家宜，2015，《人物誌洞見：使用者行為如何激發新聞媒體的商業模式創新》，國立政治大學科技管理與智慧財產研究所碩士論文（此論文榮獲該年中華民國科技管理年會碩士論文獎）。

9　參見：Van Oost, E. 2005. Material gender: How shavers configure the users' femininity and masculinity. In N. Oudshoorn, & T. Pinch (Eds.), *How Users Matter: The Co-construction of Users and Technology*. Boston: The MIT Press. 不過，這項研究只是將顧客分為男性與女性，還是有點模糊，若是能針對男性與女性分衆進行更細緻的分類，應該會得出更精彩的「美體刀」需求。

03

相對感受：科技百貨
繪製新零售的顧客旅程
Relative Expectation – Mapping Customer
Journey for New Retailing

探索旅程的目的不只是去找到更多地景，而是在
於學會用新的視角，重新去認識這些地方[1]。
——馬賽·普魯士（Marcel Proust），
法國意識流小說家

2018年，零售創新成為熱門趨勢。亞馬遜（Amazon）在美國推出「無人商店」，顧客走進店中，只要拿取商品就可以透過物聯網系統自動結帳，省去排隊的困擾。然而，這些無人商店最終都變成了「無客人」場所。這讓我們深切警惕，服務創新最後依靠的並非科技的創新，而是能否關注顧客的痛點。這一章將進一步分析顧客於服務旅程中所遇到的痛點，並由痛點中理解顧客的相對期望。顧客的抱怨通常是因為有所比較而產生，他們會將之前的經驗投射到當前的服務，因此就產生期望上的落差。

/ 服務主導邏輯 /

新零售除了資訊科技創新與通路整合，最為重要的還是顧客體驗。顧客是服務過程中的主要對象，服務創新的目的就是透過瞭解他們的行為，去思考如何提供新服務，為顧客解決問題。順應時勢，「服務主導邏輯」（service dominant logic）的觀念漸漸受到重視，有三項重點[2]。第一，服務是以使用者為中心所產生的一系列加值活動，以滿足他們在特定情境中的期望。第二，服務需要解決顧客的問題，其中涵蓋有形的互動與無形的感受。第三，服務的結果不僅是客觀評鑑，更包含主觀體驗。比方說，以出餐速度作為客觀評鑑，太慢會造成客戶的不滿；然而，若服務生的態度親切且搭配專業菜色介紹，便可能翻轉不愉快，讓顧客覺得滿意。無形的感受與主觀的體驗漸漸成為服務設計的核心，而不只是功能性的效率。

「服務視角」歸納出三個優質服務的作法。第一，需具備同理心，瞭解使用者期望並且嘗試超越。例如，一家醫美診所設立專用通道，將入口與出口分開，使得貴賓相互不會見到對方，以保護隱私。第二，結合功能性與情感面去傳遞服務，以延伸產品的價值。例如，軒尼詩原本只是在通路按瓶販售白蘭地。成立體驗中心之後，顧客會經歷多媒體全景動畫、瞭解法國酒莊生產過程、理解白蘭地如何搭配餐點。顧客也可以包下聯誼室，安排親友聚會。這項體驗式服務是按場次計費來銷售白蘭地。如此結合功能性與情感面去傳達服務，就能夠增加產品價值。第三，服務的滿意與否是主觀的，不見得是客觀

的，所以照顧主觀感受比提供客觀效率更為關鍵。顧客不會只因價格便宜、上菜快速就滿足。他們所接收到的體驗，會影響他們的忠誠度。一家素食餐廳標榜親切感，要服務員向顧客鞠躬九十度，反而讓顧客感到不舒服。相對的，一家超市的店員服務並不如百貨公司來得到位，但追求健康的理念卻受到顧客認同，反而覺得店員很有人情味。這些是顧客基於客觀作法所賦予的主觀評價。

服務藍圖

在過去，服務創新強調分析特定顧客的行為脈絡，例如誠品書局鎖定文青族，所以書局的功能、百貨空間、購物商場等全部依照文青的需求來設計，以便精準提供所需服務。然而，發展服務內涵只是單點創新，並沒有考慮到服務是一系列的價值活動，需要全面地考量顧客體驗。於是，顧客旅程繪製（customer journey mapping）方法應運而生。普遍的作法是，瞭解顧客需求後，拆解出接觸點，也就是服務介面，便可以將過程標準化。目前顧客旅程的分析大致可分為三種作法。

作法一：繪製服務藍圖。顧客旅程類似建築藍圖，將服務程序視覺化，分階段拆解消費者所接收到的服務。服務需要考慮過程中的接觸點，也就是顧客從頭到尾所經歷過的步驟，以及與顧客相接觸的介面。這包含詳細記錄服務過程，繪製顧客與前線和後端的接觸點，以及在各項介面所產生的行動；從每個環節中尋找運作缺點後，便可加以改善服務[3]。以運輸業流程為例，重要接觸點有取貨時間與貨車司機。取貨時間的不確定會影響顧客的信任感，取貨過程若發現損毀、遺失或送錯貨物，會造成時間延誤。所以，公司必須改善貨物檢驗流程，以保證送達時間。此外，司機是公司門面，穿著隨便會影響公司形象，因此公司可以替司機設計制服與安排培訓，讓司機送貨外還可兼具親善大使的角色。

作法二：形成組織作為。流程被規範化以後，會變成組織例規（routine）。若能善用資訊科技，與競爭對手形成差異化，更可以創造嶄新的互動方式，形成組織作為（mode of organizing）。Uber的異軍突起便是一個範例。當時，計程車

行都習慣由派遣中心統一調度，服務品質也不一致。Uber以手機爲主，發展出「點對點」的派遣模式，並篩選素質較高的業餘司機加入，形成全新的派遣例規。這也改變流程中叫車、付款與評鑑三個接觸點。叫車時，乘客透過手機，由系統找到附近的司機，軟體自動計算出車資，乘客不用擔心會被繞路，費用會隨供需而改變。抵達時，乘客不需付現金，系統自動由信用卡扣款，無須擔心忘記帶錢。下車後，顧客與司機兩邊會互相評鑑，這個信用制度會影響未來叫車時的決策。信用不好的司機會被乘客嫌棄，不守信的乘客則沒有司機要接。這個嶄新的設計在各大都會造成風潮，也爲運輸業帶來破壞性創新。

　　作法三：設計旅程中的情節。若是能描繪旅程中的情節，便能理解更多互動內涵，得知顧客的痛點[4]。例如，當時百視達在美國有 5,000 多個據點，獨霸市場。然而，很多新片供不應求，顧客往往白跑一趟，敗興而歸。新片不小心逾期歸還，還需要付出逾時金，讓顧客心痛。瞭解這兩項痛點後，Netflix 設計出三個「新情節」。第一，顧客不用再開車到商店，利用網路訂閱便可送貨到府，顧客不會白跑一趟。第二，Netflix 用推薦系統讓顧客選擇一系列影片，也分散客戶同時預約熱門影片，而導致缺貨。第三，Netflix 取消逾時金並改成會員制，顧客一次可租借四部影片，不會因逾時罰款而產生負面情緒。最終，百視達黯然倒閉，而 Netflix 接續推出串流服務與原創作品，如《勁爆女子監獄》、《皇冠》、《紙房子》、《李屍朝鮮》、《神聖遊戲》等熱門影集，快速崛起成爲主流。

繪製顧客旅程

　　分析顧客旅程必須先找出所要對話的分衆，以參考點對比現行作法，才能得知顧客真正不滿意的原因。參考點是一種捷思（heuristics），顧客由過往經驗形成記憶的短路（像是喝啤酒就需要配炸雞），會直接連結短路的記憶至當下體驗，也就形成當下的感受[5]。當理解體驗背後的感受，便能理解顧客於旅程中的期望。顧客旅程可分爲六分析步驟[6]（參見圖3-1）。

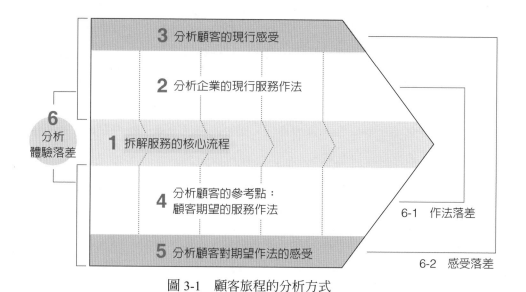

圖 3-1　顧客旅程的分析方式

　　第一，拆解核心服務流程。這裡面包含兩項工作。首先，要定義場域，並找出關鍵人物。以消費性電子商場為例，如法雅客、三創生活商場或燦坤電子賣場，顧客來到商場是為了購買電腦、筆電、手機、家電等商品。顧客雖有很多種，但可鎖定在高貢獻度會員，而先不考慮一般顧客。這樣便可以篩選目標分眾，過濾交易性的顧客，分析也就比較不會發散。例如，商場可以鎖定25至45歲的高感度女性顧客，而非學生或是小資上班族。一方面是因為她們是貢獻度高的顧客，另一方面是因為她們的忠誠度比較高，不傾向以價格為取捨。其次，找出核心服務流程，以分析現行作法。以商場為例，核心流程可聚焦於四大活動：會員制度、展示服務、銷售服務以及售後服務。服務流程會因為不同行業的特性而有所區別。

　　第二，分析企業的現行服務作法。這就是根據上一部聚焦的服務流程，分別採訪主管與員工。這代表設計者的服務作法，也隱含設計者的假設，認為哪些服務活動應該會取得顧客的滿意。但需注意，這些現行作法並不代表顧客所認知的體驗。分析現行作法時要客觀地陳述，先不要放入顧客的抱怨。分析顧客痛點是下一步。

第三，分析顧客的現行感受。目的是瞭解顧客的痛點，分析顧客對現行服務有哪些滿意或抱怨的地方。我們會發現，往往設計者認為不錯的服務，顧客卻不一定認同。例如，商場認為給折扣是一項優惠，然而顧客感受到的卻是商場的吝嗇；商場提供生日禮，可是會員卻覺得企業缺乏誠意；商場提供維修代送服務，可是顧客卻認為企業推卸責任。顧客的感受千萬不能由設計者的角度來蒐集資料，否則只是自欺欺人。

第四，分析顧客的參考點。根據顧客痛點去分析他們的過往經驗，理解他們的相對感受。目的是找出產生痛點的原因，理解顧客期望的服務作法。顧客若不滿意，必須瞭解這樣評論背後有哪些根據，因此需要分析顧客過去的經驗值，來對比現行作法。例如，顧客之所以認為商場的活動辦得不夠好，是因為他們是對比於過去在英國某商場所體驗過的活動。這樣就能夠理解顧客是以怎樣的參考點來比較現行作法，他們過去的經驗也就成為服務設計的標竿。

第五，分析顧客對期望作法的感受。根據所提供的參考點，進一步詢問顧客對這種期望作法有怎樣的感受。例如，是不是某種迎賓方式讓顧客感覺窩心，產生「親切感」；又是不是某家公司的會員優惠作法，讓顧客覺得有「歸屬感」。這樣的感受是主觀的，然後透過參考點的比較，分析就會變成相對客觀，因為顧客的過往經驗決定現在的體驗。例如，習慣鼎泰豐的服務後，到一般餐廳就可能覺得服務不夠好。不過，這並不是鼓勵企業抄襲標竿作法，而是要思考如何以參考點為基準，設計出令人更有正面感受的服務。

第六，分析期望落差。顧客的期望落差可分為兩項（參見圖3-1）。作法（同圖3-1）落差（6-1）是分析參考點，以便理解顧客期望與現行作法的差距，這是有關績效。感受落差（6-2）是分析顧客對於過往經驗的感受與現行服務的感受有何差距。體驗原本是模糊的，但對比顧客對於參考點與現行服務的主觀感覺，便可以具象化。

相對感受

過去顧客旅程的作法多著重功能面的改善，卻未全然顧及情緒面，去思考新

體驗對顧客的感受。如此，我們所分析的便只是「流程」，而不是「旅程」。旅程不僅含步驟、例規、作法，更是價值的傳遞。體驗是顧客的主觀感受；若感受不好，價值傳遞過程肯定出問題。因此，繪製旅程便需要注意三項要點。

第一，繪製旅程前，要確認分眾。旅程中的目標客群應該是特定分眾人物，而非大眾，才能精準溝通。分析特定族群的顧客，這樣蒐集到的經驗才有意義。例如，誠品書局的分眾是「時尚文青」，所以整個店面的設計、複合的商品、舉辦的活動，都圍繞藝文的主題。蘑菇街是大陸電子商務公司，以「小資女」為主分眾，所以邀請網紅當店長，用直播節目與小資女顧客互動，店長親自試穿各式衣著穿搭，以促成衝動銷售。分析顧客旅程時，需要鎖定旅程中的分眾，而不是流程裡的大眾。

第二，體驗是過去經驗的總合。評斷現行服務的好壞，不是出自設計者的自我認知，而是要根據顧客體驗。這就必須理解顧客在旅程裡的經驗[7]。企業常使用問卷調查或現場抽樣訪問來蒐集資料，評斷服務品質的良窳。然而，透過問卷能否讓顧客清楚道出自己的看法，多半難以判定。顧客只是在問卷上抱怨，卻仍無法解釋他們的體驗。我們需要瞭解，顧客是以怎樣的知識背景去評斷服務的好壞。體驗，即是顧客過去所體會的經驗。理解體驗，不是比較顧客對企業現在與過去之間作法的差異，而是之於他們過去經驗的比較。理解顧客過去經驗，即可掌握「參考點」，就可以瞭解顧客感覺滿意的原因。這些參考點不論是否包含過高的期望，都會提供豐富的標竿。瞭解這些參考點的目的並非要依樣畫葫蘆，而是作為調適的參考。

第三，要理解相對性感受。有參考點後，顧客比較能說明自己的感受。如果直接問顧客的痛點，只會得到情緒性反應，需求也會變得籠統。例如，使用會員App不滿意，卻只能抱怨網路不佳、註冊過程繁瑣和登入時間過長等功能性問題。但是，究竟顧客不滿意的原因是由於焦慮感、信任感還是危機感，難以得知。有了參考點後，我們便可以理解顧客的先導知識，也就可以理解感受落差。需注意，顧客感受不是絕對值，而是相對值[8]。

/ 新零售的顧客旅程 /

我們以一家科技百貨（匿名）為案例，來說明如何為此商場繪製顧客旅程。首先說明該百貨面臨的挑戰，再由三個核心流程來分析會員的體驗。我們先彙整現行作法，再對比會員的經驗，也就是分析顧客是以哪些參考點來評比現行服務。最後，分析顧客的感受有何落差。

這是一家以3C（Computer, Communication and Consumer Electronics）科技百貨為主的商場。該商場強調生活風格，著重於顧客體驗。透過主題月，加上不定期的快閃店，該商場希望將科技、文化與生活連結起來，傳達生活的美好想像。儘管該商場推出各種行銷方案，像是官方宣傳、手機App活動以及社群平台（如臉書、Instagram、Line）推播，以提升來客量，但營業額卻沒有等比例成長。該商場自詡以優質服務、舒適空間與互動體驗為主要優勢，因此商品採取不打折策略。

科技百貨的困擾是：顧客來逛百貨與試用商品，最後卻去其他商場購買。這導致營運績效難以提升。為提升鞏固客群，商場建立會員制度，提供優惠活動以吸引顧客。商場重新設計會員制度、展示服務以及銷售服務等三大流程，以改善顧客體驗。然而，會員對這些作法的反應卻出乎意料地冷淡。要探索這個原因，必須進入顧客旅程，理解他們的痛點與感受（參見圖3-2）。

人物誌：關欣琳

瞭解使用者行為是服務的基礎。我們將科技百貨的會員人物設定為「柔文青」——關欣琳（諧音：關心您），具備三項特性。以下先介紹「柔文青」這個人物的行為模式，隨後透過顧客旅程來呈現他們的購物行為以及所遭遇的痛點。表3-1總結此「柔文青」的人物誌。

關欣琳是一位愛美的時尚女，很重視形象。她認為時尚為生活品質的指標，任何不完美的搭配都會破壞她的生活格調。購買產品時，關欣琳總以美觀為決策關鍵。關欣琳會去科技百貨也是因為旁邊的華山文創園區常有展覽，看

顧客 會員服務	客嗇感	失落感	疏離感
百貨 現行作法	邁向體驗行銷：下載App即成為會員；購物每滿500元即送半小時停車；消費滿100元可累積紅利1點：100點兌換30元；會員生日時贈與優惠券。	以場景吸引顧客：按照商品類別分區：一樓快閃活動：功能性空間設計：以廠商、商品類別分區：以體驗促銷，搭配咖啡吧。	不打擾的服務：會員自行試用商品，店員在旁待命：提供優惠資訊，如指定信用卡可享消費折扣或是獲得贈品：免費包裝禮品。
核心 服務流程	會員服務	展示服務	銷售服務
顧客 期望作法	需要誠意的回饋：希望禮物要實惠；停車時數要與消費金額成正品性：贈品要實用、實用性：讓顧客感受到成為會員有獲得差別待遇。	需要生活提案的憧憬：期望遇見新科技生活趨勢：期望能提供生活提案：期望商場能像家電能體驗生活場景，搭配的生活品質。	需同理心的對待：店員對產品不全然熟悉：結帳時未主動告知優惠訊息：顧客期望貼心的服務：期待不只是試用的商品，更是獲得生活的憧憬。
顧客 相對感受	誠意感	新鮮感	信任感

圖 3-2　顧客旅程——科技百貨的相對期望與感受落差

展之餘順便逛到科技百貨去試用一些新型相機。工作之外，關欣琳喜歡獨處，怕人多吵雜，喜歡到安靜的空間思考，最好能配上輕音樂或古典音樂，或是帶一點爵士即興氛圍，讓她可以放鬆心情。

表 3-1　關欣琳的人物誌

關欣琳　　沒有專屬感，哪來歸屬感？

特徵：國立大學研究所畢業，在廣告業工作約兩年，常需要用到 3C 產品。遇到設備故障就會慌亂，需要找到懂的人協助。電腦、手機、耳機等所有的 3C 都需要人家處處關心。

類型：購買 3C 時總是猶豫不決，需要朋友幫忙做決定。喜歡接觸新穎事物並勇於接受挑戰，喜歡透過社群學習科技潮流，喜歡聽弦樂器，常換耳機與音響，但不知要用哪種品牌。

參考點與相對感受

1. MOMA：雖沒折扣，但每年到生日時，我就會收到相對的折抵金，感覺是 MOMA 為了感謝我的付出而給一張禮物卡，要什麼隨我挑。科技百貨會要消費 100 元才集一點。折價換算下來 1 萬元只折 30 元，太小氣了，我不如去百貨公司買。
2. 礁溪老爺飯店：第二次再去的時候，剛辦完入住手續，服務員就詢問我需不需要再加一條被子，真的很貼心。科技百貨的店員就只會結帳，對產品的知識一知半解。雖然說科技百貨有產品可以試用，但服務參差不齊，沒有好體驗。
3. IKEA：布置很舒適，讓我對未來的家居充滿想像。我上禮拜才去科技百貨買 JBL 音響與 iPhone X，但店員愛理不理，操作也不熟。有信用卡優惠活動，店員也不會主動告知，感覺不是很重視客人。
4. 蘋果：原廠維修會直接現場幫我檢測問題出在哪裡，如果需要送回去維修，工作人員會解釋所有的但書，讓我不會在送修時受到驚嚇。
5. 英國 Hamley 玩具：如果科技百貨真的是個創新的地方，那我們應該看到最新的科技趨勢，讓人有前衛感，而不是像大賣場。Hamley 有各種玩具活動，讓親子有參與感，像是進入遊樂場。

（續）

標竿對比	
對比 MOMA	**對比礁溪老爺**
誠意感：集點對我無感；MOMA 生日金很棒。	貼心感：服務很被動；礁溪老爺會主動貼心提供。
科技百貨 1分　｜　MOMA 5分	科技百貨 3分　｜　礁溪老爺 5分
對比 IKEA	**對比蘋果維修**
憧憬感：只有試用；IKEA 讓我對生活充滿想像。	安心感：店員只協助送修；蘋果立刻解釋問題出在哪。
科技百貨 2分　｜　IKEA 5分	科技百貨 0分　｜　蘋果 5分

　　關欣琳是一個處處需要呵護的女生，在購買 3C 產品時總是猶豫不決，需要朋友幫忙做決定。關欣琳重視購買時的安全感，她希望購買前能試用過，店員可以用生活化的方式跟她介紹，而不是一味地強調功能有多好。她對價格比較不敏感，重視購買時的環境氛圍，不會考慮去光華商場買。除此之外，科技百貨常常會有一些特展、新品發布會或是檔期活動，對關欣琳來說頗有新鮮感。關欣琳常遇到 3C 產品問題，希望科技百貨能夠有維修中心，這樣不論是小修、中修或大修都不用擔心。

旅程一
/ 會員服務 /

現行作法──導入體驗行銷

　　商場的會員制度是由顧客體驗管理（CEM, Customer Experience Management）部門負責推行。當顧客於商場購物時，店員會建議他們加入會

員，以享受優惠。商場的會員制度可以分為三項作法。第一是會員註冊：顧客可以由下載手機應用程式App直接註冊成為普通會員。為避免冗長的註冊時間，會員申請只有兩個步驟，包含手機驗證與基本資料填寫，1分鐘內可以完成註冊。只是會員註冊時，時而會收不到驗證碼或是登入時會遇到App閃退的狀況。如果要成為專屬會員，在科技百貨年消費額需達新台幣15萬元，不過成為專屬會員並沒有折扣優惠，但參與各類活動會有優惠。

第二是會員紅利：成為會員後，購物金額滿100元便可以累積紅利點數1點。會員可用來兌換等值商品，例如100點可以折合購物金30元，或是兌換食物，例如小農餅乾或茶葉蛋。除此之外，紅利點數也可折抵活動費用，像是用100點再加300元，可參加價值500元的攝影工坊課程。累積消費總額達新台幣15萬元，可以升級為VIP會員，效期一年。年度累積消費滿8萬元，VIP會員自動延長一年。

第三是優惠與生日禮：會員在商場消費滿500元，除停車折扣之外，會員額外贈送半小時優惠，最多折抵3.5小時。生日時，會員可憑證件到服務台領取折價券作為生日禮。會員也可優惠參與各種活動，比如攝影工作坊、電影欣賞、手作課程、明星見面會等。一位主管提及：「我們會透過後台電腦系統記錄和分析會員資料，瞭解會員對什麼樣的活動感興趣。在下一季，我們便會增加該類型的活動，讓會員可以盡興地參加。」

痛點1——會員竟然沒優惠

然而，為何商場推出這些會員服務並不吸引顧客？我們由顧客的過往經驗來理解他們對現行服務的感受。

參考點：Sabon即刻會員禮。顧客下載手機App軟體，註冊成為會員後，馬上就感到失望，因為一般會員卡並沒有任何折扣優待。關欣琳回憶到，成為Sabon會員，便可由產品架上選擇自己想要的產品作為會員禮。她解釋：

「我是 Sabon 的銀卡會員，除了正品可以有 95 折優惠外，店員讓我直接選一個架上產品當作會員禮，也讓我覺得賺到。很多店家的會員禮都只是產品折價券，當下就覺得被騙了。」

需注意，科技百貨給的會員卡並沒有要求顧客購買商品，自然認為無須給會員「見面禮」。Sabon 是保養品牌，會員分為三個等級：普通卡、銀卡與金卡會員。普通卡的入會門檻是只要消費即可成為會員，並可收到新產品試用訊息。單次消費滿 4,000 元可成為銀卡會員，購物享 95 折優惠；生日時，銀卡會員可自選生日禮。單筆消費滿 8,000 元，可成為金卡會員，並享有 9 折購物優惠。銀卡與金卡會員入會時，Sabon 立刻贈送會員禮，會員可自選商品。入會就送產品，讓會員感受到店家的誠意。會員並不是想得到高價的禮物，而是認為如果成為會員卻無任何特殊待遇，就失去專屬感。

參考點：MOMA 現金回饋。會員對科技百貨的紅利兌換也頗有怨言。10,000 元折 30 元的優惠不但誘因不高，反而容易造成顧客反感。關欣琳提到她在 MOMA 購物的經驗：

「我每次消費 MOMA 都幫我累計。一開始我也不知道這樣有什麼好處，直到我生日那天，收到 MOMA 的現金回饋，雖然沒有折扣，但他們卻把我的消費點數換成生日禮金。這個金額不多，但也是一個小驚喜。」

MOMA 為快時尚服飾店，價位大約落在新台幣 500 元至 2,000 元左右。MOMA 的入會條件並不高，消費不限金額都可成為會員。多數服飾業會透過促銷吸引顧客，MOMA 卻維持全年無折扣。沒有折扣，為何 MOMA 會員仍不斷光顧？原來，MOMA 不以價格競爭，而是以折扣回饋會員。每次消費都會記錄，累計金額越多，生日所收到的現金禮就越多。除現金回饋外，MOMA 會員不綁定個人使用，只要告知會員電話號碼，一個帳號可分享多人使用；也因如此，會員時常邀請朋友至 MOMA 購物，並樂意將自己的會員卡分享給朋友使用。雖然金額不見得很多，但顧客有受到關注的感覺，促使他們

持續回購。這樣的現金禮不像在降價，而是爭取認同；其他服飾店卻常因隨意打折而造成顧客負評。關欣琳反映：

> 「雖然 MOMA 全年無折扣，但每年到生日時，都會收到相對的現金禮，像我上次生日就收到 3,000 元的現金禮券，感覺 MOMA 是為了感謝我的付出而給我一張禮物卡，要什麼衣服隨我挑。」

痛點 2──紅利集點太吝嗇

顧客認為兌換贈品應該具備實用、時尚與稀少性。物以稀為貴，少有的產品才會是會員追求的戰利品。科技百貨雖然也提供集點換贈的活動，但贈品多屬於市面常見的產品，如茶葉蛋、帆布包或是南瓜糙米餅等。這產品的單價不高，又容易取得，會員便對於這樣的兌換興致缺缺。關欣琳意興闌珊地提及：

> 「科技百貨回饋到會員的優惠讓人感受不深，推出的會員活動和兌換贈品也都不是我喜歡的。像是誠品的會員禮就很好，具有特色而且外面也買不到。我也很喜歡全聯的鍋子，很實用而且很有時尚性，我就會想要集點兌換。」

生日禮不夠實質，會員便會覺得不受重視，也不想要兌換。關欣琳經歷過星巴克的禮程兌換與全聯購物中心時尚鍋具換購。星巴克以只送不賣的方式，客製化金卡給予會員；會員收到時不只獲得一種認證，更是一種成就。全聯則是透過點數兌換聯名款限量商品，讓會員享有「限量兌換」的稀有感。然而，為什麼關欣琳不想在科技百貨集點呢？我們必須追溯她過往的經驗。

參考點：星巴克的禮程兌換。會員生日時可由科技百貨拿到生日禮，那是一袋精美信封，裝著各種折價券。然而會員收到生日禮並不高興。關欣琳提到她在星巴克的禮程兌換經驗：

「星巴克的店家很多，所以只要經過我就會消費。在平常消費中慢慢累積，不知不覺中就達到會員門檻。這些優惠都會即刻回饋到我身上，所以我覺得還蠻值得的。變成金卡會員時，星巴克會寄給你一張刻有名字的卡片，讓人有尊榮感。雖然平常消費是用 App，不會使用到卡片，但因為身邊的朋友多數都沒有那張卡，所以我會覺得很有成就感。」

　　星巴克的會員分為綠星級和金星級兩個等級。加入會員後，每消費滿 35 元就可以累積 1 顆星星。集滿 66 顆星可以成為綠星級會員，168 顆則成為金星級會員。入會時，星巴克有買一送一活動。升級成綠星時，會員可享用一杯免費中杯飲料。會員生日當月會贈送一塊蛋糕和一杯中杯飲料。新品上市時，會員可免費升級容量。星巴克採取「累積星禮程」模式雖然以年度計算，但會員平常就會消費，不知不覺就達成目標了。金星級會員除擁有綠星福利外，每累積 35 顆星就可以兌換一杯飲料。星巴克還會寄送一張專屬會員金卡，舉辦會員好友日，讓會員在特定節日享受「買一送一」優惠。金卡不單是一張會員卡，對於會員來說更是肯定，使會員有「成就感」。

　　參考點：全聯集點兌換時尚鍋具。會員對於科技百貨的點數兌換有不好的感受。辛苦累積 30 點後才可兌換一顆「茶葉蛋」，是許多會員驚嘆後轉為憤怒的原因。不過，科技百貨的體驗部卻覺得茶葉蛋還蠻受歡迎的，特別是在午後。關欣琳分享：

「如果要送，就送實惠一點的東西，像是全聯的精品鍋具，不僅實用而且又是時尚大廚品牌。看到別人換到時好羨慕。要送禮物就應該這樣送，要那種讓人會期待的禮物，而不是要我買了一大堆，結果送折扣券，要我再去買更多，或是換茶葉蛋。像這樣的優惠就很沒有誠意。」

　　全聯的會員消費每滿新台幣 100 元可累積福利點數 1 點，每 10 點可以折抵 1 元。兌換商品大多為知名品牌，如雙人牌刀具或是傑米奧利佛餐具等。全聯會員多為女性，平日為工作奔波外，回家還要料理家務。這些時尚單品兌換

為生活添加情趣。雖然只是鍋碗瓢盆，但緊扣日常之用，所以顧客覺得紅利回饋很實質。

會員過往經歷會形成對當下服務的比較，轉化成對為未來服務的期待。會員需要誠意感以及成就感。科技百貨雖提供效率的服務，但會員獲得的卻是無奈感。科技百貨的會員制度需要考量有吸引力的優惠方案。

期望落差──回饋的誠意

當顧客下載手機App，登錄成為會員後，他們希望會有不同的待遇。顧客期待的是展現誠意的實值回饋。集點兌換現金、生日禮給予優惠券，這些作法雖好，但也必須考慮會員過往的經驗。滿意與否，取決於過去之於現在的比較。一般顧客通常不會有抱怨，但他們也不是購買的主力。真正來商場購買的會員，是那些比較挑剔的顧客。如果會員制度沒有設計好，沒考量到核心顧客的情緒反應，反而會讓他們認為企業過於吝嗇，導致善意的優惠反而變成負面評價（參見表3-2）。

表3-2　會員服務流程中的期望落差

作法對比		感受落差
現行作法	參考點	
免費加入會員，但無優惠	Sabon 會員禮	無意義的優惠，不即時的反饋
1 萬元折 30 元，可兌換商品	MOMA現金回饋	吝嗇的積點，無誠意的兌換
生日禮送折價	星巴克的禮程兌換	竟然在生日被騙去消費，缺乏誠意
兌換小農餅乾或茶葉蛋	全聯集點兌換時尚鍋具	缺乏新鮮感，兌換商品不實用

旅程二
/ 展示服務 /

現行作法──以場景吸引顧客

　　爲展現科技時尚風貌，科技百貨一樓以生活體驗爲主題，中間廣場作爲快閃店的空間。這些活動包含玩具模型展、三花牌內褲特賣、手機特賣會、特斯拉電動車展示、動漫祭、漫威展等。商場涵蓋 3C 電子、家電、影音產品、文創小物與體育用品等。各樓層依據不同主題配置商品，例如「夏普區」的家電用品配合室內裝潢；黑膠唱片販售區搭配音響試聽，並不定期安排品酒活動；室內照明燈具賣場，會搭配日式咖啡，以機器手臂協助泡咖啡；按摩椅、跑步機、腳踏車等商品集中爲健康生活館，展現運動風尚。科技百貨還設有展演空間，可以舉辦論壇、記者會、演唱會等活動。會員對這樣的體驗滿意嗎？

痛點1──缺科技的特賣會

　　科技百貨透過將各樓層的產品輪流放置於一樓的展示空間，希望增加商品的曝光度。爲提升盈利，也選擇將坪效高的產品設立快閃店。科技百貨爲年輕族群舉辦許多活動，例如超萌女僕大集合、聆次元動漫音樂會、狂熱玩具展示會等。然而，關欣琳對這些活動卻興致缺缺，她提到：

> 「這家商場不是標榜科技生活、時尚風格嗎？我就是衝著這點才來的。可是，這裡哪有時尚潮流、新科技，不就是找商家來做特賣嗎？我最難以理解的是爲何在一樓會有特賣三花內褲，這不是高檔賣場嗎？」

　　參考點：CES 消費電子展。顧客購買意願取決於賣場所傳遞的資訊。科技百貨費心安排的活動並未讓這些高感度會員全然接受。這些會員見多識廣，對這類銷售活動興趣缺缺。關欣琳認爲，科技百貨主打科技體驗，就應該像 CES（Consumer Electronic Show）消費電子展一樣，展示具有創新的科技應用，能想像未來生活，甚至這些科技未來可能引發的商機。關欣琳希望看到的不是模

型玩具展，而是科技的應用，如摺疊式螢幕、虛擬實境、手機趨勢、無人機等應用。關欣琳解釋她對科技生活的憧憬：

「我希望看到的是與科技有關的展示，而不是俗氣的花車。比如，我想知道曲面螢幕如何搭配編輯工作、Maestro 手套如何配合虛擬實境、無人機在水底如何拍攝，或是最新款的 Canon 照相機要如何拍出部落客的水準。」

柔文青期待的不是商品特賣會，而是讓科技融入生活的模範，像是學習戶外攝影、曲面螢幕、人工智慧的應用；理解 Bose SoundWear 穿戴式揚聲器的音響效果；知識工作者要如何整合手機、平板、筆電與電腦；蘋果電腦要搭配什麼家具；高音質音響要如何試聽等。會員希望參與類似 TED 的社群分享會，介紹最新的科技商品與應用方式。關欣琳期待的是科技「時尚感」，不是特斯拉汽車的銷售展示，而是電動車如何成為時尚生活的一部分。

痛點 2 —— 展示過於功能化

關欣琳也無法接受過於功能性的商品展示。科技百貨大都以品牌或是品項展示，這樣雖然可讓消費者快速瀏覽，卻沒辦法營造出購物的感動。關欣琳期望，商品要配合生活情境才能吸引她購買的慾望。科技百貨的展示方式偏向傳統作法，家電在一區，咖啡銷售在一區，電動按摩椅在另一區。這種功能式的分類並不能展示生活提案，因此讓她走進去後就想離開。關欣琳提到：

「科技百貨有很多商品試用，我卻沒法想像買了這些產品後有什麼用。他們不是強調生活體驗嗎？怎麼只有把產品放著而已，那體驗在哪裡？」

關欣琳期待，商場不應該只是販賣商品的地方，也要提供優質生活的方案。到商場逛也是一種休閒活動，她希望可以看書、買音樂、學習科技應用，是一種生活態度的體現。科技百貨主打創意生活，但實際上卻像一般賣場，未能展現生活的質感，店家各自獨立，流露冰冷的陌生感。關欣琳將科技百貨對比於蔦屋書店。

參考點：蔦屋書店的生活提案。日本代官山的蔦屋書店主打生活提案，曾入選美國 Flavorwire.com 的「世界最美書店」排行榜，是一間複合式書店。店內設有時尚咖啡廳，讓顧客能停下來享受片刻的寧靜，或是在咖啡廳裡做事。關欣琳表示：

> 「蔦屋讓我覺得生活是有風格的，是一個有設計感的地方。在蔦屋看書時，不會受到打擾，周邊也不會吵雜，讓心情受到干擾。科技百貨各樓層雖然都很明亮，也有咖啡廳，但它就只是一個比較乾淨的『光華商場』，空間設計蠻俗氣的，並沒有高檔百貨的感覺。」

蔦屋書店戶外也有草地休息區，讓顧客可以帶寵物前來。蔦屋不時會舉辦國家展，將世界各地的生活、文藝帶入書店，讓顧客探索各種新鮮的生活型態。關欣琳期待科技百貨不只是提供商品試用，更是要提出前衛的生活提案。顧客對於目前科技百貨的功能性展示，難以產生憧憬感。關欣琳解釋：

> 「科技百貨最大的問題就是沒有呈現生活質感。如果商場內能夠多一點人文空間，給一些生活提案，而不只是搶坪效，我才願意跟朋友一起來購物。」

期望落差——生活的憧憬

展示空間是百貨商場的魅力所在。功能性的賣場到處皆是，難以產生差異化。顧客有時並非因有需求而來購物，往往是來自於期待。依照產品的種類來分區，顧客只會看到不同品牌的手機、電腦、吹風機、吸塵器、音響、烤麵包機等。雖然商場舉辦新品發表會，但若都是促銷活動就會讓顧客失望。顧客期待的是生活風格的體驗，而不只是商品試用。他們期待類似蔦屋書店的空間感，期望商場能提供生活提案，讓他們對生活風尚有所憧憬。忙碌生活中，顧客想吸收新知，也希望舒緩心靈，有地方聊天休憩，悠哉地度過週末。表 3-3 整理顧客的參考點範例，便可以理解顧客對新服務為何產生期望落差。

表3-3 展示服務流程中的感受落差

作法對比		感受落差
現行作法	參考點	
快閃店活動	CES消費電子展	都是花車攤位,缺少新科技應用的憧憬感
玩具展、特賣會、動漫音樂會	哈利波特影城	都是促銷特賣會,缺乏體驗的場景感活動過於偏向男性,主題未關注柔文青的需求
以試用體驗促銷	無印良品展示簡約風	只是以體驗包裝商品,並沒有體驗生活場景
功能性空間設計	蔦屋書店的生活提案	與百貨公司類似,缺乏生活提案
各層樓皆設有咖啡廳	「不只是圖書館」	吵雜令人心煩,缺少獨處的寧靜感
展演空間舉辦論壇	Wework共享辦公空間	收費活動不想參加,主題沒新意,期待空間有活力

旅程三
/ 銷售服務 /

現行作法──不打擾的服務

　　銷售服務是關於顧客互動,於介紹商品過程融入體驗,以解決購物的問題。科技百貨是以招商方式出租商場店面,由各品牌自行訓練員工。為維持服務品質,科技百貨會舉辦禮儀相關訓練。如果店員有踰矩行為,商場會口頭告誡或是對店家處以罰款。銷售服務可歸納成三項作法。

　　第一,商品諮詢:入店時先讓會員自行體驗商品。當試用遇到問題時,店員才會提供諮詢服務,詳細介紹商品內容與操作方式。第二,優惠資訊:商場與信用卡公司合作,推出約定性刷卡折扣,或是滿額送小禮。這些優惠訊息,

會放在各商家結帳台旁，供會員選擇最優惠的付款方式。第三，禮品包裝：免費的禮品包裝。商場除販賣3C產品外，也銷售生活小物與禮品。會員購物後，櫃檯可提供包裝服務，僅需要購買包裝配件，是一站式購物的貼心考量。

痛點1——服務品質不一致

在銷售服務的考量分為兩部分，包含行政流程與服務氛圍。好的服務氛圍讓會員願意花更多時間停留，消費額度也會提升；若服務氛圍不佳，顧客則很快離去。科技百貨雖主打服務體驗，然各家店員的銷售作法尚未一致，導致顧客接受到參差不齊的服務品質。這讓顧客產生不佳的體驗，雖然銷售人員並非故意得罪顧客，但顧客會把不好體驗歸咎於科技百貨的管理能力。關欣琳表示：

> 「有些店員很勢利，自己一人去逛的時候，常常愛理不理。但如果跟家人
> 去，他們又會一直獻殷勤，讓人覺得不舒服……我上禮拜才去買 JBL 的
> 音響跟 iPhone X，逛了 3、5 分鐘，店員也不理我，而且店員操作也不
> 熟。科技百貨雖然有優惠活動，店員卻不會主動告知。要刷哪張卡比較
> 優惠，他們也沒給建議。」

參差的服務有時無可避免，但會員會選擇到科技百貨購物，是來自於該公司的訴求。現實讓會員感到失望，科技百貨自詡為優質商場，但店員專業不足使顧客疑惑，抱怨店員連自家商品都不熟悉。關欣琳指出：

> 「我覺得科技百貨的服務跟價格並不成比例。店員的服務時而冷冰，時而
> 過度熱情，讓我不太敢走進去。科技百貨還常現場缺貨，我試用後覺得
> 商品不錯卻沒貨，讓人心情很差。我詢問店員能不能先留資料，等貨到
> 時再通知我，他竟然跟我說不行，叫我自己去網路上買，讓我覺得很誇
> 張。」

顧客透過試用可以熟悉商品的操作，體驗好則購買意願高。關欣琳希望留下資料以便優先購買，卻被店員拒絕，推辭到別的通路購買，於是她由期望變成失望。關欣琳感覺，連自家員工都不在意，商品自然是不能信任。科技百貨屬於中高階的生活百貨，顧客皆有豐富的購物經驗。關欣琳之所以對科技百貨感到失望，是因為對比她過往的經驗。當店員愛理不理，甚至於有點勢利眼，覺得來訪顧客可能不買，就不去關注，甚至露出不耐煩表情，都會讓柔文青感受不好；即使商場客流量增加，負面評價也隨之增加。然而，這對商場也是挑戰，因為店家也是商場的「顧客」，即使店員表現不好，商場也沒有獎懲權去管理這些員工。

參考點：礁溪老爺的細心服務。關欣琳發現，店員雖知道優惠資訊，卻疏於告知顧客，往往購買後才得知有優惠措施，也因此留下不好印象。關欣琳提到她在礁溪老爺飯店的經驗：

「我之前去礁溪老爺飯店住宿的時候，其中一位朋友怕冷，所以我請服務員多給我們一條被子。沒想到第二次再去的時候，剛辦完入住手續，服務員就詢問我們需不需要再加條被子。隔了這麼久還記得我們的需求，真的很貼心。如果店員連最基本的優惠資訊都懶得提供，那其他服務怎麼可能做好。」

關欣琳過去有礁溪老爺飯店的貼心體驗，也就對商場標榜的「質感服務」感到失望。假日時，商場人手不足，會員不易獲得即刻協助。如此，會員感覺自己跟一般顧客並沒有不同，又感到失望。店員為達成業績，挑人獻殷勤，這也會影響顧客感受。關欣琳相比她礁溪老爺飯店的經驗：

「我覺得礁溪老爺餐廳的服務員也蠻用心的，一般餐廳服務員沒事會在旁邊聊天，就算我舉手他們也不一定注意到。礁溪老爺的服務員就算沒有服務時，也都是在旁邊待命。雖然這是小地方，我們也都會注意到。這樣的服務會讓人覺得自己是被重視的。商場雖然有優惠活動，店員卻不會主動告知要刷哪張卡比較優惠，我感覺自然不好。」

銷售過程的同理心是提升顧客體驗的關鍵。以按摩椅為例，關欣琳希望店家不只是讓她坐上按摩椅試用。她長久坐在辦公室，常常肩頸痠痛，穿高跟鞋也讓她小腿腫痛。若店家可以設計一套肩頸保養的按摩方案，或是針對女性腿與足部的按摩程序，配上相關的養生飲料，就會超越商品的體驗。關欣琳不想瞭解按摩椅所有的功能，只想知道對她有用的解決方案。

痛點 2 —— 平凡的試用

科技百貨雖提供舒適的環境，對會員來說卻少了購物動機。商品展示可以讓會員感到好奇，但科技百貨的體驗卻只是一般性的產品試用，這就很難帶出購物的慾望。關欣琳反映：

> 「其實科技百貨與光華商場也沒太多差異，只有燈光調亮、場地變寬敞
> 而已。雖然說科技百貨可以試用商品，但我感覺不到有什麼服務體驗。
> 店員就只是負責結帳的人，只知道商品在哪裡，但對商品知識一知半
> 解。」

科技百貨雖然舉辦體驗活動，卻不是柔文青期待的，也讓會員覺得找不到、看不到、摸不到。關欣琳希望能夠從商品體驗中，看到對未來生活的憧憬。關欣琳之所以會產生這樣的期待，是來自於她過往在英國 Hamleys 玩具百貨的經驗。

參考點：Hamleys 的角色扮演。Hamleys 是英國歷史悠久也頗具盛名的玩具店，成立至今達 200 多年，是皇家玩具的主要供應商。Hamleys 的店員常會以誇張的表情與聲音吸引路人的注意。在 Hamleys 裡面，多數店員穿著戲服，並透過角色扮演和顧客互動。關欣琳回憶：

> 「當我走到 Hamleys 的門口，我看見一群奇裝異服的表演者在戲弄路人，
> 有些拉著路人玩遊戲，旁邊更有小孩子拿起玩具刀劍和這些店員決戰。
> 他們好像不是員工，而是顧客隨行的朋友，看著看著我就不知不覺地走
> 進 Hamleys 店裡了。」

多數顧客在逛商店時最怕店員咄咄逼人的銷售，或是一臉嫌惡擔心孩子碰壞玩具。此時，家長心裡會產生莫名的壓力。Hamleys巧妙運用角色扮演來轉換顧客的心境，以歡樂感化解壓迫感，讓顧客走入商場。Hamleys一共有七層樓，每層都有不同的主題，比方說樂高、哈利波特或是泰迪熊等。Hamleys在一樓設置玩具工作坊，每個工作坊都用視覺跟觸覺誘發孩子的好奇心，例如將人造雪放到孩童手中，再倒水在上面，人造雪就不停地冒出更多雪；或吹著不會破的泡泡讓小朋友戳戳看。店員會鼓勵身旁小朋友嘗試不同的玩具。關欣琳解釋：

「我知道工作坊的目的是要賣商品，但在Hamleys，店員是以同理心鼓勵小孩盡情地玩。哪像我之前帶小姪女去科技百貨，店員就一副緊張兮兮地怕小孩把玩具弄壞，讓我感覺很不舒服。」

科技百貨也策劃幾個高單價區的體驗活動。例如，販售家電的店會布置一個吧台。顧客進來買烤麵包機，可以先體驗烤麵包，理解烤大片麵包的方式。這項活動也與相機部門合作，教導會員如何烤出有特色的吐司，同時學習靜態攝影。這樣的體驗雖然有新鮮感，但會員卻不盡然買帳。關欣琳解釋：

「我期望的不是功能性的體驗。你讓我花90元自己烤麵包來吃，然後要賣我8,000元的烤麵包機。你要我自己花錢，自己打果汁，然後要賣給我一台上萬元的果汁機。我怎麼覺得這比較像變相促銷，而沒有感覺到體驗呢？」

會員希望的是情境感，而不是促銷。例如，烤麵包機的場景可能是：忙碌上班族準備早餐時，何時需將冰箱中的可頌取出，烤之前需要放多少水到烤箱；可頌放進烤箱前表面需要如何噴水；如何烤可頌才不會外面烤焦，但裡面卻還是冷的。如果是放在冷凍庫的法國麵包，放入烤箱時又需要多加幾分鐘。烤出麵包之後，應該搭配怎樣的餐點與飲品，才能有精力旺盛的一天。如果能夠給予一系列場景，瞭解烤麵包的生活風尚，而不只是「烤麵包」，就更能吸

引柔文青。科技百貨需要培育富同理心的店員,空間需要重新規劃,營造對美好生活的想像,讓會員因這樣的感受而願意到科技百貨購物。

感受落差——同理心的對待

在銷售服務流程中,會員希望購物過程中受重視,但不至於變成過度推銷。如果有優惠的資訊,店員要能即時提供。如果店員只是負責結帳,只知道商品在哪裡,但對商品知識一知半解,就難以取得顧客的信任。記住顧客過往需求、適時的問候、貼心的回應、即時的提醒等,雖然不會很難做到,但要協調這麼多家廠商達成一致的服務品質,並不容易。購買動機伴隨著良好體驗,若是當會員引發購買衝動時卻碰上缺貨,要留資料訂購還被拒絕,或是購物時顧客未能即時取得優惠資訊,他們就會由期待變成失落。平凡中帶點驚喜,多一點細心、多一些貼心,就可以讓他們對商場產生好感。表 3-4 提供了不同參考點所產生的感受落差。

表3-4　銷售服務流程中的感受落差

作法對比		感受落差
現行作法	參考點	
提供優惠資訊	礁溪老爺的細心服務	不主動告知優惠,而會員期待細心的服務
顧客自行鑑賞,需要時店員才出面協助	UNIQLO的溫馨試穿	店員對顧客有差別待遇,冷漠與過度銷售都不受歡迎,缺貨時也不願意協助代訂
以廠商、商品類別分區	IKEA 提供生活場景	只是商品試用,缺乏對生活的憧憬
店員可講解商品功能	Hamleys 的角色扮演	店員連商品操作都不熟悉,態度也不友善
少數商店有體驗活動	ABC Cooking 共創體驗	商店只有試用,缺乏生活情境的應用

/ 相對期望的邏輯 /

繪製顧客旅程不可只關注痛點，更要找出背後的原因，這需要我們由顧客過往經驗，也就是顧客過去的參考點去分析相對感受。經由此項相對分析，我們可以超越痛點，透過分析感受落差來瞭解顧客所想要的體驗。參考點對服務創新的應用可由兩個面向來思考（參照圖3-2）。

第一，檢查所推行的服務是否契合顧客想要的感受。以休息區域來說，賣場大多選擇在各樓層中設立咖啡廳或是輕食餐廳，提供顧客短暫的落腳處。從顧客的參考點中可知，會員期待的是「慢活感」以及「憧憬感」。因此，百貨公司提供的休憩區應該是具備靜謐的氛圍。咖啡廳需融入內涵，例如淺、中、深焙的咖啡豆如何辨別，以及各有什麼特色；手沖咖啡如何產生回甘的韻味；不同心情下何以解讀不同風味的咖啡等。這些都會讓顧客在品嚐咖啡時，沉浸在多樣的生活情節中。

第二，顧客的過往經驗可成為服務創新的參考。瞭解顧客的感受後，百貨商場便可根據自身的能力，將這些參考點的精髓因地制宜地導入，以成為創意的服務，而不是照本宣科地複製這些參考點。資源豐沛的企業轉化參考點的方式也就比較多；資源少的企業就必須透過巧思來轉化。例如，展示服務，假設顧客嚮往如IKEA主題展區所塑造出的「憧憬感」；科技百貨也可以透過主題來營造氣氛，比方說賣音響的樓層可以依照不同的音樂類別布置空間，像是國家音樂廳、搖滾舞台與黑膠宴會房等，而非將音響與耳機分區展示。裝潢配置也可以導入互補性商品，例如黑膠宴會房中有紅酒櫃作為配飾，營造出豪華氛圍。

空間展示上，消費電子展可以作為參考標竿。柔文青對前衛科技有所憧憬，如摺疊螢幕和變形金剛車等。然而，直接將消費電子展的模式搬到百貨商場是不恰當的。科技百貨需因地制宜，舉辦充滿科技時尚感的活動，像是曲面螢幕的六大解謎、電競筆電的三大應用、人工智慧的教育應用、科技創意社群分享等。在銷售服務上，以相機區為例，科技百貨可以區分店員的角色，讓行

政店員負責結帳，而找部落客或是攝影行家擔任講解專員或是特約店長。他們可以提供主題諮詢，像是網紅拍照祕訣、以單眼相機輕旅行、相機與行動投影機的組合應用等，以這些活動讓顧客有「新鮮感」。科技百貨還可以將服務人員分爲樓層駐點和走動式專員，透過動靜相輔的方式，讓顧客覺得科技百貨隨時都有專人替他們解決商品相關的困難，進而產生「歸屬感」。

顧客雖說不出對於商場的感受，但心中卻因失落而離開，因失望而分手。諷刺的是，商場卻還繼續炫技，以爲推出新潮科技便可改善顧客體驗。新零售世代下，提升顧客體驗不應只是無人商店、機器人送貨、人工智慧、直播銷售等炫技思維。新零售眞正的意義是心靈的感受，是「心靈受」，而不是用科技製造噱頭。新零售不應是盲目追求感官刺激，而是呵護顧客的感受。未來，新零售不應該只是導入自動化設備，追求功能性的 O2O（Online to Offline）虛實整合，而是兼顧情緒性的需求，讓顧客從功能到情緒都能被照顧的 F2F（Function to Feeling）模式。

以款待之心與顧客相處，服務才會有溫度，情感方能交流，顧客才會有被關心的感覺，也才會對企業有所依賴。當顧客產生依賴，有歸屬感，就有留下來的理由。顧客旅程的意義不在於尋找更多的接觸點，而是由這些接觸點重新去認識顧客的體驗。當我們透過顧客過往經驗重新認識這些接觸點時，接觸點就可昇華爲參考點。法國文學家普魯士提醒：「當我們找到新視角時，才能重新認識地景，找到旅行的意義。」顧客旅程的新視角需由相對期望著手，由此理解感受落差可以反思設計的盲點，對比參考點則可以聽見顧客的心聲。

服務要關照顧客旅程中的體驗，而體驗就是體會顧客過往的經驗，瞭解顧客因過去經驗所引發的感受。唯有瞭解顧客的過往經驗，我們才會知道他們今日的感受落差從何而來，也才能認識到體驗是相對值，而不是絕對值。顧客旅程的意義，其實就是虛心地理解顧客心靈的體驗，而不只是強化流程中的功能。體驗來自過去的經驗，過去的經驗決定現在的感受。重新認識旅程，不是更新功能性流程，而是重視顧客的經驗；重新理解體驗，不是要追求更高的效率，而是安撫顧客的情緒，這便是相對期望的邏輯。

注釋

1. Real voyage of discovery consist not of seeking new landscapes but in having a pair of new eyes.

2. Bettencourt, L. A., Lusch, R. F., & Vargo, S. L. 2014. A service lens on value creation: Marketing role in achieving strategic advantage. *California Management Review*, 57(1): 44-66. Lusch, R. F., & Nambisan, S. 2015. Service innovation: A service-dominant logic perspective. *MIS Quarterly*, 39(1): 155-176.

3. Bitner, M. J., Ostrom, A. L., & Morgan, F. N. 2008. Service blueprinting: A practical technique for service innovation. *California Management Review*, 50(3): 66-94.

4. Voorhees, C. M., Walkowiak, T., Fombelle, P. W., Gregoire, Y., Bone, S., Gustafsson, A., & Sousa, R. 2017. Service encounters, experiences and the customer journey: Defining the field and a call to expand our lens. *Journal of Business Research*, 79: 269-280.

5. 參考點的論述：Kahneman, D. 1992. Reference points, anchors, norms, and mixed feelings. *Organizational Behavior & Human Decision Processes*, 51(2): 296.

6. 這是我們在政治大學科技管理與智慧財產研究所的研究成果。原始資料請參考：關欣，2018，《感受落差：分析顧客旅程中對新零售的服務需求》，政治大學科技管理與智慧財產研究所碩士論文。很榮幸，這個「相對感受」的觀點獲得崇越大賞論文獎、富邦論文獎、富邦最佳應用論文獎、宋作楠論文獎等四獎項。感謝政治大學商學院 EMBA 文科資創組張慈玫同學提供於零售業的專業諮詢。

7. Helkkula, A., Kelleher, C., & Pihlström, M. 2012. Characterizing value as an experience: Implications for service researchers and managers. *Journal of Service Research*, 15(1): 59.

8. Garrett, J. J. 2006. Customer loyalty and the elements of user experience. *Design Management Review*, 17(1): 35-39.

04

認知導意：故宮商店
後赤壁文創行銷

Cognitive Sensegiving – Creative Marketing
at National Palace Musuem Store

要縮短認知落差，觀眾必須理解文物的涵義。心
有意會才可體會，有心動才會行動。

博物館一直令人有高不可攀的印象，雖觀看許多文物，卻因為缺乏相關知識，所以存有距離感。觀眾其實希望能夠有電影《博物館驚魂夜》的體驗。這是一部 2006 年美國的冒險喜劇電影，改編自一部童書《The Night at the Museum》。劇情描述一位剛離婚的父親在博物館擔任警衛，負責在夜間看守紐約市自然歷史博物館，其間發現一個埃及文物能夠讓博物館展覽品在夜晚復活。魔力讓文物活起來，讓我們能穿越時空，聽著文物跟我們訴說歷史故事，這是讓人期待的場景。但實際上，到博物館看展覽很少是現代年輕人的優先選項，多數人對博物館的印象是無聊、古板、想快點離開。

/ 意會需引導 /

博物館的英文「Museum」是源自希臘神話中專司文藝的謬思女神（muse），本來是指崇拜繆思的地點。Museum 所影射的意義是：博物館是透過向公眾展示文物，而令觀眾能有所啟發的地方。博物館近來不斷增加觀眾的參與性，是為了讓文物達到寓教於樂的效果。自 1985 年於倫敦舉行萬國博覽會後，各國紛紛重視起博物館的地位。博物館的使命是保存、研究、傳播與展示人類及其環境互動的物質證據[1]。早期，博物館展覽著重於傳播的功能。文物所承載的知識藉由策展詮釋給觀眾，讓文物能「活起來」。然而，傳統博物館的展示方式過於學術，被戲稱是「古墓派」（直接展示古人墳墓裡的文物，說明用的是難懂的文言文）。對於多數年輕觀眾來說，這樣的作法讓人覺得枯燥乏味，更像是說教。觀眾不得其門而入，到博物館就只能走馬看花，展覽則曲高和寡。

近代博物館提供更多服務，像是舉辦「博物館之夜」，搭配時尚走秀或是推出文創快閃展覽[2]。2017 年起，大陸中央電視台與中國九大博物館推出一系列文博節目，促發大眾對於文物的關注，如《我在故宮修文物》報導老師傅維修國寶的過程；《國家寶藏》節目結合文物介紹、明星代言、舞台劇演出、前世今生的人物介紹、紀錄片，深受年輕族群的歡迎。雖然媒體挑起大眾對文物的興趣，然而當觀眾走入博物館現場時，卻又敗興而歸。

博物館展覽的模式

古墓派：陳列不動的文物。過去展覽設計是以「不動」為原則。研究員根據特定學術主題盡數展出，使觀眾能認識更多的文物，期待能提升民眾的人文素養。故宮博物院自 1948 年播遷來台後，任務為保護與儲存文物，之後進入文物陳列階段。最早是於 1956 年，開放於北溝陳列室供參觀，後來於台北外雙溪興建新館，以便更有系統地安置文物，包含書法、名畫、銅器、織繡、瓷器、玉器、珍玩以及圖書文獻等 69 萬餘件。1965 年，國立故宮博物院新館落成，開始推出各種常態與專題展覽。

靜態展覽仍是主流作法，好處是讓文物能依時代與種類分區展示，缺點是展覽說明有限，觀眾難以理解文物背後的意義。這種靜態展覽比較制式化，導覽方式也比較學術，更像在介紹產品，觀眾不易提起興趣。在歐洲，有些導覽公司則安排娛樂性行程，像是 Museum Hack 公司聘請演員來進行導覽，而且導覽的主題往往都是鄉野奇談、儒林外史，如「聚光燈之外」（Un-Highlights）或是「無法無天的壞女人」（Badass Bitches）等主題。這些導覽雖然以雙向對話來激發觀眾的好奇心，但內容並不一定忠於史料。這樣的導覽雖然娛樂性高，但容易走火入魔，傳遞不正確資訊。

科技派：互動的數位典藏。故宮結合人文藝術與數位科技，自 2001 年起將典藏品進行數位化，並制定五年期的「數位典藏」計畫，以器物處、書畫處及文獻圖書處為主要的內容來源。選出的文物以數位檔案的形式保存，提供大眾檢索，也能讓文物被更快速地分享。例如，2015 年推出的《朗世寧新媒體藝術展》，運用新媒體引領觀眾體驗文物的美學意境。

市場上也湧現文物科技化的策展方式，例如 2010 年水晶石影視傳媒科技公司製作《智慧的長河——電子動態版清明上河圖》，於上海世博展覽會展出。展覽將原作放大三十倍，以動畫重現汴京之風華。改名為《繪動的清明上河圖》後，於 2011 年在台北花博展出 66 天，參觀人數達 70 萬人次。從「不動」的文物陳列，到「會動」的數位策展，雖然因科技化帶來趣味性，但觀眾的驚喜卻是曇花一現。文物雖拉近與觀眾之間的物理距離，心理的距離卻仍遙遠。

體驗派：追求年輕化的感動。有鑑於此，2016年林正儀院長上任後，提出「深耕在地，邁向國際」的願景，成立兒童暨青年事務推動諮詢會，簡稱「青諮會」，盼縮短年輕人對故宮的距離感。2018年上任的陳其南院長認為，現有故宮組織裡，研究與文創行銷部門仍是維持傳統的陳列思維。不能將文物相關的知識傳遞給觀眾，觀眾就不能理解，對文化就不會有感動。2019年2月，吳密察接任院長，提出「友善故宮」的願景，希望打造服務導向的故宮，改善觀眾的觀展體驗。

故宮商店也做出努力，成立故宮小編團隊，試圖強化與年輕人之間的連結。故宮精品小編的任務是經營故宮精品粉絲專頁。小編企劃以不同創意主題來介紹文物。例如，介紹仿宋蓮花式溫碗，小編就以發薪前和發薪後來對比泡麵碗的等級。貼近年輕族群的詼諧口吻，讓此報導在臉書上獲得近一萬多按讚數、上千人分享。雖然話題擴散度佳，但實際購買率並不高。這樣的方式多是搭配時事搞笑文物，雖引起粉絲迴響，不過當熱潮一退，文物的意義也隨之消散，同時也讓博物館粉絲漸漸反感。

博物館導覽的三大挑戰

博物館的迷思是績效指標：擴大教育及文化意涵。這代表，文物展出數量越多，績效越好；文物的「周轉率」越高，表示教育也就越普及。然而，當觀眾走入展場時，文物太多卻往往令他們眼花撩亂。文物說明卡中的古文，令觀眾望之生畏；科技展示雖然生動，觀眾看完卻後不知所云。博物館面臨三大挑戰：看不懂、看不到、看不上，使得觀眾與文物漸行漸遠。

看不懂：深奧解釋難以親近。觀眾期待在看展過程中輕鬆學習，然而觀眾要接收這些文物知識其實是有難度的。文物旁會放說明卡，上面顯示基本資料，包括作者、展品名稱、完成年代、創作技法等，而觀眾對這些類似文言文的介紹是有距離的。例如，《文徵明傚趙伯驌後赤壁圖》的文物說明卡寫著：「本卷以蘇軾（1037-1101）《後赤壁賦》為文本，描繪蘇軾與二友人復遊赤

壁、登絕壁等情節，充滿著浪漫情調。用色明麗通透，人物線條簡樸，山石堆疊繁密，設色接近趙孟頫（1254-1322）文人青綠傳統。」

觀眾要讀懂這段文字並不容易。文字中使用許多「專有名詞」並未解釋。提到多位人物，也沒交代彼此的關係。展覽文字艱澀難懂，令觀眾望而生畏。一位來自資訊業的觀眾看完後表示：「那些解說牌上都是一堆專業術語。啥是文人青綠傳統？啥是用色明麗通透？趙孟頫爲何要畫後赤壁？我就是完全看不懂這在說什麼。」觀眾希望有「科普化」的解釋，想要聽創作的緣起，還有作品與作品間的關聯。看著說明卡，觀眾不但不理解，而且還會誤解。

觀眾對畫作背景多是不理解的。《文徵明做趙伯驌後赤壁圖》創作靈感的確來自《後赤壁賦》一文，但《後赤壁賦》的作者其實是蘇軾，而文徵明只是模仿趙伯驌的《後赤壁圖》的畫，是一幅複製畫。說明卡對文物內的脈絡沒交代，也高估觀眾的程度。

看不到：鎮館之寶怎麼沒展出。故宮展廳內是按照文物類別，以編年方式陳設四千餘件展品。器物類展件相隔半年至兩年輪換一次，書畫和圖書文獻類展件則是每三個月定期更換。若不考慮常設展的輪換，每件作品的展出都不可重複。也就是說，每次看到的展品，要再次看到它，至少是三年後。當觀眾想要觀賞某一件展品時，若不是特定時間去，都有可能面臨看不到「鎮館之寶」的遺憾。

這樣的心情就好比千里迢迢去到法國羅浮宮博物館，卻沒有看到鎮館之寶《蒙娜麗莎的微笑》般，令觀眾失望。故宮於 2016 年時曾展出山水畫第一神品——黃公望的《富春山居圖》，當年造成民眾排隊熱潮。若錯過 2016 年的展期，至少就要再等三年。這是因爲《富春山居圖》相當脆弱與珍貴，被列爲「限展品」，每隔三年才能展出一次，一次展出也不得超過 40 天。

看不上：到底要買什麼。在逛完這麼多文物，聽完冗長的志工導覽後，約莫一、兩個小時觀眾就會筋疲力盡。離開展間時，觀眾對於文物內容幾乎遺忘，進入到故宮商店也不知道要購買什麼商品。目前故宮商店銷售的商品大多沒有結合主題展覽。當文物與觀眾之間缺少感動的連結時，觀眾就缺乏購買的動機。

導意的方式

觀眾看不懂、看不到、看不上，其實是需要轉換他們的認知。我們需要分析觀眾與文物之間的認知落差，才能精準地知道他們需要什麼。很多人進入博物館觀看展覽，並不代表觀眾接受這個展覽。很有可能，觀眾看完展覽後沒有感覺，更有可能，觀眾看完展後產生負面評價。

我們需要探討兩個觀念：意會（sensemaking）與導意（sensegiving）。意會指的是使用者在面對模糊不清的狀況下，會根據過去的認知去形成對陌生事物的理解。熟悉的認知叫做理解，陌生的揣測稱之為意會[3]。新穎的事物總會包含陌生的特徵，觸發使用者的意會[4]。這樣的意會有時候是胡思亂想，有時候是消沉，又有時候是積極，更多時候是不解、一知半解或是誤解。這就像面對新科技的時候，多數人會因為不瞭解而恐懼，因為一知半解而開心，卻又因為誤解而懷憂喪志。也因此，多數誤解的意會導致對於新穎事物的抗拒。導意的目的就是在找到因勢利導的方法，讓使用者重新認識新穎事物，產生再意會，對於陌生事物有正確的理解。這個目的不只是接受，更是希望透過意會而後有所體會，正確地理解創新（參見圖4-1）。

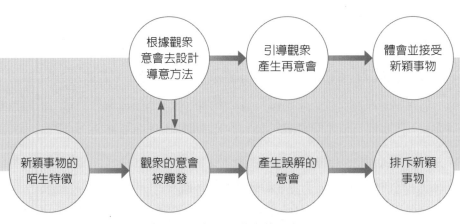

圖 4-1　意會與導意的過程

意會產生的過程起始於認知受到陌生事物觸發，於是展開一系列的解讀。專家熟知科技特性，因此不會受到新科技的驚嚇，會有理解而不會觸發意會。但是，使用者則容易被陌生的科技特徵觸發，引出各種意會的可能，往往轉為一知半解或是全然誤解[5]。陌生事物包含物件與事件，物件有某種新穎的功能、新奇的特徵或差異的特質（對比之前的認知）；物件通常又存於某種難以捉摸的事件（其中隱含沒聽聞過的訊息），合起來便會觸發使用者的意會[6]。

我們來看看比較簡單層面的導意。加拿大魁北克是一個文化交融之地，官方語言是法語，但也有許多英語學校與美國移民[7]。這裡可以同時體驗到美國、英國和法國的文化魅力。魁北克一家服裝公司便針對顧客不同的意會進行銷售。當顧客是講法文時，便提到全球時尚；當顧客講美語時，便將對話放在衣服的材質；當顧客講英文時，便帶出該商店的歷史聲響；當顧客是女性時，便強調「穿上新衣服，妳會覺得自己很美麗」等修辭。從對象的意會出發，挑動對方的共鳴點，促使顧客接受新產品，這便是導意。

導意指的是，設計者運用某種溝通策略去引導使用者的意會，讓使用者能接受陌生事物，像是組織變革。不過，導意不是賦意（賦予意義），賦意是一種灌輸的作法。例如，新校長到任，在宣布政策變動前，會與許多科系的教授會面，說服眾人支持他的作法[8]。這是單向的說服，而沒有透過雙向的理解去轉換設計者與使用者的認知。設計者要理解使用者對陌生事物害怕的原因，才能發展出引導意會的方法。使用者的誤解也要被轉換，但不能只是說教與說服，而必須由誤會引導成為體會。使用者最初的意會往往是驚訝，甚至是驚嚇。導意的重點便是透過某種認知的轉換，將驚訝變成驚喜，將驚嚇變成驚豔。

回到博物館的情境，觀眾對文物鮮少接觸，所以我們需要知道觀眾一開始對此陌生文物的意會，也就是要瞭解觀眾的「初始意會」。用「古墓派」的導覽作法，觀眾會感到無聊；用搞笑方式介紹文物，雖變得有趣，卻容易淪於媚俗，反而讓觀眾曲解文物的意義。設計者要導意，便需要改變知識傳遞的方式，轉換呈現資訊的方式，以便讓觀眾吸收。忽視使用者與文物間的認知落差，導覽便難以達到預期的效果。

博物館如何導意，而解決看不懂、看不到、看不上的問題，是導覽成敗的關鍵。以下案例就以故宮商店於 2017 年至 2019 年推出的文創行銷來說明導意的方式。這項行銷導覽是配合當時明代四大家特展為主軸來規劃，並挑出《文徵明倣趙伯驌後赤壁圖》為主題，因此文物的數位版獲得諸多國際獎項[9]。故宮商店的文創展主題則是變成《赤壁上的東坡》，這是配合年輕觀眾喜歡的「方文山」式的標題，有點讓人看不懂，卻引發好奇心。以下案例分析以《文徵明倣趙伯驌後赤壁圖》導覽為主軸，娓娓道出蘇東坡的一段故事。

/ 文創行銷：赤壁上的東坡 /

案例分為三階段展開。第一階段是初始意會，描述觀眾最初在看到《後赤壁圖》展覽時的意會，點出他們的誤解與一知半解。第二階段是導意作法，分析設計者如何由使用者意會得到靈感，重新設計導覽的內容，呈現轉觀眾誤會為導覽巧思的過程。第三階段是再度意會，描述觀眾歷經導覽設計後對文物所產生新理解與感受[10]。

初始意會──誤解讓人糾結

在初始意會階段，觀眾看到《文徵明倣趙伯驌後赤壁圖》時，他們的意會可歸納為六點疑惑。觀眾心中的問題包含：文徵明為何複製別人的畫、蘇東坡去赤壁度假嗎、那是蘇東坡的太太嗎、蘇東坡寫過哪些金句、蘇東坡在黃州心情很差嗎、（《寒食帖》）潦草字跡怎麼這麼貴等。

意會之一：文徵明為何複製別人的畫？

當觀眾看到《文徵明倣趙伯驌後赤壁圖》時，會先去閱讀旁邊的說明牌，從畫的名稱以及字卡中嘗試瞭解這幅與「赤壁」有關的畫作。觀眾對於文徵明與赤壁間的關係，多數是充滿問號，而且無法連結文徵明與趙伯驌之間的關係。《後赤壁圖》的說明字卡上寫著：「卷後文嘉（1501-1583）題識敘述此

畫由來，為使吳中士人不會因不願把家藏趙伯驌（約1123-1182）《後赤壁圖》獻給當權者嚴嵩（1480-1567）之子世蕃（？-1565）而獲罪，故為友人重新臨寫一卷。此卷筆墨精謹，展現文氏深厚的仿古功力。」閱讀後，一位觀眾困惑地問：

「這幅畫是文徵明畫的，還是趙伯驌畫的啊？為什麼文徵明要畫這幅圖呢？解說牌看過之後有看沒有懂，裡面描述的都是專業術語。如果要引用古人說的話，也要用白話文翻譯一下，不然怎麼看得懂。」

觀眾不明白文徵明與赤壁之間的淵源，也不理解《赤壁賦》其實是北宋大文豪蘇軾被貶謫至黃州時所寫的，分為前後《赤壁賦》。若不理解黃州、《赤壁賦》、蘇軾與文徵明的關聯，觀眾難以理解文物背後的意涵。多數人過往的國學常識中，蘇軾便是在記憶中的唐宋八大家之一。然而，觀眾多數只知道蘇軾很有名，但不知道他為什麼這麼有名，以及他在歷史上的地位。

觀眾對於過去所認識的蘇軾，只在考試及課本中出現，因此印象多是模糊不清，不確定性高，有時也會有錯誤的聯想。由標題《文徵明做趙伯驌後赤壁圖》來看，觀眾不瞭解文徵明與趙伯驌之間的關係，不理解文徵明為何要仿製這幅畫，同時也誤會文徵明是《後赤壁賦》的作者。這些都是導覽設計需考慮的要點。

意會之二：蘇東坡去赤壁度假嗎？

《後赤壁圖》中一開始，描述的是蘇東坡接待兩位友人前來拜訪。這是因為上一次在「赤壁」的聚會他們沒有跟到，所以這次特地前來，希望也能觀賞一下赤壁的風景。畫中一位童子由河邊抓了一條類似松江的鱸魚，是在說明兩位客人以魚作為伴手禮。《後赤壁賦》中客人說道：「今者薄暮，舉網得魚，巨口細鱗，狀似松江之鱸。顧安所得酒乎？」畫中還畫到蘇東坡的家，有好幾個童子跑來跑去。一位觀眾便提出：

「蘇東坡是不是全家去度假，然後朋友跑來赤壁找他遊玩呢？這個房子看起來還不錯，帶著太太以及這麼多小孩出來玩，生活還蠻愜意的呢。只是我有點不瞭解，三國之戰的赤壁不是在武漢市嗎，怎會變成在黃州？」

這也帶出一系列疑惑：蘇軾為什麼會寫下《赤壁賦》？為什麼是選擇赤壁這個地點？以及蘇軾想要抒發怎樣的情感？一位觀眾對於鱸魚特別有興趣，他懷疑是不是蘇東坡的烹飪手藝特別好，所以朋友就來找他露一手。他解釋：「我只知道蘇東坡好像發明過東坡肉，沒有想到他也會煮魚。他到底還發明過哪些東西呢？真令人好奇。」其實，蘇軾是受到文字獄的牽連，而被貶謫到黃州，只是觀眾對這段歷史比較不瞭解。也因此，導覽的設計需要澄清蘇東坡不是去度假，並且說明他受到文字獄迫害的這段故事。

意會之三：那是蘇東坡的太太嗎？

有了魚，蘇軾與友人就覺得需要以酒相伴，所以蘇軾回去家裡求助於婦人。沒想到，帶著客人一到家，婦人就已經準備好酒等候多時。這位婦人說道：「我有斗酒，藏之久矣，以待子不時之需！」觀眾認為，這是一位體貼溫柔的太太，隨時隨地都幫蘇東坡準備好酒來款待客人。一位觀眾疑惑地問：

「這不是他太太嗎？為什麼說是婦人呢？我聽說這個才高八斗的大文豪有許多浪漫的愛情故事，不知道是不是真的，還是連續劇瞎編的？」

這樣的猜測可能與《後赤壁圖》想傳遞的訊息相去甚遠。看見《後赤壁圖》，觀眾反而好奇的是蘇軾的感情世界。才子配佳人是自古以來的佳話，觀眾更感興趣的是，蘇軾的才氣吸引過哪些仰慕者。一位年輕的觀眾表示：

「蘇軾這麼有才華，故宮應該收藏很多他的作品吧？他只有寫過貶謫心情以及沮喪的詩嗎？他有沒有寫過情詩給他老婆或是紅粉知己？他好像有寫過很有名的情詩。」

觀眾想要知道的往往跟策展人截然不同。策展人想要傳達的是文徵明的傳世畫作。然而他們卻忘記，這項作品談的主角是蘇東坡，而觀眾對於蘇東坡這個歷史人物是一知半解的，對文徵明也陌生。談到蘇東坡時，觀眾更有興趣的竟然不是他的文學作品，而是他的感情世界。

意會之四：蘇東坡寫過哪些金句？

　　蘇軾很有名，但他哪裡有名？以及圍繞著他的故事有哪些？觀眾其實並不理解。蘇軾即使是才氣縱橫，觀眾卻更想知道他脆弱的一面。如果能夠根據此文物找出吸引人物的故事，將能加深觀眾的印象。一位觀眾表示：「《赤壁賦》應該有一些故事是我們不知道的，說明卡只是針對作者蘇軾和《赤壁賦》說明一些資訊，但是字好多啊。我通常都是看一下就想離開。」觀眾來到故宮，是想尋求放鬆，不想要接收複雜的資訊，但又想要從展覽中得到新知。故宮已經數次推出赤壁相關展覽，從早期的靜態展或結合科技的動態都有，但瞭解《赤壁賦》內容的觀眾恐怕仍是寥寥無幾。許多觀眾都聽過蘇軾，卻不知道《赤壁賦》抒發的是怎樣的情懷。一位理工科的碩士生表示：

> 「以前國文課有背過《赤壁賦》，但那時候是為了應付考試，考完之後就都忘記《赤壁賦》在說什麼了。我們背的都是文言文，生活中也不會用到，所以就忘光光了。如果能告訴我蘇東坡曾經講過哪些金句，我就很滿足了。」

　　觀眾想理解的是《赤壁賦》的故事，不是聱牙嚼齒的古文。要讓民眾能夠理解，導覽傳達的訊息便不能過於艱澀，觀眾不是想瞭解整篇古文的意義，而是想知道蘇東坡寫過哪些經典名言，這樣他們觀展回去之後，可以向朋友炫耀一番。

意會之五：蘇東坡在黃州心情很差嗎？

　　有些觀眾瞭解蘇東坡被貶謫的歷史背景，所以知道他在黃州的這段際遇。這些觀眾關心的是：蘇東坡被流放之後生活有沒有很淒慘？心情有沒有很淒涼？他又是如何看待他這一段人生低潮？一位觀眾便提到：

「我知道蘇東坡是因為北宋王安石與司馬光之間的新舊黨爭而遭到貶謫。他好像流放了很多年，那這樣他的經濟狀況不是很慘？之前唸書的時候知道，有一個朋友送給他東邊的一塊坡地，讓他有辦法以耕種為生，所以大家才叫他蘇東坡。他是如何熬過那段日子？他的心情又是怎麼樣？我好想知道。」

　　北宋時期，宋神宗欲推行新政以強國，因此起用王安石進行改革，也稱新黨變法。在施行過程中，由於考慮不夠周全，新的政策反而對人民造成負擔，因而適得其反。蘇軾反對不合理的變法，於是招致新黨報復，便從他湖洲返職的報告書中挑剔出對朝廷藐視詞句，加以誣陷。透過此文字獄，新黨本來要將蘇軾處以死刑，後來因太后與朝臣的營救，最後被貶官，流放至黃州。

　　被貶後，雖然過了四年終於離開黃州，但蘇軾的坎坷仕途並沒有因此而結束。蘇軾接著又被貶至惠州及儋州。宋徽宗即位時才下詔讓蘇軾北還。也因仕途坎坷，蘇軾沿途寫下流傳後世的經典佳作。蘇東坡在散文、詩、詞、賦等均樣樣出類拔萃，是全方位的文學大家。在散文的部分被譽為「唐宋四家」，與父親蘇洵及弟弟蘇轍並列為唐宋八大家；在詩的部分也與黃庭堅並稱「蘇黃」；在詞的部分，其風格首開「豪放」一派，一反晚唐及五代以來綺靡的文風；更因《赤壁賦》而聞名。

　　蘇軾尤擅於書法和繪畫。他的書法名列「蘇、黃、米、蔡」北宋四大書法家之首，他的《黃州寒食帖》與王羲之的《蘭亭序》以及顏真卿的《祭姪文稿》共列中華三大行書。蘇軾不僅在文學上有成就，更同時具備政治家、藝術家、美食家的才華。當觀眾知道蘇軾的萬人迷特性，就會更想理解《後赤壁圖》。

意會之六：潦草字跡怎麼這麼貴？

　　在導覽完畢後，最後一站就是商品店。觀眾會瀏覽有沒有什麼值得帶回去紀念的商品。《赤壁上的東坡》導覽結束後，觀眾來到故宮商店馬上會詢問蘇軾相關商品。詢問後他們卻覺得價格太貴，例如《前赤壁賦》書法的高

解析度複製畫心，定價為新台幣 9,900 元。一位觀眾認為：「一幅書法印刷要價 9,900 元，也太貴了吧。蘇軾的書法很值錢嗎？買這幅字帖回家要做什麼呢？淘寶上應該有更便宜的吧？」

縱觀行書的發展歷史，最為人稱頌的「天下三大行書」是書聖王羲之的《蘭亭序》、忠臣顏真卿的《祭姪文稿》以及才子蘇軾的《寒食帖》。三位中國書法歷史上最有名的書法家寫字各有千秋。觀眾詢問到《寒食帖》複製品，卻覺得蘇軾寫的字過於潦草。一位觀眾表示：

> 「天下三大行書最有名的就是王羲之的《蘭亭序》。王羲之的字應該是我看過最美的字了，他的字輕鬆寫意。顏真卿的字渾厚有力，也是一看就懂。蘇軾的《寒食帖》字體一下肥扁，一下瘦長，又有點亂，天下三大行書到底是用什麼標準來判斷字美不美呢？為什麼印刷品會賣這麼貴呢？」

觀眾從過去經驗來判斷書法的審美標準，這是因為觀眾不理解如何欣賞字帖，只能主觀地評判。《寒食帖》的書法藝術自古被稱頌，可是觀眾卻不知道應該如何欣賞。因此，導覽需要由書法藝術的介紹，讓觀眾理解《寒食帖》之中有哪些美感，又對業餘收藏者有何價值。

導意作法──將錯就錯好效果

接著，根據觀眾的意會，分析設計者如何以導意引起觀看《後赤壁圖》的動機，如何重新呈現文徵明及蘇軾的關係；分析蘇東坡為何落魄、蘇東坡有哪些紅粉知己、蘇東坡寫過什麼經典詩句、蘇東坡流放時的心情、潦草的書法為何被世人所珍愛。這些導覽設計以故事引導觀眾的意會，讓人產生共鳴，將誤會轉為體會。《後赤壁圖》的導覽設計分為六項子題：人體印表機、舌尖東坡、浪漫東坡、文青東坡、哲學東坡以及一字千金（參見圖4-2）。

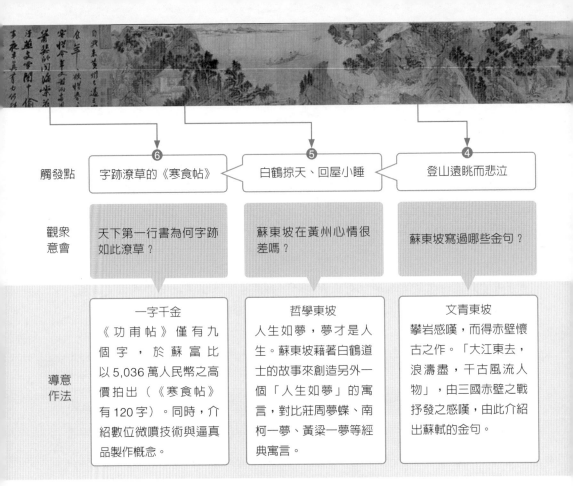

觸發點	字跡潦草的《寒食帖》	白鶴掠天、回屋小睡	登山遠眺而悲泣
	6	5	4
觀眾意會	天下第一行書為何字跡如此潦草?	蘇東坡在黃州心情很差嗎?	蘇東坡寫過哪些金句?
導意作法	**一字千金** 《功甫帖》僅有九個字,於蘇富比以5,036萬人民幣之高價拍出(《寒食帖》有120字)。同時,介紹數位微噴技術與逼真品製作概念。	**哲學東坡** 人生如夢,夢才是人生。蘇東坡藉著白鶴道士的故事來創造另外一個「人生如夢」的寓言,對比莊周夢蝶、南柯一夢、黃粱一夢等經典寓言。	**文青東坡** 攀岩感嘆,而得赤壁懷古之作。「大江東去,浪濤盡,千古風流人物」,由三國赤壁之戰抒發之感嘆,由此介紹出蘇軾的金句。

圖 4-2　《後赤壁圖》的導意設計

（圖檔來源：國立故宮博物院）

導意之一：人體印表機──文徵明為救人速畫後赤壁。

　　觀眾對《後赤壁圖》有所困惑,因此要透過化繁為簡的方式,讓觀眾能在短時間內理解文物與作者之間的關係。複雜的連結要用簡單的方法說明。觀眾其實搞不清楚文物與人物之間的關係。導意就可利用有趣的主題來幫助觀眾理解這幅畫的背景,因此導覽就以「人體3D印表機」的概念,讓觀眾知道背後的故事。

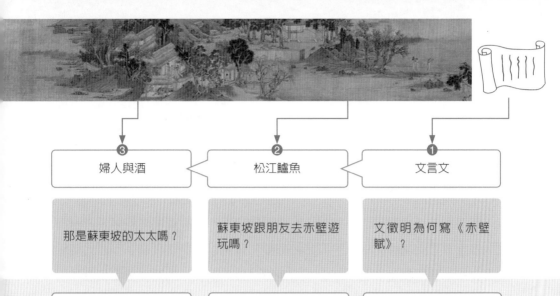

③ 婦人與酒	② 松江鱸魚	① 文言文
那是蘇東坡的太太嗎？	蘇東坡跟朋友去赤壁遊玩嗎？	文徵明為何寫《赤壁賦》？
浪漫東坡 介紹蘇軾的六段感情：王弗、王潤之、朝雲、西湖古箏女、馬盼盼與溫超超。點出此時陪伴他的正是善解人意的朝雲。	舌尖東坡 由松江之鱸到東坡肉，介紹蘇軾的創作菜單。延伸說明蘇軾還是一位創新高手，蓋蘇堤、建育幼院、抗洪水、驅蝗蟲、退盜匪。	人體印表機 文徵明是江南四大才子，為幫助朋友，一夜間臨摹出《後赤壁圖》。他的仿畫不但沒有遜色，反而在色調處理上更勝於南宋畫風。仿畫最後變成國寶。

第一段的導覽就由文徵明的故事說起。蘇軾在 1082 年寫下《前赤壁賦》，相隔三個月後又寫下《後赤壁賦》。趙伯驌是南宋皇族畫家，擅長畫山水、人物及花鳥。他把蘇軾所寫的《後赤壁賦》畫成五段分鏡圖，成為名家收藏的一幅畫，稱為《後赤壁圖》。於明朝 1548 年，此畫被蘇州文人徐縉收藏，卻遇到當時貪官要奪取此畫獻給嚴嵩之子。徐縉甚為珍愛《後赤壁圖》而不願意給，他的好友文徵明趕來勸他不要惹上殺身之禍。靈機一動，文徵明向對方拖延時

間，一夜間臨摹一幅《後赤壁圖》給徐縉，而躲過一劫。文徵明的仿畫不但沒有遜色，反而在色調處理上更甚於南宋畫風。趙伯驌的原創作品《後赤壁圖》雖獻給嚴嵩之子，最後卻於歷史長河中遺失。《文徵明倣趙伯驌後赤壁圖》因禍得福，從此被當成國寶。

導意之二：舌尖東坡——不是遊山玩水，是被流放。

觀眾觀看《文徵明倣趙伯驌後赤壁圖》時，不瞭解蘇軾爲何要到黃州去。文人雅士喜歡到處遊山玩水，因此當蘇軾和黃州以及赤壁賦連在一起的時候，觀眾會誤以爲蘇軾是去黃州度假。觀眾看《後赤壁圖》的動畫，看到魚和酒，更誤以爲蘇軾是去赤壁郊遊。其實，這背後有著蘇軾坎坷的仕途。

觀眾也認爲「赤壁」是跟赤壁之戰有關，但不確定是否與蘇軾所寫的《赤壁賦》有關。赤壁其實是區分爲武赤壁以及文赤壁。過往三國赤壁之戰是發生在「武赤壁」，位於湖北省蒲圻市（現改名爲赤壁市）。蘇軾所說的赤壁，是黃州赤壁，現位於武漢市東南七十公里的黃岡市黃州區西邊臨江處；因爲蘇軾寫《赤壁賦》太出名，因此後世稱黃州赤壁爲「文赤壁」。如此一來，便可以將錯就錯地讓觀眾區分文、武赤壁的不同。

畫中有一條「松江之鱸」，這條魚也拉出蘇東坡的另一個故事。1079年，蘇軾於外放湖州時依照禮數上表謝恩。他於上表中隱約表達對新黨變法的抱怨，內文爲：「陛下知其愚不適時，難以追陪新進；察其老不生事，或能牧養小民。」新黨御史中丞李定大做文章，於是整理蘇軾所有諷刺朝政的詩文上呈皇帝。宋神宗盛怒之下，便下詔提捕蘇軾，交由御史台審理。御史台官衙內柏樹上有許多烏鴉築巢，所以也叫烏台，此案也稱「烏台詩案」。

蘇軾在監獄裡知道自己凶多吉少，又不願意於行刑時受辱。於是，他與兒子蘇邁約定，如果確認會被處斬時，就送一條魚作爲暗號，讓自己準備服毒自盡。這個案子拖延一年沒有定案，蘇邁盤纏用光，於是去找開封附近的親戚借錢。臨走前委託一位故友幫父親送飯，這位故友覺得蘇軾的飯菜太寒酸，因此就幫他加菜，多送了一條魚。蘇軾見魚便痛泣，以爲自己被定死罪，於是開

始準備訣別書。一份寫給兄弟蘇轍的《獄中示子由》，寫道：「是處青山可埋骨，他年夜雨獨傷神。與君世世為兄弟，更結人間未了因。」宋神宗看到遺書，又生氣、又好笑，也佩服其才華，於是將蘇軾貶為黃州團練副使。蘇軾也因此出獄，流放黃州。

這條魚也引出「舌尖上的東坡」，蘇軾被一路貶謫的過程中，刻苦之餘也發明出不少美食。蘇東坡在黃州時，一次不慎，煮豬肉時放入過多的酒，以小火慢煨燉煮，沒想到一時的疏忽反倒成就一道佳餚，成為眾所周知的東坡肉。北宋時，豬的肉質硬，且腥味重，因此民眾多不喜好。經過蘇東坡研發之後，則變成一道佳餚。

蘇東坡發明的困境料理還包括為甚酥、二紅飯（大麥口感黏膩、微酸，吃多不易消化，因此蘇軾在大麥中拌入紅豆，均衡口感）、荔枝餐、羊脊骨、蜂蜜餐等。蘇軾被流放或外放至各地時，也發揮他的創業精神，發展出許多創新的作法。例如，他成立史上第一間育幼院。蘇軾經友人得知，鄂州有殺嬰的惡俗。蘇軾為改變此不人道的習俗，與當地主管合作想出育幼院的模式，後來更建立募款機制，協助這些孤兒。在杭州外放時，他於城中設置醫療站，取名安樂坊，是區域衛生所的雛形。之後，他又解決西湖淤塞，以淤泥建成堤防，將西湖一分為二，成為現在知名的蘇堤。同時，他也解決杭州水災的問題。

蘇軾被外放密州時，又遇到旱災和蝗災，百姓流離失所，餓殍遍地。他捐出官糧以救助飢民，並請朝廷減稅與補助。蘇軾還帶領農民用火燒、深埋等方法剷除蝗害。之後，他提出治盜之策，讓社會秩序好轉。在徐州外放時，蘇軾遇到黃河決堤而發生大水災，沖毀村莊並即將淹沒徐州城。當村民人心惶惶，紛紛準備離開時，蘇軾率領眾人合力抗洪。他召集百姓築堤以阻擋河水，又請求駐軍協助防洪，終於保住徐州城。

蘇軾晚年又被貶到儋州（海南島）。這次，他決定忘記政治，轉向教育，在儋州開設講堂以傳播儒學文化。不顧自己年邁力衰，展開三年的教學生涯，使蠻荒的儋州成為書香之地。也因此，海南出了第一位舉人姜唐佐，不久又出了第一位進士符確。整個宋代，在海南共出舉人13位、進士12位。蘇軾也將海南當作

自己生平重要的創新成果，他回憶：「心似已灰之木，身如不繫之舟；問汝一生功業，黃州、惠州、儋州。」世人往往知道蘇東坡的文學才華，卻不知道他也是一位創新家。這樣的導覽內容往往讓觀眾有許多的驚喜，重新認識蘇東坡。

導意之三：浪漫東坡 —— 寫首情詩為紅粉。

　　蘇軾一生中擁有過六位紅粉知己，最著名的是蘇軾敬愛的元配王弗。她敏惠好學，蘇軾每次背詩遺忘時，她便從旁提醒。蘇軾考她，王弗也都略知一二。王弗也常常在屏風後聽蘇軾與友人的對話，提醒他要注意哪些小人。兩人恩愛有加，但婚姻只維持十年，王弗便於 27 歲因病去世。蘇軾感念，寫了一首詩《江城子》：

> 「十年生死兩茫茫，不思量，自難忘。千里孤墳，無處話淒涼。縱使相逢應不識，塵滿面，鬢如霜。夜來幽夢忽還鄉，小軒窗，正梳妝。相顧無言，惟有淚千行。料得年年腸斷處，明月夜，短松岡。」

　　其中「十年生死兩茫茫，不思量，自難忘」這一句道盡蘇軾對王弗的思念，也為後世作詞者引用。於 2016 年推出的《三生三世十里桃花》古裝劇，主題曲〈涼涼〉中的歌詞便有「不思量，自難忘」。王弗死後，陪伴蘇軾最長久的夫人是王潤之，王弗的堂妹。王潤之與堂姐的長相與氣質相似，足見蘇軾對愛妻的思念。

　　最懂蘇軾的是愛妾王朝雲，有一段令人津津樂道的故事。蘇軾一次回家時指著自己的肚子，請眾人猜裡面藏了什麼，婢女多表示是文章與知識，只有朝雲說：「是一肚子的不合時宜。」語畢，蘇軾捧腹大笑，並稱讚只有朝雲最懂他。朝雲悟性高，是蘇軾的及時雨。蘇軾常常不預先告知，隨興所至就帶著客人回家用餐，造成廚房的困擾。但是，朝雲很善解人意，每次發生這種意外時，她都會默默地準備好餐點，讓蘇軾很有面子。烏台詩案時，蘇東坡解散所有婢妾，只有朝雲留下照顧他，也就是出現在《後赤壁圖》裡面拿酒出來的婦人。蘇軾為她寫了一首《蝶戀花·春景》：

「花褪殘紅青杏小。燕子飛時，綠水人家繞。枝上柳綿吹又少。天涯何處無
　芳草。牆裏鞦韆牆外道。牆外行人，牆裏佳人笑。笑漸不聞聲漸悄。多情
　卻被無情惱。」

　　在杭州外放時，蘇東坡習慣在下班後與助手到西湖去散步，同時也檢查工
作進度。一次，西湖突然起了大霧，在霧中古箏琴聲悠揚，突然從大霧中出現
一條船。船上是一位美女，向蘇東坡告白愛慕之意後，便在大霧中消失。蘇東
坡在驚訝萬分之後，寫出了《江城子》：

「鳳凰山下雨初晴，水風清，晚霞明。一朵芙蕖，開過尚盈盈。何處飛來
　雙白鷺，如有意，慕娉婷？忽聞江上弄哀箏，苦含情，遣誰聽？煙斂雲
　收，依約是湘靈，欲待曲終尋問取，人不見，數峰青。」

　　蘇軾在徐州遇到官妓馬盼盼，一位流落的才女。蘇軾寵愛馬盼盼，教她書
法，一下就學會，還會調皮地學蘇軾的字跡簽公文。但按照朝廷的規定，無法
發生私情。蘇軾離開徐州四年後，馬盼盼就去世了。感懷這段悲情的愛，蘇軾
寫下了《江神子‧恨別》，以記滄桑之嘆：

「天涯流落思無窮，既相逢，卻匆匆。攜手佳人，和淚折殘紅。為問東風
　余幾許，春縱在，與誰同。隋堤三月水溶溶，背歸鴻，去吳中。回首彭
　城，清泗與淮通。寄我相思千點淚，流不到，楚江東。」

　　最後一位紅粉知己是溫超超，也是悲劇收場。1094年，蘇東坡又被貶到惠
州。溫超超年16歲，是一位漂亮少女，卻不肯嫁人。她聽聞蘇軾到了惠州，
偷偷在窗外聽蘇軾詠詩。後來，她便向蘇軾傾吐愛慕之意，但蘇軾覺得年齡
差距太大，自己又在落難之時，不想耽誤她的婚姻。不久，蘇軾又被貶到海南
島，此事就暫時擱置。等蘇軾再回到惠州時，溫超超早已經憂鬱而死，並交代
父親將她葬在海邊沙洲前，以便蘇軾回來時能第一眼看見。蘇軾知道後痛哭，
來到溫超超墳前，傷感地寫了《卜算子‧孤鴻》：

「缺月掛疏桐，漏斷人初靜。誰見幽人獨往來，縹緲孤鴻影。驚起卻回頭，有恨無人省。揀盡寒枝不肯棲，寂寞沙洲冷。」

王弗的「十年生死兩茫茫」、朝雲的「天涯何處無芳草」、西湖古箏女的「苦含情，遣誰聽」、馬盼盼的「寄我相思千點淚」，或是溫超超的「寂寞沙洲冷」等，這些愛情故事一般觀眾都較少知道，也於導覽時讓畫中的東坡鮮活起來。

導意之四：文青東坡──大江東去，浪淘盡。

畫中第三段故事描述蘇軾一個人去登山，到了山頂看到大江大浪，感嘆人生沉浮而悲泣，於是寫下《赤壁懷古》。觀眾可能不知道，許多讓人朗朗上口的金句都是出自於文青東坡在黃州時的創作。

例如，《念奴嬌》中的「大江東去，浪濤盡，千古風流人物」以及「人生如夢，一尊還酹江月」，寫的是赤壁懷古，由三國赤壁之戰所產生的感嘆，不管是英雄或敗犬，是非成敗都是無常。《水調歌頭》中的「人有悲歡離合，月有陰晴圓缺」以及「但願人長久，千里共嬋娟」，寫的是對弟弟蘇轍的思念。《題西林壁》中的名句「不識廬山真面目，只緣身在此山中」，詠嘆的是山水，隱喻的卻是世間往往只能看到局部，而難窺全貌的人情炎涼。

《定風波》中寫道：「回首向來蕭瑟處，歸去，也無風雨也無晴」，這首詞描述的是宦海沉浮後的領悟。「欲把西湖比西子，淡妝濃抹總相宜」寫的是蘇堤春曉的雲霧縹渺，以及西湖瀲灩水光的景緻；出自蘇軾《飲湖上初晴後雨》的金句。當觀眾發覺到生活中時常出現的佳句竟然是蘇軾所寫，就會對於蘇軾其他作品也感興趣。如此一來，觀眾由《後赤壁圖》認識到《後赤壁賦》，更可延伸到蘇軾所創作的其他作品，由蘇東坡觸發觀眾的文青魂。

導意之五：哲學東坡──人生如白鶴一夢。

《後赤壁圖》最後畫的是蘇軾與友人於「赤壁」泛舟，頭頂上飛過一隻白鶴。他發現天色已晚，所以回家就寢，卻在夢中遇到一位白衣道士，問他赤壁

是否好玩。蘇東坡不但沒有害怕，而且還反過來調侃這位道士：「你是否就是我在泛舟時遇到的那隻白鶴呢？」這樣的內文以及繪畫對於不瞭解歷史背景的觀眾來說，可能心中產生一團迷霧。

這個主題是展現晚年蘇軾的豁達境界。體會到人生如夢，看透官場浮沉，蘇軾覺得最好的生活方式就是順其自然，就像《後赤壁賦》中所提到「放乎中流，聽其所止而休焉」。讓一葉扁舟，隨波而流，飄到哪並不重要，重要的是心不要隨波逐流。蘇軾想透過《後赤壁賦》來闡釋人生如夢，表現悟道的泰然自得，可是又想跳脫莊周夢蝶、南柯一夢（螞蟻國的故事）、黃粱一夢等經典寓言，所以他發明了白鶴。蘇東坡藉著白鶴道士的故事來創造另外一個「人生如夢」的寓言。

導意之六：一字千金——蘇富比眼中的蘇軾。

觀眾認為《前赤壁賦》與《寒食帖》的複製畫心要價近新台幣 1 萬元，心中懷疑蘇軾的字帖為何如此昂貴。但面對與《前赤壁賦》無關的翠玉白菜等飾品，購買意願又不高。觀眾對於一代文豪蘇軾的書法瞭解並不深。會來故宮商店買高解析複製畫的顧客多是想要收藏，或是送人。這類型的客人目標性很強，所以不太需要推銷；但另一類型的顧客則是不知道要買什麼，如果能凸顯文物的價值，購買意願就會大為提升。

例如，多數觀眾不知蘇軾的書法「一字值千金」，導覽時便可以對照蘇富比（藝術品拍賣公司）的拍賣價，展現出價值不菲的感覺。2013 年拍賣會場上，蘇軾的墨跡《功甫帖》以 822.9 萬美元，相當於 5,036 萬人民幣之高價拍出。這幅《功甫帖》是蘇軾寫給朋友郭功甫的告別簡訊，至今已經流傳九百年。蘇軾的書法一氣呵成、用筆沉著、粗獷有力，字字展現個人風格。此幅字帖中僅有「九」個字，相當於一個字價值 500 萬人民幣，由此可以看到書法泰斗的價值。

再度意會 —— 轉換意會成爲體會

《後赤壁圖》改爲這種文創式的導覽，讓觀眾重新理解蘇東坡，也釐清這幅畫的諸多疑點。觀眾由陌生到理解，對文物產生哪些新的意會，值得進一步探索。

再意會之一：仿到變成原創國寶。

觀眾對文徵明的作品變成國寶這段故事特別感興趣，也對「人體印表機」印象深刻。觀眾意會到，文徵明是書畫鬼才，可以將趙伯驌的《後赤壁圖》仿得惟妙惟肖，甚至青出於藍。觀眾也終於理解文徵明與《後赤壁賦》之間的關聯。一位觀眾聽完這段故事表示：

> 「《後赤壁賦》不僅僅是蘇軾抒發情懷的作品，還影響到後世的文徵明以赤壁爲題材，畫出《赤壁圖》，最後還變成國寶。後來，武元直也畫《後赤壁圖》，可是就沒有文徵明好。這裡把整個故事說得很清楚。光是聽這些趣事，就很想深入瞭解《後赤壁賦》在說什麼。」

觀眾另外一個深刻的記憶點是文、武赤壁的導覽說明。原先觀眾不瞭解前後《赤壁賦》在說什麼，對於赤壁這個地點也多來自電影的記憶，而產生誤會。導覽設計將錯就錯，說明文赤壁與武赤壁之差異，讓觀眾重新理解《赤壁賦》原來是以三國赤壁之戰來感嘆人生。一位觀眾表示：

> 「原來赤壁還有文、武赤壁的分別，以前想到赤壁都是聯想到三國的赤壁之戰，現在終於知道原來在中國黃崗還有一個地方叫文赤壁，是《前赤壁賦》描寫的地點。武赤壁原來是曹操被火燒連環船的地方。原來，『談笑間，強虜灰飛煙滅』指的就是武赤壁以寡擊眾的故事。」

再意會之二：逼珍品更甚於真品。

雖是逼眞品（仿製印刷品），在觀眾心中也成爲珍品。博粉（博物館粉

絲）以及海外觀眾都希望看到故宮鎮館之寶的真品。這些熱門文物包括蘇軾的
《黃州寒食詩》、趙幹的《江行初雪圖》、范寬的《谿山行旅圖》、黃公望的
《富春山居圖》、仇英的《漢宮春曉》、郎世寧的《百駿圖》、張擇端的《清
明上河圖》等。然而，礙於限展令，遠道而來卻看不到嚮往的國寶，觀眾自然
失望不已。欣賞文物是否一定要看到真品，其實是一項迷思。多數觀眾根本分
不清真品與仿品，就算看到真品也不知道其背後的意義。故宮商店卻能以「逼
珍品」帶出對文物的感動。這不僅可推廣文化教育，又可以讓觀眾對文創商品
產生興趣。一位觀眾解釋：

「文徵明的《後赤壁圖》說的原來不是文徵明的故事，而是蘇東坡的故事。
這四段故事很好懂，終於讓我理解蘇軾有多厲害，還有他很感性的一面。
蘇東坡原來是才高八斗，卻一貶再貶，這段故事我印象很深刻。我最大的
感觸是，其實不一定要看到真的文物，重要的是知道這文物對我們的意
義。我下次接待來賓的時候，也可以說一套蘇東坡的段子。」

再意會之三：輕鬆的歷史穿越。

　　導覽運用六個記憶點來抓住觀眾的注意力（圖4-2），讓觀眾能夠短時間
掌握文中內容。導覽帶著觀眾穿越時空，參與蘇東坡起伏跌宕的生平。在「舌
尖東坡」的故事中，導覽運用畫中的「松江之鱸」先帶出蘇軾被貶謫的背景，
再扣連到耳熟能詳的東坡肉，讓觀眾理解蘇東坡於黃州時雖清苦，卻靠著創意
料理讓生活增添情趣。再延伸，蘇軾建立育幼院的雛形與善心捐款的模式，以
及他在杭州建置西湖蘇堤、密州抵禦蝗蟲與盜匪、徐州對抗洪水。導覽以東坡
肉與蘇軾苦中作樂的解說，契合觀眾生活經驗，不僅引導正確的人文知識，更
可引起觀眾共鳴。

　　接著，透過《後赤壁圖》中所出現的「婦人」遞酒，引出「浪漫東坡」中
才子與佳人故事，更連結到蘇軾的經典作品。觀眾因而理解，蘇東坡的感情世
界也是他文學創作的來源。觀眾聽完浪漫東坡的故事後，文物從嚴肅變得柔

軟。觀眾欣賞到這一段畫作時，就不再只是將那位婦人當成無名氏，而理解她便是蘇軾被貶黃州時，義氣相陪在側的紅粉知己朝雲。

「文青東坡」的導覽讓觀眾理解蘇東坡膾炙人口的經典詩詞。「但願人長久，千里共嬋娟」是用在現代歌詞上的素材，由思念親人變成思念情人。觀眾驚喜發現，「不識廬山真面目，只緣身在此山中」也是來自蘇軾之筆，看的不是景色，而是人生。「也無風雨也無晴」描述的不是天氣之陰晴，而是心胸的境界。如此一來，觀眾從誤解中產生的新理解，這比給予標準答案更有意義。

「哲學東坡」的導覽更激起觀眾的感慨。一開始，觀眾並不知道圖中為什麼會有一隻白鶴飛出來？為什麼末尾蘇東坡又跑去小屋睡覺，夢中還會跑出一個白衣道士？讓人不知所云。導覽之後，觀眾瞭解原來這是蘇東坡另外一種「莊周夢蝶」的表達方法。這是出自《莊子‧齊物論》：「昔者莊周夢為蝴蝶，栩栩然蝴蝶也。不知周也。俄然覺，則蘧蘧然周也。不知周之夢為蝴蝶與？蝴蝶之夢為周與？」這個寓言談到，莊子做了一個夢，他不知道到底是自己夢中變成蝴蝶，或現實中是蝴蝶所變成的莊子，這是人生如夢的哲學，是對追求權勢與財富的省思。一位企業主管對這段導覽有感而發：

「年輕時候做生意，大風大浪都見過了，也跟蘇軾貶謫心情很像，人生低潮時只能自娛娛人。人生的起伏我們也無法控制，學習樂觀豁達看待才是有智慧的本事，蘇軾給我的啟發不僅僅只是文學上的，更是精神上的。看得開人生，人生才會看開啊。」

從舌尖東坡、浪漫東坡、文青東坡到哲學東坡，四個圍繞著蘇東坡的主題，不僅將後赤壁賦的重點包含在故事中，也體驗東坡的人生。這樣的導覽讓蘇軾這個歷史人物轉眼間充滿生命力。一位觀眾帶著女兒曾跑遍歐洲各大博物館，於導覽後略有所思地提到：

「我們走過上百個城市，不一定會留下難忘回憶。走過無數博物館，看過上千文物，也不一定會留下任何文化印痕。未來博物館的策展真的不能

再靠著感官刺激，更重要的是感動。要是沒有導覽，我可能看完這幅畫後，還是以為文徵明是主角，會寫又會畫。現在，蘇東坡的故事深深烙印在我心中。」

再意會之四：一字千金令人驚。

觀展的感動也在於分享，對於文物有共鳴，就會想購買紀念品，跟朋友分享這些故事。導覽的感動是否能延續，就承載在這些文創紀念品上。當知道蘇軾書法的拍賣價後，觀眾的懷疑態度馬上就轉變。一位企業主管購買六幅蘇軾相關的印刷品，表示：

「原來蘇軾的書法聞名於全世界，看來是我們有眼不識泰山。這一字價值500萬人民幣是真的買不起。但是高仿真字帖不到新台幣1萬元，人民幣才2,000元，真是太便宜了，值得收藏、值得收藏。」

觀眾買的不僅僅只是紀念品本身，亦是蘇軾所帶給他們的啟迪。也有觀眾深受蘇軾精神所感動，對貶謫時仍能豁達看待人生的態度感同身受。蘇軾所傳達出的瀟灑，讓周邊商品詢問度提高。一位觀眾就表示：

「蘇軾一生也是起起伏伏，但最後能夠笑看這一切，這不就是人生。看一代文豪也是經歷波折，再看看自己所遭遇到的挫折，也就沒有這麼過不去了。看到赤壁，就想到蘇軾的豁達境界，提醒自己要笑看人生。我後來也買了黑色的《前赤壁賦》的矽膠餐墊，用來放電腦，每次看到都會記起蘇東坡的故事。」

/ 認知導意的邏輯 /

得獎的數位典藏《文徵明倣趙伯驌後赤壁圖》是展覽主角，但並沒有得到觀眾的共鳴。這項國寶級文物並沒有受到應有的青睞。這是因為觀眾與文物之

間存在認知落差，而且對陌生文物產生一連串誤解。觀眾以為文徵明是《赤壁賦》作者，又以為蘇軾帶全家去度假，對《赤壁賦》更是一知半解，也因此降低觀展動機。於是，觀眾失去理解這份文物的契機。觀眾不理解蘇軾的書法有何價值，又覺得文創複製品太昂貴，也不知道要買什麼紀念品，於是故宮商店也就失去商機。我們可以從這個導覽中發覺五種導意方法：將錯就錯、古今穿越、格物致知、舉一反三、落差比照，以下逐一說明。

「將錯就錯」的導意法：教育學也常用迷思以帶正思的方法，用學生常犯的錯誤作為素材，逐步架構知識，引導正確的意會。觀眾以為《赤壁賦》是文徵明所寫的，這個迷思便可以引出文徵明仗義解救友人，而仿繪趙伯驌的故事，點出所畫的內容其實是蘇軾的文學作品。觀眾以為蘇軾在度假，這便可以引出蘇東坡的貶謫人生。觀眾覺得蘇軾的《寒食帖》字跡太潦草，不知為何如此有名。導覽連結蘇富比拍賣《功甫帖》事件，以及介紹書法的品鑑標準，觀眾便能以經濟價值理解蘇軾的藝術成就。這些都是以誤解作為導意的線索，用迷思引出先導知識，再循循善誘提供正確的知識。

「古今穿越」的導意法：這是以現代的經驗連結文物過往的知識。例如，用現代人理解的東坡肉來引導出「東坡露」，讓蘇東坡露一手文采，介紹蘇東坡曾經寫過哪些膾炙人口的詩句。用現代人能夠理解的連環漫畫來介紹《後赤壁圖》裡的故事；或是用現代的攀岩運動來解說蘇軾登山過程的辛苦，都可以連結古今。此外，運用舌尖東坡（連結到《舌尖上的中國》節目，點出蘇東坡是美食家）、浪漫東坡（連結偶像劇的觀念，點出蘇東坡的感情世界）、文青東坡（現代人流行文青風）、哲學東坡（連結人生哲學，引導莊周夢蝶的寓意）。

「格物致知」的導意法：這是以物件來引導出文物裡蘊含的故事；就是以物件帶出事件，再引導出文物內涵。例如，以松江之鱸（物件）與兩位朋友來訪（事件），點出烏台詩案之中因為獄中送魚而產生的烏龍事件，點出蘇東坡其實在落難中，同時又解釋蘇東坡如何在困境下還能夠享受美食。以酒瓶（物件）與婦人備酒（事件），點出朝雲的相伴以及蘇東坡的五段浪漫感情。

以當地的紅色峭壁（物件）與登山攀岩（事件），引導出蘇東坡在這個地方創作出《赤壁懷古》的經典詩詞，並且點出他雖被貶謫，卻在黃州有豐富的文學產出，間接地讓觀眾理解禍福相倚的觀念。以白鶴（物件）與家中小睡（事件），引導出人生如夢的啓示。由畫中物件引導出文物的內涵，透過物件知道畫中所要傳達的意義，是讓觀眾感到有趣的導覽作法。

「舉一反三」的導意法：這種導覽方式強加於意義的延伸，由已知帶出一連串相關的未知。例如，知道蘇東坡是美食家以後，便可以延伸他不但會做創意料理，還是一位創新高手，如蓋蘇堤、建育幼院、抗洪水、驅蝗蟲、退盜匪等。介紹三國時代的赤壁之戰，就可以由此帶出「武赤壁」，然後引導出蘇東坡所建構的文學赤壁。由《後赤壁圖》理解到《後赤壁賦》，便可以由此帶出《前赤壁賦》以及《寒食帖》，三件文物串聯起來剛好就是蘇東坡在黃州的寫照。由白鶴帶出蘇東坡做夢，同時連結到莊周夢蝴蝶、南柯一夢以及黃梁一夢等故事，都是舉一反三的作法，讓導覽帶出相關性知識。

「落差比照」的導意法：這是利用對比方式導覽，讓觀眾透過落差加深對文物的印象。例如，觀眾原本都認爲蘇軾是屬於人生勝利組，導覽過程中便以「萬人迷」與「貶謫敗犬」的對比，讓觀眾對蘇東坡有全新的理解。介紹蘇東坡的《寒食帖》書法，便可以對比王羲之的《蘭亭序》，以及顏眞卿的《祭姪文稿》，以三個知名的行書文物來解釋如何欣賞不同的書法派別。以蘇富比來帶出蘇東坡，以《功甫帖》的一字千金來襯托出《寒食帖》書法的價值，便是有趣的對比。

導意就是縮短使用者與創新之間的認知落差。到博物館，觀眾對文物有渴望，希望聽見有趣的故事，希望觀賞後能有所啓迪，希望帶走美好的回憶。可是，與文物之間的認知落差，讓觀眾因看不懂而困擾。技術導向的展覽、制式的導覽，拉大這樣的落差。故宮商店的案例讓我們理解，要縮短落差，觀眾必須理解文物的涵義。當觀眾面對陌生事物時，設計者不能硬生生地灌輸知識，而必須循循善誘，將使用者的誤解轉換爲導意的素材。縮短觀眾與文物間的知識落差，需要改變觀眾的認知，轉換觀眾的意會方式。

博物館往往偏重於展覽的策劃，而忽視導覽的設計。文物缺乏導覽的解讀，內涵的故事出不來，策展便功虧一簣。博物館雖然開始推出文創展，讓展覽更為生動，卻一直難以跳脫「古墓派」思維。觀眾慕名而來、人潮洶湧，到了現場卻失望。看到的都是冷冰冰的文物，只是貼上產品標籤，觀眾仍無法理解文物內涵。當觀眾無法體會文物的意義時，自然購買商品意願也不高。

　　導意給策展人的啟示是，展覽思維需要被改變。運用導意的手法，可以配合時事設計出吸引人的主題，以主題帶出文物。例如，可以配合熱門電視劇《延禧攻略》的劇情來介紹乾隆珍愛的《鵲華秋色圖》與《快雪時晴帖》（以故宮商店的高仿印刷品）；用《阿玉錫持矛蕩寇圖》來解釋乾隆的十全武功以及其中的吹噓；導覽「集瓊藻」（清朝文物展示區）中富察容音皇后的裝扮（國立故宮博物院藏品），再回到故宮商店解釋文創設計如何轉換富察皇后與魏瓔珞的時尚。

　　觀眾來博物館不是想來上課，而是希望知性的休閒。填鴨式的導覽只會讓他們迷失。觀眾缺乏歷史知識，難以理解文物內涵，更糟糕的是他們往往誤解文物背後所承載的歷史脈絡。也因此，觀眾會產生一知半解、誤解與不解的意會。博物館要發揚文物的意義，不只是吸引觀眾來看展覽，更需要讓他們能透過導覽而理解文物，因為感興趣而購買文創商品，不斷勾起文物背後的故事。最好，觀眾能因文物而感觸，對人生有所領悟；又因為記憶，而讓文化得以傳承內涵。

　　文徵明的數位典藏不只是科技，更是蘊含著文徵明的畫作、蘇東坡的文學以及文豪跌宕起伏的生命故事。科技不只是工具，科技的內涵需要被引導與解讀。以導意讓觀眾豁然貫通，連結過去已知，重新意會未知，感動方終有認知。如此，即使無法投入龐大資源，也是可以讓觀眾因導覽而對展覽有所感動。如此，運用導意便可以讓陌生意會變成深刻體會，這便是認知導意的邏輯。

注釋

1. 這份案例是屬於科技部補助專題研究計畫（MOST 107-2410-H-004-192-MY3）——制約中的開放服務創新與文化科技應用，其中的一部分案例。更詳盡的資料可參見：徐嘉黛，2019，《科技導意：形塑使用者意會賦能博物館服務創新》，國立政治大學科技管理與智慧財產研究所博士論文（該作品榮獲富邦人壽博士論文獎）。

2. Gordin, V., & Dedova, M. 2014. Cultural innovations and consumer behaviour: The case of Museum Night. *International Journal of Management Cases*, 16(2): 32-40.

3. Weick, K. E. 1990. Technology as equivoque: Sensemaking in new technologies. In P. S. Goodman, & L. S. Sproull (Eds.), *Technology and Organizations*, 1-44. San Francisco: Jossey-Bass.

4. Griffith, T. 1999. Technology features as triggers for sensemaking. *Academy of Management Review*, 24(3): 472-488.

5. 蕭瑞麟、侯勝宗、歐素華，2011，〈演化科技意會—衛星派遣科技的人性軌跡〉，《資訊管理學報》，第4期，第18卷，1-28頁。

6. Louis, M. R., & Sutton, R. I. 1991. Switching cognitive gears: From habits of mind to active thinking. *Human Relations*, 44(1): 55-76.

7. Rouleau, L. 2005. Micro-practices of strategic sensemaking and sensegiving: How middle managers interpret and sell change every day. *Journal of Management Studies*, 42(7): 1413-1441.

8. Gioia, D., & Chittipeddi, K. 1991. Sensemaking and sensegiving in strategic change initiation. *Strategic Management Journal*, 12(6): 433-448.

9. 此文創行銷導覽專案由故宮商店（當時由時藝多媒體外包管理）以及國立政治大學科技管理與智慧財產研究所共同策劃，由賈斯嘉（碩士生）與徐嘉黛（博士生）同學策劃導覽內容與導意設計。相關導意設計可參見：賈斯嘉，2020，《文物導意：博物館商店導覽設計中的認知重塑》，國立政治大學科技管理與智慧財產研究所碩士論文（該作品榮獲崇越論文大賞碩士論文佳作獎）。

10. 有關蘇軾生平與四個主題的相關文獻，可參考以下專書：林語堂（宋碧雲譯），2005，《蘇東坡傳：歡樂天才的生平》，台北：遠景出版社。衣若芬，1999，《蘇軾題畫文學研究》，台北：文津出版。衣若芬，2019，《書藝東坡》，上海：上海古籍出版社。康震，2010，《評說蘇東坡》，台北：木馬文化。楊東聲，2017，《蘇軾的心路歷程》，台北：遠流出版社。

複合綜效

缺少時，以巧成多

05

技術綜效：史丹利
資源複合原則
Hybridizing Resources –
Logic of Synergy

真正的卓越是能齊心達成綜效的成果[1]。

——Mack Wilberg，美國作曲家、指揮家

成長遇到瓶頸時，企業需透過多角化策略尋求新出路。常用手法便是合資、併購或策略聯盟，藉以改變商業模式，延續發展。史丹利工具（Stanley Tools，以下簡稱史丹利）公司前全球副總裁以及亞洲區總裁陳弘澤也認為，成長過程中公司如果不以併購為手段，規模頂多只能發展到10億美元。若是要突破這道關卡，公司就必須擬定一套成長策略，挑選合適的併購對象。不過，併購隱藏許多風險，公司間往往在併購後才浮現財務不清、研發無策、文化融合等問題。史丹利工具是業界中併購的常勝軍，在2010年併購規模大於自己兩倍的電動工具機龍頭百得（Black & Decker），成為世界工具機第一品牌。該公司的「M & A Playbook」（併購沙盤推演法）令業界好奇。史丹利在每個併購階段都關切哪些重點？為何史丹利能從容應付這麼多的併購案，而且勝券在握？陳弘澤指出，併購絕不是「按表操課」如此簡單，總部必須與事業部之間有韻律的協作。併購韻律中包含作業準則、戰略邏輯以及持續鍛鍊的實力。我們將探索史丹利如何進行沙盤推演，展開併購過程，又如何結合這些技術而形成綜效。隨之，我們介紹研華科技的IMAX作法作為對比參考，理解另一種技術複合的模式。

/ 以併購取得資源 /

哈佛商學院一項研究整理出併購的五種動機[2]。第一，當企業遇到產量過剩，可以透過併購以擴大市場占有率與提升規模。第二，當企業要推展全球化，可以併購不同國家的在地公司，以擴大經營範疇。第三，透過併購，企業可以延伸產品線或是擴大全球的覆蓋率。第四，運用併購，企業可以取得所需技術，建立市場領先地位。第五，企業藉由併購可切入新產業，像是索尼併購愛立信，切入手機市場。

企業布局併購是為找到資源互補，產生綜效以刺激成長動能。例如，2004年，國際儲存大廠EMC併購VMware軟體公司。這套軟體讓資訊部門可以在同一個機器上設計多重虛擬伺服器，節省設備採購經費。這項併購讓EMC從高端儲存市場拓展到中價市場，從儲存設備延展到虛擬化軟體。在軟體以及硬

體的互補之下，業務爆炸性成長。軟體讓硬體物超所值；硬體讓軟體更加出色。EMC的市值被推到400億美元。併購之後，至2010年，VMware的營收也從2,180萬美元成長到26億美元。

除併購外，企業可以透過不同的投資手段來布局成長策略，大致可以分為三類：策略性入股、策略聯盟、企業併購[3]。第一類是以入股投資一家公司。例如，某家物聯網公司處於供應鏈的上游，為確保技術的供給，企業可以象徵性地入股10%。或者，為取得醫療領域的知識，選擇入股15%，與一家在地系統整合商形成合作關係。

第二類是以策略聯盟，運用50%的合資方式建立一家新公司，在平等的基礎下共同經營新市場。例如，聯華實業早期是以麵粉加工起家[4]。為拓展氣體事業，1961年向美國購買生產氣體的設備，生產氧氣、氮氣以及氬氣，運用於工業助燃、醫院急救以及拆船業焊燒。1983年氣體事業已經占集團營收的四成。到1980年代，聯華氣體遇到發展瓶頸，市場只能維持10%以下的成長率。1984年，聯華氣體與英國氧氣公司（British Oxygen Corporation）策略聯盟，取得生產氣體的技術，更獲得英方傳授各種垂直市場知識，例如由南非鋼鐵業引進氧氣燃燒的技術，在澳洲食品業轉移以氮氣作為急速冷凍的技術，用於長程食品運輸，以及由日本半導體業學習運用高純度氮氣來提高生產良率。到1995年，聯華氣體營業額超越新台幣25億元，約達150%的成長。

第三類是以策略控股的方式去掌握一家公司的獨特資源，像是以51:49或80:20的方式取得控制權，或者是以併購取得百分之百主導權。例如，蘋果電腦過去透過不同供應商採買微處理器。當行動裝置漸漸轉向電池的競爭，如果要改善電池的消耗量，就必須自行研發晶片。在2008年，蘋果電腦投注2,780萬美元併購晶片設計公司PA Semi，自行發展低耗能晶片，終於在手機與平板市場展現驚人成長[5]。自2007年推出到2014年為止，蘋果電腦一共銷售出5.9億支iPhone手機；之後推出的iPhone 6 Plus電池續航力技術更是領先業界。

要以併購手法達到成長目標，關鍵是取得互補性資源，結合到現有的專長中。企業成長過程必會遇到各式制約。要解除制約，企業需及早展開變革，以

取得特定資源。內部沒有的，必須由外部獲得。然而，就算取得這些資源，企業也沒有辦法隔天就讓它們促成變革，因為資源組合需要時間去學習以及巧思去運用。

/ 史丹利以韻律引導技術整合 /

也因此，史丹利併購的成功經驗令人好奇。到底史丹利的「M&A Playbook」會是什麼樣貌？在併購的每個階段，史丹利都關切哪些重點？問哪些關鍵問題？每個階段中有哪些戰略原則？史丹利究竟鍛鍊出什麼能力，能夠從容應付這麼多併購案？史丹利集團副總裁陳弘澤指出，併購必須讓總部與事業部之間產生協同運作的「韻律」（rhythm），就像交響樂團一樣，讓每個事業體與總部能在同一樂章中產生和諧的音樂。對史丹利而言，韻律中便包含作業準則、戰略邏輯以及持續鍛鍊的能力[6]。

史丹利的併購作法共分為三個階段、九個步驟[7]。這些步驟不是僵化的流程，而是沙盤推演的策略，隱含史丹利所累積的寶貴經驗。每個步驟點出併購時常見的迷思，提出關鍵問題，發展出併購作為，匯聚成史丹利穩紮穩打的併購實力（參見表5-1）。

階段一：規劃

一、規律性併購演習：一般公司都是遇到成長瓶頸時，才會開始規劃併購作業。史丹利則是固定每年9月舉行策略集思會（Strategy Review），訂定未來三年整體發展方向，決定哪些事業應該走有機成長路徑，哪些又應該走跳躍成長路線。之後，才決定年度併購案和收購目標。史丹利詢問各事業部的重點是：「今年哪個部門的成長必須搭配併購案？」史丹利每年定期檢視公司成長的軌跡，洞察瓶頸與先機，讓併購作業成為例行健檢，使企業平時就鍛鍊好「體力」。陳弘澤幽默地說：

「併購需要整個組織培養一種集體合作的能力，每一個參與部門平時就要鍛鍊身體，練出『六塊肌』，而不是等到要併購時，心血來潮才去健身房練跑個 1 小時。併購對企業是一件大事，成與敗都會決定企業的成長軌跡。整個企業要建立起協同運作的韻律，才能在每一個階段審慎地評估。」

表 5-1　史丹利的併購作為

階段	併購迷思	關鍵問題	併購作為	培育能力
規劃	遇到成長瓶頸時再開始規劃併購即可。	哪些部門需搭配併購來成長？	1. 規律性併購演習：每年 9 月訂定明年和未來三年的收購策略，逐月檢視，決定年度併購方向和收購目標。	平時就鍛鍊好「體力」。
	只要有獲利，就可以收購。越便宜買當然越好。	收購目標能否強化營運績效？	2. 層層過濾併購對象：依據市場規模、產品技術、通路、銷售網絡四層順序，篩選收購對象。	層層過濾，才不蒙蔽「眼力」。
	先買了再說，頂多就是整併對方。	這家公司真契合嗎？	3. 檢驗組織契合性：分析收購對象的技術、產品、市場、營運模式與組織文化是否適配，以及是否有挽救的可能性。	選定門當戶對的收購對象，需培養「鑑賞力」。
評估	只要財務報表看起來不錯，價格便宜，就可以買。	買這家公司真的可以獲利嗎？	4. 以格局評估財務績效：併購後能否在預期時間內達到財務績效，分析需兼具短、中、長期績效以免被「數字」所矇騙。	拉長時間分析便可以培養「觀察力」。
	太悲觀的企業覺得對方的財務報告都是騙人的，沒機會走到盡職調查。太樂觀的企業則認為，為了取得先機，先買了再說。	這家公司有哪些潛在風險？	5. 展開盡職調查：組成 DD（Due Diligence）小組，親赴現場逐一確認八項調查項目：評估有哪些營運風險、評估企業策略的合理性、評估是否有未開發商機、評估產品與核心技術（專利）、評估交易後可能產生的綜效、評估骨幹人才的保障任職期限、評估目標企業的團隊表現、評估併購後整合的可能性。	逐項查證，察覺人謀不臧之弊，發揮「洞察力」。

階段	併購迷思	關鍵問題	併購作為	培育能力
評估	堅持收購，不惜任何代價都要買進目標公司。	收購的底線在哪裡？	6. 設定財務停購點：訂立估價方法，避免在談判過程中由於競爭者切入而感情用事，以過高價格收購。	設定底線才不會意氣用事，需培養「定力」。
	派高階主管到新併公司安定軍心，之後交幕僚整合。	如何讓新併公司無縫接軌？	7. 派遣整合團隊：總部派一組精銳團隊進駐，協助各部門員工適應新環境。之後出現整合困難時，有對口可立即支援。	讓新併公司維持過渡時期的「戰鬥力」。
整合	收購後可自然對接雙方資源。	資源如何整合以產生綜效？	8. 探索資源綜效：研究如何整合雙方間的資源，創意實驗各種綜效的可能。	以「創造力」來組合資源。
	抓緊腳步趕快投入下一宗收購案。	收購公司是否達到預期績效？	9. 回顧併購諾言：定期回顧收購案，根據支付價格、期間內的現金流量、業務績效來評估收購成效，並找出改善方向。	定時體檢避免錯失治療期，維持「續航力」。

　　為了讓每個事業群能同步協作，史丹利每週四晚上八點（美國時間）舉行事業發展會（Business Development Meeting），每次15到60分鐘不等，讓全球各區域事業群主管輪流更新併購案執行狀況。能夠參與此會議的，都是受到總部首肯的併購案。總部可以監督各地區有哪些併購案、併購進度狀況、各案的盡職調查狀況、併購後整合進度等。這個會議不會討論細節，只聚焦在進度分享以及決策研判。如果某事業群因為現金不足，必須暫緩併購，也是在此會議提出。

　　二、層層過濾併購對象：一般認為，收購一家公司若有獲利，就可以著手；而且買得越便宜越好。史丹利卻設置層層過濾機制來評估收購對象的魅力，分為作業層面與策略層面。在作業層面，史丹利依據市場規模、產品技術

含量、通路主導權、銷售網絡等優先順序，分析標地物的吸引力，篩選出合適的收購對象。

在策略層面，史丹利由發展方向來分析併購對象是否符合至少四個過濾條件之一。首先，分析收購該品牌是否有意義（whether the brand is meaningful），像是知名度。第二，分析該公司價值主張是否明確（whether the value proposition is definable）。第三，分析該公司成本是否具競爭力（whether cost leadership is achievable）。第四，分析該公司是否有成為市場領導者的潛力（whether the firm has potential to become a market leader）。在此的關鍵問題是：收購目標能否增強企業的營運績效？經過策略性層層過濾，才不會讓企業蒙蔽了「眼力」。

三、檢驗組織契合性：一般的併購作法就是先買了再說，頂多就是將收購公司內化，拆分到各事業部，然後就解散對方公司。史丹利卻是責成事業部逐項分析收購對象的技術、產品、市場、營運模式、組織文化等面向是否與史丹利適配；並分析不適配之處可否挽救。此階段提出關鍵問題是：這家公司與史丹利真的合得來嗎？這樣的對比分析可以理解彼此的合適度，也避免遺珠之憾。找出「門當戶對」的目標才能避免往後龐大的溝通成本，這需要企業培養出併購的「鑑賞力」。

階段二：評估

四、以格局評估財務績效：一般公司認為，只要被併購公司財務報表看起來不錯，價格便宜，就可以買了。但史丹利更關心併購後能否在預期時間內達到設定的財務績效，而且必須分短、中、長期的績效來分析，以避免被「財務數字」所矇騙。關鍵問題是：買了這家公司真的可以獲利嗎？史丹利認為，收購要小心短視近利的誘惑，財務收益看起來太漂亮，背後隱藏更多危機。拉長時間分析，便可以培養出併購的「觀察力」。

五、展開盡職調查（Due Diligence）：太悲觀的企業覺得，對方的財務報告都是騙人的，根本沒機會走到盡職調查。太樂觀的企業則認為，要速戰速決以取得先機，先買了再說。看看廠、看看人、看看帳、看看稅、看看律師，就

完成盡職調查了。史丹利卻認為，要組成盡職調查小組，親赴現場逐一確認所有收購前的調查項目，才能理解潛在負債情況。

盡職調查至少要包括八項工作：1. 評估有哪些營運風險；2. 評估企業策略的合理性；3. 評估是否有未開發商機；4. 評估產品與核心技術（專利）的優勢；5. 評估交易完成後可能的綜效；6. 評估核心人才的保障任職期限；7. 評估目標企業的團隊表現；8. 評估併購後整合作業的可行性（像是誰去接管、整合方式、整合流程等）。這個步驟的關鍵問題是：這家公司存在哪些隱藏風險？史丹利深知，收購也有「莫非定律」（覺得不會發生的壞事，總是會發生）。運用八項查證「照妖鏡」可以挖掘人謀不臧之弊，找出趨吉避凶的方法，發揮併購「洞察力」。

六、設定財務停購點：一般公司常因為事業部「愛上了併購案」（fall in love with a deal）而不惜代價收購某公司；像是明基愛上西門子的「國際品牌」而去收購。史丹利訂立一套底線估價方法，避免在談判過程中感情用事，以過高價格去收購，或買到「地雷」公司。此步驟的關鍵問題是：我們最高願意花多少錢來買這家公司？史丹利設定停購點以避免陷入「失心瘋」症狀，隨著競爭盲目跟價。人在興奮時往往不理性，設定底線才不會意氣用事，也才能培育出併購的「定力」。

階段三：整合

七、派遣整合團隊：一般公司認為，併購完成時只要派主管到新併公司安定一下軍心，之後就可以交由幕僚去進行各項整合。史丹利卻是由總部派一組精銳團隊進駐新併公司，成立 PMO（Project Management Office）專案管理辦公室。這支「招降部隊」會幫助新併公司調適新的行政、業務、研發模式，使他們能更快適應史丹利的行事風格。整合小組通常是由事業群派出，除非是很大的併購案（像是併購比史丹利大的百得）才會由總部派遣整合小組。整合過程中是以事業部為主。必要時，史丹利會將 PMO 外包專業顧問，以提供中立

的建議。PMO 負責規劃檢核點、追蹤盡職調查事項、檢核功能面整合進度，以確保相關部門落實整合工作，沒有「抄捷徑」。

之後，當新公司出現整合困難時，總部各單位對口便可以立即給予支援。有時，會遇到被收購公司比史丹利更熟悉在地市場或是技術更成熟。這時，史丹利會啓動反向整合，將整合主導權交給對方公司，史丹利事業群則是全力配合。史丹利認爲，總部是掌舵者，不是去前線打仗，應該越少人越好，以免造成「一堆掌舵的人，卻只有幾個人在划船」的窘境。此步驟的關鍵問題是：如何能將新併公司無縫接軌到史丹利？史丹利認爲，現在花費整頓成本，以後才不會有巨大的溝通成本。落實的整合才能讓新併公司維持過渡時期的「戰鬥力」。

八、探索資源綜效：一般認爲，收購後只要結合對方的市場、業務、通路或產品，就可以獲利。史丹利卻不認爲合併會自然促成整合；要創造出綜效，才能取得一加一大於二（而不是低於一）的效果。史丹利會檢視對方營運模式，細膩地分析史丹利和被併購公司之間有哪些資源整合的可能性。例如，事業群要以創意去實驗雙方技術之間可能產生的綜效，設法發展新的技術平台，引導新的商業模式。此步驟的關鍵問題是：雙方技術資源要如何整合，才能夠達成綜效？

例如，史丹利邁向多角化時，決定發展基礎建設市場。「基礎設施平台」是由液壓工具部門衍生出來，成爲史丹利百得底下五大技術平台之一。1972年，史丹利併購龍頭阿克萊公司（Ackley Manufacturing Company），開展手動液壓工具事業。1984年，史丹利併購美國規模最大的液壓破碎機與壓路機製造商 HED 公司，開始生產手提式、車載式、鐵路與道路維護的液壓工具，例如鐵路、道路、橋梁、管線維修、碎地鑽孔機、抽水幫浦、鐵道測量器或是救災用鑽孔器等；還有專門回收廢五金的移動剪和抓斗。

史丹利觀察到，在新興國家，基礎建設是快速成長的利基市場，例如油氣系統、水管和下水道系統、電力系統、交通運輸等。這些基礎設施的建立、維

修和保養，全球每年約有2兆美元的商機。史丹利所生產的液壓工具幾乎都被使用在「建設」與「破壞」，因此成立「基礎設施平台」，提供解決方案給公共事業。

2010年史丹利再次以4億4,500萬美元併購CRC-Evans公司，是全球最大的管道建設集團。CRC-Evans的業務以製造、銷售和租賃設備為主，也提供路上和海上的管道架設。生產工具主要用於鋪設輸油管線、海底電纜及瓦斯管線。史丹利藉由併購CRC-Evans，取得管道流程的施工技術，業務範圍從原本的產品銷售，延伸到管線鋪設、下水道系統以及鐵路公路等基礎設施的建造、維修與拆除服務。史丹利透過此次併購獲得500萬美元的成本綜效，ROCE（Return on Capital Employed，動用資本回報率）約為12%，而整合後的基礎設施平台預期創造出20億美元的營收。好的廚師不只是會做菜，還要會配菜，以「創造力」來設計菜單。

九、回顧併購諾言：一般公司認為，好不容易完成一個收購案，應該抓緊腳步趕快投入下一宗案件。史丹利卻認為要適時回顧，成立指導委員會（steering committee）搭配整合小組進行。小併購案以三個月為期；大併購案以兩年為期，回顧每個收購案前後的成效。審查會分析「董事會諾言」（board commitment），也就是併購時事業群對董事會提報的預期效益，像是營收成長、業務績效、預期獲利、期望綜效等，並從中找出往後改善方針。回顧期過後，新併公司便列入史丹利常態管理。此步驟的關鍵問題是：一年前收購的公司，有達到預期的表現嗎？歷史不能遺忘，經驗必須記取。往後看得越遠，往前走得越踏實。定時體檢可以避免錯失治療期，若發現問題即時修正，才會有「續航力」。

如果新併公司表現不好，史丹利會全力解決營運問題（通常是團隊或結構問題），不會馬上想要脫手。但是，如果新併公司與史丹利策略方針不吻合，即使業績表現良好，也會被評估出售。例如，約2004年，史丹利以5,000萬美元併購一家芝加哥做雷射量具的公司，每年都有20%的成長。不過，史丹利發現這家公司在雷射量測的技術於市場上有些高不成、低不就，而且通路過度依

賴家居賣場。史丹利本來希望併購一家歐洲公司萊卡，以取得高端雷射技術，如此中高端技術都可掌握，卻被另一家德國公司捷足先登。評估之下，史丹利認爲未來會被萊卡的技術主導，而失去競爭優勢。最終，史丹利以2億美元出售這家公司。這並不是因爲績效不好，而是策略不契合（參見圖5-1）。

/ 研華以 IMAX 引導技術整合 /

相對地，研發科技不只以併購，更透過內部育成、策略聯盟、新品專案開發等方式整合技術，而且著重在辨識技術之間的整合機會。創立於1983年，面對當時台灣電腦廠商激烈爭奪個人電腦市場，研華科技轉向利基的工業電腦市場。工業電腦每台要價上萬美元，只有軍方和研究機構能負擔得起。市場規模小、技術規格高、多數廠商投入願意不大，這反而讓研華在創業第二年就成爲台灣區最大的工業電腦公司[8]。

之後，研華順勢搭上工業自動化的潮流，以工業電腦管控生產流程與監控精密儀器。隨著通訊、網路、軟體及光電技術的整合，工業電腦也延伸到各層面，像是售票機、刷卡機、收銀機、提款機、資訊站、自動販賣機、樂透彩券系統、捷運控制系統、全球衛星定位系統，以及智慧型大樓監控系統等。研華的股權權益報酬率（ROE, Return of Equity）約維持在15%以上，是台灣前十大國際品牌之一。研華每年投入約5%年度盈餘在研發投資上，研發人員約占20%，每年創造30種以上新產品及100多項專利，公司產品線多達400多種。

研華科技主要有六個產品事業群，涵蓋：嵌入式電腦事業群、工業自動化事業群、應用運算與嵌入式系統、通訊與網路、醫療運算、數位看板與智慧服務[9]。每年的5月，研華全公司約三十六位產品部門主管會配合年度策略規劃，研擬未來的創新專案。各主管會以IMAX矩陣（見圖5-2），提出四大創新模式，分爲對內與對外。對內的活動有內部育成（Incubation）以及新產品開發（eXtreme Product 或稱爲 X-Product，含新產品早期設計 Early Design），對外的活動則有併購合資（Merge & Controlling Joint Venture）或是聯盟外包（Alliance/Outsourcing）。

規劃階段		
1. 規律性併購演習	**2. 層層過濾併購對象**	**3. 檢驗組織契合性**
常見迷思：遇到成長瓶頸時再開始規劃	有獲利，就可以收購	先買再說，之後再整併
關鍵提問：哪些部門需搭配併購來成長？	收購目標能否強化營運績效？	這家公司真契合嗎？
創新作法：體力：訂定未來三年的收購策略，逐月檢視。	眼力：依據市場規模、產品技術、通路、銷售網絡來篩選收購對象。	鑑賞力：分析對象的技術、產品、市場、營運模式與組織文化是否適配。

評估階段		
6. 設定財務停購點	**5. 展開盡職調查**	**4. 以格局評估財務績效**
常見迷思：堅持收購，決心奮力一搏	太悲觀，都是騙人；太樂觀，先買再說	財務報表不錯，就可以買
關鍵提問：收購的底線在哪裡？	這家公司有哪些潛在風險？	買這家公司真的可以獲利嗎？
創新作法：定力：訂立估價方法，避免感情用事，以過高價格收購。	洞察力：評估營運風險、核心技術、人才保障任期等，需親赴現場確認。	觀察力：分析需兼具短、中、長期績效以免被「數字」所矇騙。

整合階段		
7. 派遣整合團隊	**8. 探索資源綜效**	**9. 回顧併購諾言**
常見迷思：高階主管安軍心，幕僚整合	收購後可自然對接雙方資源	趕快投入下一宗收購案
關鍵提問：如何讓新併公司無縫接軌？	資源如何複合以產生綜效？	收購公司是否達到預期績效？
創新作法：戰鬥力：派進駐團隊協助各部門調適，出現困難時，有對口可立即支援。	創造力：研究如何整合雙方間的資源，創意實驗各種綜效的可能。	續航力：定期回顧收購案，評估收購成效，並找出改善方向。

圖 5-1　史丹利工具以「併購沙盤」整合技術資源

這四項模式總結各事業部的研發行動，也提供高階主管一個全方位的視野來思考創新方針。IMAX 名稱取自 360 度電影劇院，希望規劃創新時能有大局觀。雖取名 IMAX，但並非規定所有規劃一定要遵循 I-M-A-X 的順序。可採取由內而外（Inside-Out），由內部育成到新產品研發；或是由外而內（Outside-In），由併購與合資轉到聯盟與外包。

IMAX 的提案區分為三層級（參見圖 5-2）。第一層級由產品研發單位自行開發（以▲表示，PD Level, Product Division），第二層級由事業群階層負責（以★表示，Group Level），第三層級由總部負責跨部門協調（以★★表示，Corporate Empowerment）。分層是為了建立由下而上的機制，讓前線單位踴躍提案，以便從中發掘曖曖內含光的構想，進而培育為明日之星，也避免遺珠之憾。

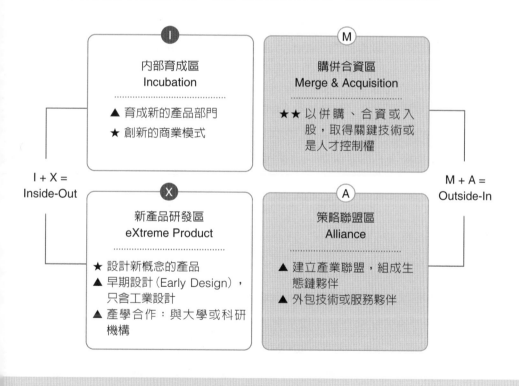

圖 5-2　IMAX 以四種創新模式整合企業資源

作法一：內部育成（Incubation）。當事業群在發掘創新契機後，可以先在內部育成新單位。以研華某年度彙整的IMAX提案為例（參見圖5-3），各事業群都提出產品與技術研發相關的內部育成。網路與通訊事業群（NCG）準備在大陸昆山與上海設立研發中心，並請總部指派高階研發主管。工業自動化事業群（IAG）擬在北京成立能源部門。嵌入式電腦系統事業群（ESG）要在台北與上海之間建立跨城市協調中心來推動客製訂單服務（DTOS, Design to Order Service）。以上三個事業群都提出要在大陸設置新部門。高階主管便可聚焦大陸市場，進行整體布署。

另外，也有事業群提出要設立新興領域的研發部門。例如，工業通訊部門（ICOM）要設立智慧型錄影專案團隊。嵌入式電腦系統事業群（ESG）提出設立雲端服務中心。服務自動化事業群（SAG）擬設立數位看板的跨部門產品技術審查。電信通訊設備部門（AMC）提出要籌組Android平台的跨部門委員會。

作法二：併購與合資（Merge & Controlling Joint Venture）。事業群可以併購通路商、供應商、競爭者，或是選擇入股或成立合資企業。例如，工業通訊部門（ICOM）提出，需要併購一家供應商以支援智慧型錄影的解決方案。工業自動化事業群（IAG）研擬，要與一家自動化公司建立合資企業，以服務亞洲或歐洲以外市場。嵌入式電腦系統事業群（ESG）計畫，要在歐洲與日本各併購一家通路商，強化解決方案。研華這年度的併購案似乎是以服務特定市場或支援領域技術為主。

作法三：聯盟與外包（Alliance and Outsourcing）。事業群可以尋求成立外部研發聯盟、技術合作或外包，也不排除跨部門合作。例如，工業自動化事業群（IAG）提出與工業通訊部門（ICOM）與服務自動化事業群（SAG）合作，研發工業規格的無線解決方案。另外，服務自動化事業群（SAG）提出與電信通訊及醫療計算平台（SAG-AMCDMS）的聯盟計畫。由此觀之，研華這年度的策略聯盟是以跨事業群的平台建置為主，目的在研發整合與資源共享。

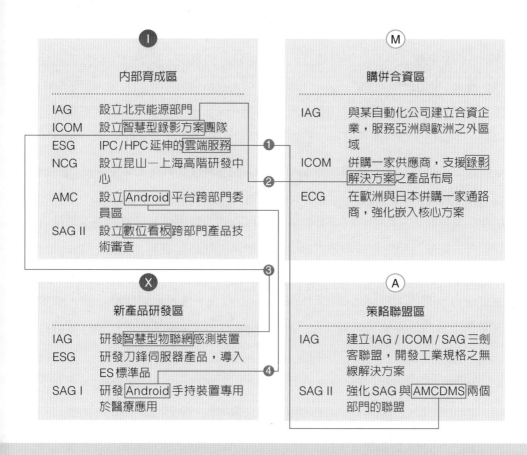

技術
複合思考

❶ 硬體的雲端背後可以有什麼新產品或新服務給醫療事業群？

❷ 為何這兩個部門沒有提出新產品，像是臉部辨識系統，或警政署調閱公共錄影機，來追查犯人的應用？

❸ 可以結合物聯網與錄影兩種智慧型技術發展IP Camera（線上錄影）技術嗎？

❹ 為何不用微軟系統？是否技術趨勢改變了？

圖5-3　以IMAX作爲技術整合的儀表板

作法四：新產品研發（X-Product）。事業群可以尋求改善既有產品，或是開發突破性新產品。例如，工業自動化事業群（IAG）要研發智慧型物聯網的感測裝置。嵌入式系統事業群（ESG）提出刀鋒伺服器研發計畫，並導入標準品。服務自動化事業群（SAG I）則希望研發Android系統的手持裝置，專用於醫療設備上。

IMAX矩陣並不只是例行彙整公事，更是策略規劃，找出技術綜效的可能性，圖5-3舉出三個範例[10]。其一，ESG部門正在研發雲端硬體設備，可是SAG II部門同時也組成聯盟要推出醫療用雲端服務（圖5-3的❶）。高階主管便可以問：「硬體雲端背後還可以創新哪些產品或服務給醫療事業群？」

其二，由IMAX可以看出兩個事業部的關聯性，ICOM工業通訊部門要研發智慧型錄影系統，同時又計畫併購一家供應商以支援產品布局。另一方面，IAG工業自動化部門卻正在研發物聯網專用的感測裝置。於是，高階主管便可以思考，如果將智慧型錄影系統結合到物聯網的網路監視器（Internet Protocol Camera），是否可能產生臉部辨識系統，用來偵測嫌疑犯或找尋失蹤人口。主管便可以問：「為何這個部門沒有提出新產品，像是臉部辨識系統，或警政署調閱公共錄影機，來追查犯人？」如此，各方技術便可以找到綜效機會（圖5-3的❷）。

其三，ICOM在發展智慧錄影方案，而IAG則是發展智慧型物聯網感測系統。這時便可以思考可否結合互聯網與錄影來發展線上錄影技術（圖5-3的❸）。

其四，AMC通訊設備部門正預備要設置Android平台的跨部門委員會，而SAG I服務自動化事業群也提出要研發Android系統的手持裝置，專用於醫療設備上。這時不只是找出兩部門的合作點，更讓高階主管警覺到，為何這兩部門都不再用微軟作業系統，是否市場上已經開始淘汰微軟的標準。此時，高階主管就可以發出警訊給各研發單位，留意技術換代的問題（圖5-3的❹）。

IMAX矩陣可以協助企業建立一套創新機制，用來思考研發資源的整合。不過，導入時企業也要注意，將不精準的內容填入IMAX反而會造成資源的錯置。真正讓IMAX能發揮功效的不是這張矩陣表，而是高階主管敏銳的眼光，由IMAX中找出源源不斷的創新靈感。

/ 技術整合的邏輯 /

成長必須借助併購，然而併購卻不可馬虎。史丹利的經驗提供「完勝」的啟發，併購要成功，企業需要的不只是砸錢買公司，更重要的是落實沙盤推演的每一項步驟。併購要產生綜效，必須避免併購常見的迷思：等到成長瓶頸時再行動、便宜就可以併購、先買再說、看財務報表的表面獲利、盡職調查太麻煩、老闆要併就全力配合、整合過程派一位主管去招安即可、併購後吸收對方資源即可、收購完就趕快準備下一個目標等。這些迷思都是造成併購失敗的前兆。

併購前，企業要學習抓住關鍵問題，並落實併購後的整合作法。在規劃階段，每年要定期檢視哪些事業部的成長需要借助併購，哪些卻不需要。定期演習可以持續鍛鍊好併購的「體力」。確認收購目標有足夠的吸引力，透過市場規模、產品技術含量、通路主導權、銷售網絡層層過濾，鍛鍊好併購的「眼力」。併購前，要檢視兩家公司的契合度，組織兩相匹配才不會造成「門不當、戶不對」，這需要培養併購者的「鑑賞力」。

在評估階段，企業要以大格局去評估財務績效，而不只是營收數據，因為短期獲利可能是長期陷阱。企業需培養出敏銳的「觀察力」。收購前，需組成專案小組親赴現場逐一確認，完成盡職調查。察覺人謀不臧，需發揮出「洞察力」。事先設立底線，可以知道自己的停購點，併購也才不會意氣用事；這需要培育出「定力」。

在整合階段，要設法讓收購公司無縫接軌。企業要派出菁英整合團隊，讓兩家公司的行政、生產、人事、文化等方面平順融合，才能維持過渡時期的「戰鬥力」，不會因為併購過程而使公司停擺。接著，找出雙方整合的綜效，以「創造力」來組合技術資源，以產生新產品、新服務或是新商業模式。最後，收購後莫忘初衷，要定期回顧當初收購的目標，根據期望績效來檢核收購案的成效，並從中找出改善的方向。

這也提醒我們，IMAX 千萬不能變成填表遊戲，只是讓各部門上繳表單，如此主管反而無法專注在創新的實踐。動員全公司提交 IMAX 會耗費大量人力，而且成效不彰。此外，主管會擔心把 IMAX 交出去，萬一與現況脫節太多，總部驗收時會被誤認為執行不力。策略上，企業應該運用 IMAX 來解決跨部門衝突，像是板端部門想做的系統，但系統部門卻不想做；或是兩個部門同時投入資源去開發類似的技術，這些都可以透過 IMAX 進行協調。

企業可以運用 IMAX 調節各部門成長速度。各事業群成長狀態不一，有些事業群成長得比較緩慢，有些則比較快。透過 IMAX 可以讓成長快速的事業群去帶動剛起步的事業群；或是協助成長趨緩的事業群找到另一個春天。彙整公司的研發活動，更可以分析是否某些事業群配置太多資源，而另一些事業群資源卻遠遠不夠。如此，高階主管便可以由資源配置中找到跨部門綜效。

技術整合就需探索哪些資源可以產生整合效果，哪些資源結合時又可能產生排斥效應而適得其反。這與食物相生相剋的道理相同。例如，紅柿含維生素A、維生素 C、胡蘿蔔素及多種礦物質；可以清熱解毒、降血壓、痔瘡止血、治便祕。可是，紅柿卻不可以與海帶共食，會導致胃腸不適；這是因為柿子中的鞣酸與海帶中的鈣離子結合時，會生成不溶性的結合物。食用柿子時也不能飲酒，會造成腸道阻塞；這是因為酒精進入胃部會刺激腸道分泌，與柿中的鞣酸結合，就形成稠黏狀物質，與纖維素絞結成凝塊。享用紅柿時更不可以吃螃蟹，會造成食物中毒；這是因為螃蟹內含有蛋白質，與紅柿中的鞣酸結合，在胃部會造成凝固，變成不易消化的團塊，出現腹痛、嘔吐或腹瀉等症狀。

史丹利與研華的技術整合讓人深受啟發。併購不是砸錢買公司，也不是勾畫雄心壯志的願景，而是需要有韻律、有紀律地慎謀能斷，不斷地沙盤推演，從而找出技術間相輔相成的盈利模式。技術單獨存在的價值有限，結合好會產生綜效，發展出新的商業模式；若結合不好，不但併購投資付諸東流，技術整合則可能造成反效果，讓組織陷入危機。技術要組合得當才能創造綜效，其中的關鍵就是理解技術與商業模式之間相輔相成，這便是技術整合的邏輯。

注釋

1. True excellence is a product of synergy.

2. Bower, J. 2001. Not all M&As are alike - and that matters. *Harvard Business Review*, March: 93-101.

3. Dyer, J. H., Kale, P., & Singh, H. 2004. When to ally and when to acquire. *Harvard Business Review*, July-August: 2-9.

4. 齊若蘭，1997，《雙贏策略：苗豐強策略聯盟的故事》，台北：天下文化。

5. Garoiner, Bryan, 2008. Four reasons Apple brought PA Semi. *Wired*.

6. 本案例感謝史丹利工具集團副總裁陳弘澤提供資料，以及研華科技董事長劉克振、執行董事何春盛的協助，以理解併購的複雜過程。全文請參見：蕭瑞麟，2018，〈併購不是砸錢買公司〉，《經理人月刊》，五月號，145-147頁。

7. 詳細全文請參見：蕭瑞麟，2018，〈併購不是砸錢買公司〉，《經理人月刊》，五月號，145-147頁。

8. IMAX案例感謝研華科技董事長劉克振大力支持完成，並感謝各部門主管協同配合受訪。詳細資料請參見：蕭瑞麟，2017，〈研華科技的創新利器：IMAX矩陣——建立研發行動的儀表板，由下而上推出好創新〉，《經理人月刊》，八月號，145-147頁。

9. 研華的組織架構會根據市場狀況不斷地調整。這六大事業群是根據2015年至2016年研究期間的整理，代表研華當時的核心技術。

10. 感謝政治大學商學院博士班張彥成同學的經驗建議，他過去是研華科技的主管，對於IMAX的應用頗有心得。

06

虛實融合：天脈聚源
融媒體跨屏互動
Fusion of Online and Offline – Cross-screen
Interactions Enabled by Transmedia

傳統電視台要轉型，就必須要理解介於電視機與手機之間的人性慾望。觀眾支持的時候想點讚、心動的時候想買、娛樂的時候想玩、遇到喜愛的明星想見、看到有用技藝想學、碰到美食就想嚐、見到帥哥美女就想聊、知道有美景就想賞；這些就是凡人的慾望。以電視機與手機雙屏去滿足這些慾望，是互動成功的基礎。

——趙蕾，天脈副總經理（節目製作專家，曾任北京電視台製片人）

由 2010 年開始，業界一致認為電視台即將瀕臨倒閉。這個媒體業普遍感染的危機，是源自互聯網，觀眾不再需要在固定時間、地點去收看節目，而可以透過手機、平板隨時隨地，根據自己碎片化的時段觀賞影片內容。網路上有上百個影音平台，數以千計的影視節目、新聞，觀眾不需要電視就可以得到所需資訊。電視台必須找到新的互動方式，否則觀眾勢必流失。但是，電視（舊媒體）要如何接上互聯網（新媒體）的世界？電視機又要如何與手機整合？逆轉關鍵就在北京「天脈」公司所發展出的互動科技。首先，我們需要先理解融媒體的觀念。

/ 融媒體是種商業模式 /

美國麻省理工學院媒體實驗室提出媒體融合的概念，認為印刷、廣播、電影、電視等傳統媒體勢必透過網路新媒體產生多樣化的融合。這將會改變傳播型態、內容呈現以及商業模式。新型態的媒介將融合科技、組織、策略、智財權、文化、制度，內容生產者與消費者之間的界線會越來越模糊。以前，唯有電視公司，如台視、中視、華視、TVBS，才能製作出大格局、高收視的節目。現在，小團隊的自媒體就可以做出千萬點閱率的美食節目，超越電視公司大預算、出外景的製作。光是拍自家小狗的萌樣，也比故宮博物院的古畫動漫點閱率更高數百倍。Netflix（網飛）這樣的影音平台可以花上億美元的預算拍電視劇，並且還連連得獎；有些電視台卻還在斤斤計較每集戲劇拍攝預算不能超過新台幣 200 萬元。各式媒體的融合正在顛覆傳統媒體的思維，而電視台卻還躲在舒適圈，不知道暴風雨已經來臨。

載具是這個暴風圈的核心。過去傳播靠的是印刷，隨後廣播與電視興起，加快傳播速度，也豐富傳達內容。互聯網於 2000 年的快速普及創造全新的傳播模式，內容生產者可以即時觸及觀眾，還可以用多種方式與觀眾互動。社群媒體隨之帶來全新體驗，由朋友聊天到成立社群，都可以在虛擬的空間進行。電腦螢幕取代了電視螢幕；接著手機螢幕又漸漸搶走了電腦螢幕。誰掌握了螢幕，就掌握了眼球；誰掌握了眼球，就能得到天下。

對於電視台來說，真正的挑戰不是預算，而是難以改變的思維。對網路原生的媒體公司來說，尼爾森收視率已經成為過氣的指標。在網路世界，點擊率決定多少人觀看，停留時間決定內容是否吸引人。電視已經習慣黃金時期的商業模式，播節目、進廣告，大把營收就入袋。電視台很少想到如何運用網路去改變與觀眾的互動，因為這兩種系統並不相連。因此，觀眾多數是看完電視，再去網路搜尋所需要的資訊，或是看完劇有購買衝動時，拿出手機搜尋產品，但往往找不到。

這是因為電視節目中規定不能置入廣告，所以觀眾必須靠著敏銳的偵查能力，才能找到女主角身上那套衣服在哪家電商可以買到。這些互動，對愛奇藝、優酷、Netflix 等影音平台公司都不是問題，因為網路世界中本來就具有這些功能。然而，對電視台來說，這是一道跨不過去的鴻溝。天脈聚源公司也就在此因緣下產生，橋接電視台走入網路的世界。

/ 天脈，促成電視轉型 /

原本公司叫「天脈」（大意可能是以互聯網銜接天下之人脈），可是經營團隊擔心「天」太大，收不回來，所以加了「聚源」，希望天下之人脈能轉化成營收。公司英文名稱叫做 TVM，前面兩字自然是「電視」，而後面這個 M 字卻有三層意義，剛好代表這家公司三個發展階段。天脈聚源的服務模式就是「TV+Everything」，意思就是以電視機去結合任何互聯網可能的服務（以下簡稱天脈）[1]。

第一時期是「TV+Mining」，以探勘資料為核心能力。天脈原本是以影視入口網站起家，想成為電視界的谷歌或百度。天脈在電視行業的經營基礎，讓它可以整合各家的電視版權，建立入口網站的商業模式。例如，一位記者想報導過去十年的金融詐騙事件，便可以用天脈的資料庫搜尋，剪輯影片不用擔心侵權。電視台只需付一筆約人民幣 40 萬元的會員費[2]。這會依據各地區狀況收費，都會地區收費比較昂貴，偏遠地區收費比較便宜。這些影音資料庫對記者是一大助力，記者可以很快編輯專題，製成新聞「懶人包」（類似Newsy的模

式）。普遍運用之後，只要天脈的系統一斷線，電視台記者就會很緊張，因為會馬上「斷糧」，交不出新聞稿。這個商業模式還可延伸到輿情監控，為天脈帶來穩定的收入。

第二時期是「TV+Melody」，天脈與電視台有了穩固關係後，開始提供互動科技服務。這是將電視機結合手機，產生多樣互動方式，目標是讓節目變成美好韻律。由於電視台推出各式各樣的節目，不但競爭激烈，也面臨收視率下降的困境。天脈的任務是幫電視台導流，其中內含三種技術（參見圖6-1）。

第一是捆綁微信社交軟體的技術，如此天脈一開始就有龐大的用戶基礎。在節目開播前，用戶手機會收到通知，告知節目中會透過微信的「搖一搖」功能送「紅包」，吸引用戶前往觀賞。第二是聲波同步技術，觀賞節目時（用戶必須先放大電視機的音量），用戶搖動手機時就會將節目聲波上傳雲端比對，讓手機找到與節目同步的時段。第三是跨屏聯動技術，用戶一邊看電視節目時（稱為A屏），手機就會同步直播另一節目，來報導你看的這個電視節目（稱為B屏）。A屏為主線時（節目播出時），B屏就扮演副線（適時提供解說，例如用戶可以上傳意見）。反之，A屏變成副線時（進廣告時間），B屏就成為主線（發紅包、抽獎、直播場外節目）。

第三時期是「TV+Money」，天脈協助電視台激活用戶，轉化成效。以往看完節目用戶就散去，難以轉化商業價值。現在，天脈透過互聯網，導引用戶延續觀看節目，以增加收視率。其中一項作法就是幫廣告商送「紅包」，可以強化停留時間，最後可以結合電子商務，導購相關商品。「送紅包」這樣的服務，並沒有一般想像中容易。天脈所設計的「紅包」服務大體上可分為搖紅包、簽到紅包、關係紅包、購物紅包、優惠紅包等五項。「搖紅包」行業術語也叫做「尿點刷屏」，意思是到了廣告時間，觀眾必須起身去廁所時（也就是尿點），要設法讓他們與電視互動。此時，觀眾會收到「搖紅包」的通知。這時觀眾可以搖動手機，以網路連線參與電視互動來接收紅包。

若是觀眾到電視簽到，也就是觀看該頻道的節目，就可拿到「簽到紅包」，並可累計紅包點數，例如每天一元的簽到紅包。「關係紅包」則是「朋

電視機（A屏）
將節目聲波上傳雲端比
對，找到同步時段

用戶轉觀眾、觀眾變粉絲
以網路連線參與電視互動，
接收紅包

手機：微信社交軟體（B屏）
搖電視：手機會收到通知，告知
節目中會發送「紅包」

天脈電視互動平台

| 電視互動 | 電子商務 | 社交活動 |
| 用戶沉澱 | 直播回看 | …… |

| 騰訊雲 | 中國電信公司 |

| 天脈雲 |

天脈演播室
直播場外節目

圖 6-1　雙屏聯動的架構

（資料來源：天脈聚源）

友圈」的紅包活動。觀眾可在手機「朋友圈」發出紅包，他們的朋友因此知道
某節目有紅包活動；還可由紅包連結，投入搶紅包活動。「購物紅包」是購物
折扣優惠。最後是由廠商提供的「優惠紅包」，並且可以團體分紅。例如，用
戶參與京東商城抽獎活動，抽中價值 6,000 元的優惠紅包。他們可用「團體分
紅」作法，讓抽中紅包的人能分享給「上下線」的朋友，也藉此產生更多社交
活動。

　　TV+的核心客群是年齡約 30 至 45 歲間；用戶的特徵是生活追求小確幸、
精打細算、喜歡優惠。這些用戶大致位於大陸二、三線城市，喜歡購買乾果
類食品（瓜子、花生）、家用類（如鍋碗、垃圾袋、拖把等）、平價服飾。這

群人的購買力由2016年的「雙11」即可一見端倪，他們透過天脈手機App的購物金額大約是100多萬元人民幣。2017年，購物金額更達到1,000萬元人民幣。這些「送紅包」活動吸引天脈用戶前來淘金，同時也讓他們由手機來到電視機前，觀賞特定的節目。

用戶在天脈手機App累計「紅包」後，除了消費，也可以玩「天脈手遊」。目的是創造虛擬「社交活動」，讓天脈成為用戶生活的一部分。天脈有幾款核心遊戲產品，其他與外部夥伴合作。例如，《大富翁》遊戲讓用戶可以在虛擬地圖上買地蓋樓，參與「命運」與「機會」的抽獎，可能抽到虛擬金條、金幣等。天脈用戶可以組成「戰隊」，以團體力量投資房屋、買砲彈等，進行攻城略地的團隊競技。

另一款是《淘金開發區》遊戲，是以「比特幣」型態讓用戶在遊戲裡採礦，並且在「黃金時段」進行交易。合作夥伴的遊戲又稱為「第三方聯運」，具有季節性。例如，2018年初推出「夾娃娃機」，用戶可用自己贏來的「金幣」玩。除頂尖好手可以一次夾中外，多數用戶需要經歷15至30次，才能夾到娃娃。天脈已有200個實體夾娃娃機，未來還會推出虛擬夾娃娃機活動。此外，「真心話大冒險」遊戲是透過直播時間，讓用戶一起玩遊戲，可以抽中「鑽石」等寶物，連結《淘金開發區》遊戲。

搖紅包、購物、遊戲，成為天脈活絡用戶的方法。執行總裁尹遜鈺幽默地解釋，過去經營網路商機的邏輯是「攔路搶劫」，將流量導入自己網站；但天脈的作法則是「挖坑」式體驗，讓用戶願意自己跳進來使用，並覺得愉悅。透過這三階段的演進，天脈變成傳媒界突起的異軍。天脈是互聯網公司，是電視媒體，是互動科技公司，是電子商務公司，更像是廣告公司。天脈其實是一家跨界創新的組織，透過整合科技與傳媒，橋接觀眾的情緒，發揮電視前所未有的影響力。要理解天脈的服務模式，可以從他們串聯電視機與手機的作法一探究竟[3]。

/ 融媒體的服務模式 /

天脈的核心技術是電視螢幕與手機螢幕的雲端串聯，藉此發展出各種跨屏整合方式。以下解釋四種基本模式，其中的互動手法可交互應用。

模式一：導流到導購

這種導流模式是將廣告商資源變成發紅包活動，吸引用戶成為觀眾。隨後，再引導觀眾至電子商務，變成消費者。例如，電視台推出一檔偶像劇時，先透過獎勵活動吸引用戶準時在電視前觀賞。廣告時，觀眾可以透過手機互動，像是 100 秒搶紅包；或是參與問答，像是猜下一集男女主角會不會分手。觀賞過程中，手機中有另一個節目（由天脈演播室製作，也就是場外直播節目）及互動介面，可點評男女主角穿的服裝。觀眾喜歡的話，就可以透過手機購買。

這種 TV+ 改變傳統靜態的廣告方式，透過送紅包與觀眾互動。例如，Jeep 推出新車自由光，便透過 35 場 NBA 比賽設計互動遊戲，讓用戶搖手機後答題，可贏取紅包與汽車使用權一年。又如，樂視 919 樂迷電商節活動則是以「中秋紅包雨」互動，24 小時不間斷投放 4 天，在 68 個電視頻道，獲得總曝光 1,500 萬次，平均瀏覽時長高達 3.3 分鐘，營銷點擊 187 萬次。

這種作法也可以應用到公益活動。例如，天脈幫廣西電視台「美麗天下購」節目搭建電商平台，讓觀眾看電視時，可以透過手機「搖一搖」幫助偏遠山區銷售產品。這項活動促成人民幣 5 萬元的銷量，當地農夫馬上實拿 3 萬 8,000 多元。這對農夫是一筆大收入，而且能有尊嚴地獲得。隨後，廣西電視台的節目跟《第一書記》扶貧節目合作銷售偏遠地區的產品。廣西電視台成為供應平台，並把這種商業模式轉移至其他電視台，每一期都能幫助一個鄉鎮。

這種電視劇類的節目還可以配合明星互動，大致可分為三種方式：明星駕到（All-star Propaganda）、明星周邊（Loyal Fans）、今日之星（Lucy Star）。「明星駕到」透過明星錄製宣傳片，提醒觀眾在電視劇播放期間參與

① 明星導引

　大家好！我是×××，收看××節目，萬種好禮
　等著你！跟我一起拿起手機搖起來吧！

② 互動角標提醒

　根據節目時長設置次數，100 秒 / 次。

③ 壓屏條顯示

　×××帶你一起搖起來，打開微信，發現，搖一搖，電視！對著她的聲音和她一起搖
　起來，驚喜等著你。

圖 6-2　明星駕到——宣傳片提醒觀眾參與「搖一搖」活動

(資料來源：天脈聚源)

「搖一搖」活動，分為三步驟（參見圖 6-2）。第一，明星導引：電視上由明星宣傳好禮等著觀眾來拿，呼喚觀眾拿起手機。第二，互動角標提醒：這會根據節目的長度設置不同的播出頻率，大約每次 100 秒。第三，壓屏條顯示：於電視螢幕底部會出現壓屏條，鼓勵觀眾打開微信對著電視並跟隨明星的解說一起搖手機獲得驚喜。觀眾的手機螢幕會被引導到「互動社區」頁面，經過等待頁面（播出廣告）後會出現互動結果，知道自己是否得獎。

「明星周邊」鼓勵觀眾參與「搖一搖」，並進入金幣商場，購買喜歡的周邊商品，同樣分為三個步驟（參見圖 6-3）。第一，明星導引：電視上由明星宣傳在某個戲劇中的同款商品，鼓勵觀眾若要獲得獎品就即刻搖手機。第二，互動角標提醒：根據節目的長度設置不同播出頻率，大約每次 100 秒。第三，壓屏條顯示：於電視螢幕底部會出現壓屏條，鼓勵觀眾打開微信搖手機來參與送禮活動。這是引流，要將觀眾引導去看這部戲劇。觀眾螢幕會出現「金幣入口」頁面，然後進入「兌獎商城」頁面，看得到有哪些獎品。

「今日之星」活動提供幸運星獎品給觀眾，觀眾將獲得電視上屏的獎勵，也就是觀眾頭像會出現在電視，分為兩個步驟（參見圖 6-4）。第一，互動角

互動　　　　　　互動　　　　　　互動
社區頁　　　　　等待頁　　　　　結果頁

標提醒：根據節目的長度設置不同的播出頻率，大約每次100秒，每5至8分鐘播出一次。第二，壓屏條顯示：於電視螢幕底部會出現壓屏條，鼓勵觀眾搖手機，於劇集放送期間可以購買商場禮物，觀眾的頭像也會隨之出現在電視螢幕上。接著，觀眾螢幕會出現「金幣入口」頁面，再進入「兌獎入口」頁面，點入可看到「今日之星」獎品頁面。

如此，天脈便可以由網路分析觀眾收視率、互動項目與時間，提供給電視台，這樣的計算方式比起過去的尼爾森收視率統計方式更為精確。天脈也得以精準地分析是哪種觀眾、在什麼時間、什麼狀況下收看電視廣告。這些資訊對廣告主更具說服力，未來也可以更精準地規劃廣告投放，提供一種新型的跨屏服務。電視台也不用擔心因置入廣告而被廣電局處分。

模式二：互動增流量

由電視觀看球賽時，觀眾可以用手機猜誰會贏球，並獲得虛擬金幣，去天脈商城購物，這是折扣優惠的概念。觀看選秀節目時，像是中國《夢之聲》，觀眾可以透過手機支持所喜愛的選手，而電視屏幕會出現照片牆，能看到自己頭像出現電視上。春晚節目電視播出時，可以加入場外觀眾的手機直播。

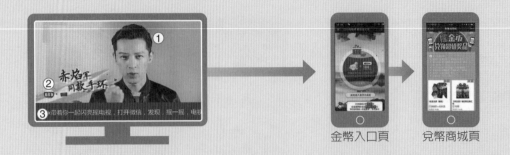

① 明星導引

大家好，我是×××，看××節目，就送我在《××劇》中的同款套裝哦，想要立即獲得嗎？一起搖起來吧！

② 互動角標提醒

根據節目時長設置次數，100秒／次。

③ 壓屏條顯示

×××帶著你一起搖電視，打開微信，發現，搖一搖，電視，對著他的聲音和他一起搖起來，明星周邊好禮送不停！

圖 6-3　明星周邊——觀眾參與「搖一搖」並進入金幣商場購物

（資料來源：天脈聚源）

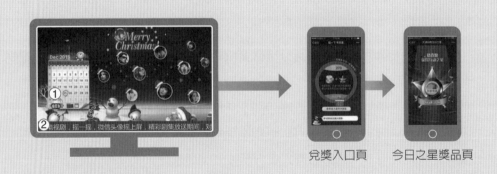

① 互動角標提醒

根據節目時長設置次數，100秒／次，1次／5～8分。

② 壓屏條顯示

看電視劇，搖一搖，微信大頭貼搖上屏，精彩劇集放送期間，對著電視搖一搖，購買商城好禮，你的大頭貼就會和××一起出現！

圖6-4　今日之星——提供幸運星獎品，並讓觀眾頭像上屏

（資料來源：天脈聚源）

又例如，《詩詞大會》節目是知識競技類，選手比賽時電視現場還有百人團答題。觀眾可以透過手機同時作答，場外數萬人也可以參與比賽，由手機看到更詳盡的解答。河南都市頻道《名嘴約FAN》節目則讓觀眾透過手機來決定：誰來做菜、做什麼菜、送給誰、讓誰送、用什麼工具送。互動時電視螢幕上會出現用戶的照片，像噴泉一般地由電視螢幕上跑出來，並且透過跨屏聯動贈送「滴滴打車」（大陸計程車公司）的優惠券。

浙江衛視新聞中心《中國新歌聲年度總決賽倒計時》則是運用天脈的搖手機互動，並安排賽前探營，配合記者直播，在16:00-18:30為期2.5小時的倒數期間，觀眾可以透過天脈系統留言、投票，達成600萬次的互動總量。這種跨屏聯動漸漸成為各家電視台提升收視率的方式。根據官方資料，湖南經視讓觀眾參與評論，透過「搖電視」互動，用戶突破443萬，平均每天參與「搖一搖」互動人數達3萬，「今視佳品」粉絲從4.5萬增長到14.3萬。河南都市頻道用戶突破1,027萬，平均每日12萬互動人次，粉絲從200人增為24萬。重慶新聞頻道則累計200萬人用戶數，粉絲增至75萬人。安徽衛視以搖電視配合《大貓兒追愛記》宣傳，粉絲增長達到251萬，約30倍成長。中央電視台以「搖一搖」突破1,100萬次收視，平均每日達25萬人；音樂頻道粉絲從19萬增為150萬。

模式三：如臨現場的體驗

搖電視也可以透過「眾籌」（萬人齊求雨）的觀念設計。這是以電視讓手機動起來，再將手機結果傳回電視。譬如，一項中秋節特別節目讓用戶透過搖手機玩「萬人登月」，參與觀眾在電視上會變成人像照片，坐著氣球奔向月亮（動畫效果）。當人數到達一定數目時，電視上的月亮就會發亮，同時也會出現冠名企業——「藍月亮」洗潔劑公司。過程中，觀眾可以留言，經挑選後即時在電視播出。休息時間，掃到電視條碼就會拿到「月餅」（各家廣告商提供的優惠）。於45秒的廣告中，速度快的觀眾可掃到四項獎品。參與這類遊戲，觀眾就減低換台意願，這項央視節目最後徵集到75萬人登月。

爲彌補觀眾無法參與的遺憾，天脈設計「虛擬觀眾席」讓用戶有親臨現場的感覺。例如，2016年里約奧運期間，天脈與央視合作，透過手機發送虛擬貴賓票給觀眾。得到門票的觀眾可以看到自己的頭像坐在電視螢幕內的虛擬觀眾席上。透過手機螢幕，可觀看另一個評論節目，由教練透過多觸控螢幕進行沙盤推演，以擴增實境觀看羽毛球賽交戰對策。觀眾還可參與「人浪」慶祝（以動畫模擬實體的人浪），或送出加油訊息。

　　天脈還推出奧運同款遊戲「全景奪金」。該遊戲以全景模式與觀眾互動，除了在16天內同步奧運實況，更會根據不同賽事切換場景，讓觀眾體驗20多種奧運同款遊戲。貴賓可以看到運動場全景，還可以透過電視一邊看射擊比賽，一邊以手機與網友比賽射擊（手遊），並且列出排名，獲得金牌。

　　另一種是評論節目，像是《是真的嗎？》讓觀眾參與投票，分析社會上的迷思。討論的科普議題囊括：貓頭鷹的腿是否占身體二分之一、看綠色是否能緩解眼部疲勞、磁浮軌道是否能讓懸空小車不掉落等。這是由真相影片調查、現場真假實驗、嘉賓猜真假遊戲等環節所構成，結合新聞調查、綜藝娛樂、脫口秀等元素，以幽默的語言討論嚴肅的事件。觀眾取得虛擬門票後，可以於電視螢幕上入席，參於即時投票與發言，體驗臨場感受（參見圖6-5）。

　　此外，《體壇風雲人物》節目是天脈與央視合作，設計虛擬演播場景，結合大數據分析，提供觀眾投票、訊息回屏、照片牆露出等互動服務。透過票選，觀眾可以爲所支持的運動員「精神打賞」；透過手機蒐集資料後，在電視上以粉絲人像組合成運動員名字，合成照片會透過微信送給粉絲。透過手機承諾會去運動的觀眾，可得到獎章與獎品。另一種類似的應用是歌手選秀節目，像是《夢之聲》。天脈會配合建置絢麗的舞台效果，通過比賽實時投票、虛擬觀眾席互動等方式，讓觀眾彷彿在現場投票，爲支持的選手加油打氣。

　　另一種是讓觀眾更深度參與。例如，《極客出發》是央視於2016年播出的真人秀節目，內容是在戶外以科技對決。天脈配合推出「全景酷搖」，改變傳統互動模式；觀眾搖動手機可親身體驗360度全景節目場景，像是電玩一般和明星一起體驗過關。十期節目、十個景點，每次互動都帶給觀眾視覺上衝

虛擬觀眾席，全景體驗

50人視訊連線實時互動

參與電視投票，粉絲倍增

圖 6-5　如臨現場的互動：虛擬觀眾席、連線互動、電視投票

（資料來源：天脈聚源）

擊。未來，天脈還計畫應用虛擬實境技術（virtual reality）。例如，《爸爸去哪兒》真人秀節目可讓觀眾用手機搖進去，看到這家酒店的大門、餐廳、房間的每個角度，跟明星一起到風景區，給觀眾身臨其境的體驗。

模式四：線上線下整合

天脈也將實體活動帶入節目，以「搖電視」串聯電視、線上、線下三方面的活動。說明這種虛實融合活動前，需要先介紹天脈研發的「時間幣」（或稱為「天脈幣」）的機制。這是一種時間貨幣的概念。時間幣可以增值，特定節目或電視主播的「時間」會根據行情變動。時間幣也可以交易，用戶透過市場交易可取得所需要的幣值。透過此機制，天脈可以協助電視台創造新節目，並由此激勵收視率。

觀眾可以用時間幣去購買特定節目或主播的時間。例如，電視台要為兒童策劃一個北京故宮導覽活動，節目中有專業導遊解說、文物介紹、國學朗誦、

國際攝影等課程。這個活動是來自於北京故宮博物院，希望針對中小學生推廣文物教育。天脈邀請中國兒童少年基金會（公益捐款發起者）、北京青年頻道（播出電視頻道）、北京故宮的導覽組（主辦方）等合作夥伴，共同籌劃此活動。天脈讓觀眾用「時間幣」購買 1,800 秒（30 分鐘）頻道時間，遴選後成爲此次直播活動的會員。最後，募集款項捐贈給中國兒童少年基金會。

這樣的多方合作不僅爲中國兒童少年基金會募得捐款，幫北京故宮完成文化教育使命，還幫北京青年頻道創新節目製作方法以及獲得高收視率。用戶得以贊助公益，並且讓自己小孩參與珍貴的課程（還有上電視台的機會），並獲得故宮的小禮品。最終，導流用戶至天脈平台，形成流量與影響力。後續，這節目衍生爲「華夏自信之旅」」系列活動，讓節目內容更爲豐富。例如，安排到少林寺學武的旅程；與張家口的滑雪場合作，讓觀眾與世界冠軍一同學習滑雪；邀請觀眾參加西班牙甲級足球聯賽，帶著孩子尋找梅西；和遼寧衛視合作，到南沙軍事重鎮三沙市，展開疆土文化之旅。

這些都是天脈虛實融合的策略。天脈不只增加節目的市場價值，讓電視台創作特色節目，讓更多跨領域合作對象參與，用戶更加活絡。這也拓展的手機「搖一搖」的服務範疇。

/ 跨屏聯動三步驟 /

以上這些互動方式的背後，包含著跨屏聯動的三項核心步驟：召喚觀眾、情緒回屏與觀眾體驗（參見圖 6-6）。天脈的互動事業部總經理呼倫夫解釋，透過天脈的系統，電視主持人可以口播召喚觀眾，也可以透過電視螢幕的角標與壓屏條提醒觀眾參與活動。透過手機回應電視節目時，電視上的即時訊息可以讓觀眾情緒高漲，使看電視不再無聊，這是情緒回屏。觀眾邊看邊聊，對著電視搖手機就變成一種新的收視習慣。搶紅包、等開獎、參投票、速購物等體驗，使看電視充滿驚喜。呼倫夫解釋，這是讓電視負責「整景」，而手機負責「應景」，兩者相輔相成[4]。

2. 情緒回屏，互動視覺化

互動開始　互動驚喜　邊看邊聊　等待開獎　獎品分享

❶ 互動角標提醒

10～12次，100秒／次，1次／5～8分。

❷ 主持人口播

歡迎電視機前的觀眾密切關注電視左下角出現的互動角標，萬眾一起來挑戰，驚喜大獎贏不停。

❸ 壓屏條顯示

歡迎電視機前的你一起參與互動，打開微信，發現，點擊搖一搖，選擇電視按鈕，迅速搖起來，萬眾挑戰，完成心願！

3. 觀眾體驗，手機連結場景

圖 6-6　跨屏聯動三步驟：電視召喚、情緒回屏、觀眾體驗

（資料來源：天脈聚源）

步驟一：召喚觀眾——發送動員訊息

　　動員觀眾回到電視螢幕前，是天脈讓電視台動起來的首要之務。召喚的方式就是以各種議題，吸引觀眾打開電視螢幕，有兩種作法。第一種是季節性節目，例如，春晚、體壇盛事、頒獎典禮，這類節目最能夠吸引觀眾打開電視，也是創造互動的最佳時機。首先，節目主持人會以口播的方式，提醒觀眾關注

電視左下角出現的互動角標，邀請觀眾一起玩遊戲。接著，在將要開始之前會出現「互動角標」提醒，一個節目約會出現 10 次，每次約 100 秒。電視螢幕下方會顯示「壓屏條」，提醒觀眾加入搖電視活動，像是：「歡迎電視機前的你一起參與互動，打開微信，發現，點擊搖一搖，選擇電視按鈕，迅速搖起來，萬眾挑戰，完成心願！」

第二類是特色節目，像是益智類節目，例如，之前談到的《是真的嗎？》求證節目，就是網台聯動，由電視觀眾（網友）共同互動。透過選拔，天脈邀請 50 位觀眾在視訊上連線，每位觀眾的臉孔會以視訊框方式出現在電視牆上，創造「虛擬投票部隊」的體驗。又如，2014 年中央電視台結合巴西世界盃，推出《5 要贏》節目，採用體育益智娛樂的互動，讓觀眾由投票與答題過程中，守在電視機前。

步驟二：情緒回屏 —— 互動視覺化

召喚觀眾到電視螢幕後，接著就是設法「引爆」觀眾情緒，讓節目進入高潮，創造收視率。天脈讓觀眾的互動視覺化，電視屏幕上不但看得到觀眾的行為，能反映他們的想法，甚至激發集體情緒，大致有四種作法。

作法一，數字變化：例如，《是真的嗎？》節目，天脈安排讓觀眾根據益智議題投票，將投票數據視覺化，可以將正反方分別以藍色和紅色標示，佐以投票累積數字，也藉此讓投票結果遊戲化。同時，也可以用比例圖分析投票觀眾的背景資料。

作法二，表情變化：例如，2015 年春晚《喜到福到好運到》節目，就在八個小時的直播中（中午十二點到晚上八點），讓觀眾玩「秒搶金蛋搶祝福」的遊戲，更徵集「天南地北拜大年」的影片，讓全國各地的拜年活動同步呈現在電視上。各地觀眾的過年方式、表情氛圍、祝福話語，透過電視傳播，成為節目的特色。

作法三，情緒變化：這是天脈啓動觀眾情緒的關鍵點，也是創造節目高潮的亮點。例如，中央電視台的中秋晚會特別節目《百萬人虛擬登月眾籌祝

福》，就邀請觀眾以天燈登月的模式，將自己未來一年的心願祝福，送到月亮上。節目開闢一個虛擬視窗，不斷顯示目前的登月人數，只要累計到 100 萬人，月亮就會逐漸由「下弦月」變成「滿月」，引發觀眾的「手機登月」熱潮。節目會精選觀眾留言，以字幕框打在電視螢幕上，引爆觀眾的感性情緒。各種留言會於電視螢幕上呈現，像是：「祝爸爸身體健康！祝全家人幸福快樂」、「祝老婆快樂，寶寶順利降生！」、「歡樂笑語不休，別無求！」等。

作法四，輿論變化：《中國輿論場》就以「虛擬觀眾席」的方式，讓觀眾虛擬出席節目。觀眾可以虛擬「發言」，透過語音、視訊在節目上表達意見；有「頭像拼字」以支持特定嘉賓觀點，螢幕上會出現「支持」兩個字的頭像拼字[5]。其他的互動方式還有「人浪特效」、「輿論小 Q 導讀」，讓觀眾的反饋有多樣的呈現方式。2014 年的《體壇人物年度頒獎》盛典上，在體壇人物上台領獎時，電視會將支持者的人像打在螢幕上，並將觀眾名字打在「星光大道」上，護送自己支持的體壇人物上台領獎。

這些「情緒回屏」的目標是創造收視率。例如，《我和我的祖國》節目，直播長達 8 小時，「央視文藝」的官方微信粉絲由 8 萬多增加到 17 萬多，互動高峰用戶達 2.3 萬人，投票超過 60 萬次。之後，春晚《喜到福到好運到》節目更讓「央視文藝」粉絲由 52 萬增加到 172 萬，「砸金蛋」活動參與人數達 2,300 萬人次。

步驟三：觀眾體驗——手機連結場景

讓觀眾回到電視機「前面」，走進電視機「裡面」，是天脈啓動 TV＋的第一步。天脈更以活動讓無法看電視的觀眾，能透過手機參與，持續增加手機平台會員。天脈以手機動員粉絲有五種方法：互動開始、互動驚喜、邊看邊聊、等待開獎、獎品分享。

以 2010 年廣州亞運會為例，大陸田徑選手劉翔在亞運會現場比賽時（晚上七點），觀眾就可以同步收看電視轉播，或以手機觀看現場直播。接著，1 分鐘後，電視台就會拍攝劉翔奪冠照片，並傳回導播室，同步發布在 iPad 上

（晚上七點零二分）。晚上八點，劉翔在 iPad 上簽名；八點零一分，簽名照片放上大螢幕；八點零五分，劉翔透過節目播出時，將簽名照片發布在微信上；參與的觀眾在手機端立即獲得劉翔的簽名照。

這樣的互動設計讓手機更具有生活、商場、體驗等「場景」功能。例如，虛擬出席電視節目，手機成為觀眾的「情緒場」。參與抽金幣（刷電視螢幕上 QR Code）活動，手機成為觀眾的「娛樂場」。拿到「金幣」後，連結到商場，手機成為觀眾的「賣場」。觀眾透過手機參與節目投票或表達意見，就成為「輿論場」。觀眾還可以透過手機學習炒菜、打球等，成為「教練場」。這便是跨屏互動中，以電視「整景」，用手機「應景」。電視啟動觀眾各種慾望的演繹場景，像是觀眾想按讚（表達支持）、想買商品、想玩遊戲、想見明星、想學技藝、想嚐美食、想聊人物、想賞美景等。手機就會轉化為觀眾的情緒場、商場、娛樂場、社交場、教練場、生活體驗場、全景競技場等。

當觀眾體驗從好奇投入（involvement）、取得回報（reward）、達成任務（achievement）到情緒滿足（emotion）的旅程，這些觀眾就會漸漸轉換為天脈的會員。例如，天脈與某地方電視台合作，製作「年菜」應景節目，企劃一個年菜選拔大賽，鼓勵全國各地的媽媽端出地方年菜；然後由網路票選，再以「一鄉一菜」的概念，選拔出各地的「年菜媽媽」，邀請她們上電視介紹年菜特色。在這個過程中，「觀眾」為了投票衝高該地區年菜支持度，會邀請更多新用戶加入。有些用戶為爭取上電視的機會，會投資該節目的時間幣，成為節目的「會員」。

/ 虛實融合的邏輯 /

天脈外部顧問冷淞[6]指出，跨屏聯動模式是傳統電視成敗的轉捩點。在傳統媒體中，「觀眾有剛性但沒黏性」，電視台若是不以創意去運用新媒體，不斷構思出更有趣的互動方式，觀眾自然會轉向影音平台或其他載體。到那時，電視台想變也來不及了。跨屏聯動模式的出現，是給電視台的警示，也是給電視台的啟示。

跨屏聯動模式背後是虛實融合的邏輯思維。TVM 的下一步（由 Mining、Melody、Money）是 TV+Merge，也就是透過互動科技將電視連接到各種跨領域的商機。線上與線下融合、實體與虛擬融合、電視機與手機融合，最後變成電視機與所有的東西融合。未來，若是天脈能融合目前合作的 100 多台大陸電視頻道，變成機上盒（OTT, Over The Top）擴散到各地華人社區，這種互動的威力將難以想像。跨屏聯動的模式中，可以看到四種獲利的融合（參見圖 6-7）。

獲利之一是廣告收入。廣告主除針對電視節目精準投放廣告外，也可與天脈合作企劃，將部分廣告預算轉換成送紅包活動。天脈的廣告模式會更加靈活，而且也可以藉此機會整合各家電視台的廣告資源。2018 年，天脈透過深圳文化產權交易所，建立媒體資產託管中心，便是要整合分散的廣告資源，創造出新價值。

獲利之二是顧問收入。對大型客戶，天脈會在一開始就參與節目企劃，提供顧問服務，像是互動設計與技術外包。例如，《2015 體壇風雲人物》節目就邀請天脈設計虛擬實境攝影棚，讓觀眾體驗全新視覺感。運動賽事中，天脈會設計虛擬沙盤推演、虛擬出席、線上投票、集氣等多元互動方式，讓節目更具新鮮感。

獲利之三是電商平台。天脈所設計的各種紅包活動，包括簽到紅包、購物紅包、團體紅包等，可提高用戶參與度。由此，用戶也能連結到各購物平台，促進買氣。未來，天脈自己的商城匯集人氣後，將成為不可小覷的電子商務平台。

獲利之四是收視服務。天脈開發的「時間幣」讓用戶可以累積與交易，購買特定節目或主播的時間。這不但讓用戶獲得投資時間幣的樂趣，更讓電視台掌握節目在用戶心中的行情。未來，天脈正逐步建立全新的電視收視率標準，而尼爾森收視指標在網路的世界，也許即將被淘汰。天脈不僅改變電視節目的製作方式，也改變「全家看電視」的觀賞模式。過去，全家人坐在電視機前安靜地看電視；現在，爺爺、奶奶與孫子，搶著到電視機前掃金幣。以前，情侶窩在電視機前看電視；現在，男生看電視劇，女生搖手機拿紅包、買東西。

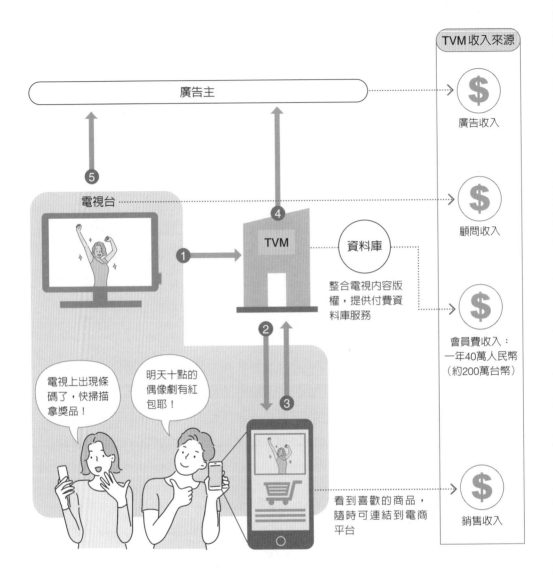

1. 電視台收視率下降，請 TVM 幫助找來觀眾（用戶）

2. 依照電視台的節目（連續劇），設計對應的手機互動節目（主角穿搭介紹、劇情確認、發紅包），用 WeChat 發送通知，吸引新用戶開電視參與

3. 從手機獲得觀眾的消費、喜好資料

4. 提供用戶資料，讓廣告主可以精準行銷

5. 收視率增加，得到更多廣告，收入增加

圖 6-7　虛實融合需思考科技結合商業模式

（資料來源：天脈聚源）

跨屏聯動強化顧客體驗的關鍵就在透悉人性的慾望。天脈副總經理（節目製作專家，曾任北京電視台製片人）趙蕾解釋：「傳統電視台要轉型，就必須要理解介於電視機與手機之間的人性慾望。觀眾支持的時候想點讚、心動的時候想買、娛樂的時候想玩、遇到喜愛的明星想見、看到有用技藝想學、碰到美食就想嚐、見到帥哥美女就想聊、知道有美景就想賞；這些就是凡人的慾望。以電視機與手機雙屏去滿足這些慾望，是互動成功的基礎。」

　　天脈的互動科技為影視產業帶來生機。這些互聯網、大數據、搖動手機、社群媒體、節目直播、擴增實境、電子商務等技術本來都有。然而，為何這些技術存在多年以來，卻未能振興影視產業呢？擁有很多科技，並不見得會帶來有用的創新。天脈的努力軌跡讓我們看到，成功一半來自科技，另一半來自開放的心胸，跨出自我設限，勇於迎向一個新的願景，其中隱含的便是虛實融合的邏輯。

注釋

1. 2018 年 1 月 22-26 日，政治大學團隊赴北京天脈探訪，感謝執行總裁尹遜鈺以及呼倫夫、趙蕾、吳鵬、詹麗等各部門主管的協助，與冷淞、趙樹清顧問的指導，讓我們能漸漸理解複雜的跨屏互動設計。連冰玉的細緻安排特別讓本次研究格外順利。本次研究團隊主要成員有：歐素華（東吳大學企管系副教授）、徐嘉黛、吳彥寬、關欣以及莊惠琳。

2. 本案例除非特別說明，否則都是以人民幣計算。

3. 天脈公司發展出 TV+互動、TV+場景、TV+數據、TV+廣告、TV+紅包等五項服務，詳細資料請參考：http://www.tvmining.com/index.html。

4. 趙樹清、尹遜鈺、曾昕旻，2017，〈電視跨屏互動場景化營銷研究〉，《現代傳播》，第 5 期，119-123 頁。

5. 頭像拼字：觀眾在手機的個人圖像會傳送到電視螢幕，系統會用這些圖像自動組成「支持」兩個字，在電視上播出。

6. 冷淞為中國社科院新聞所世界媒體研究中心祕書長與副研究員。

07

調適複合：愛奇藝
後發制人的策略回應

Adaptive Hybridization – Second-mover's
Strategic Response

成功的機會往往不是自己創造的，而是由對手創造的。

—— 龔宇，愛奇藝執行長

/ 商業模式的與時俱進 /

商業模式創新成為企業經理人追捧的又一管理時髦。《獲利世代》一書指出，用一張九宮格表（business model canvas），將價值主張、顧客區隔、顧客關係、關鍵資源、關鍵活動、關鍵夥伴關係、通路、成本結構、營收獲利等九面向填滿，商業模式的設計就完成了[1]。這樣的作法雖然具有結構性，但是商業模式還必須考慮使用者的需求，也必須與時俱進地去回應對手在不同時段給予的壓力。

在變動中調適

發展商業模式要顧兩個角色：主流者與後進者。一個市場中會存在主流成員，經過一段時間，發展出存活的作法，隨後形成商業模式，成功後就變成主導設計（dominant design），而後進者則會競相模仿[2]。若不想模仿，後進者就必須考量如何策略性回應主導設計，才有可能發展出新的商業模式。

希臘哲學家赫拉克利特說：「世上唯一持續不變的事情，就是凡事一直在變。」在21世紀，科技日新月異，新的技術、新的服務、新的商業模式層出不窮，推陳出新的節奏變得越來越快。商業模式也需要持續地創新，才能回應瞬息萬變的競爭。以往企業以為一旦制定好「五年計畫」，就能持續使用三、五年，一段時間過後再更新即可。這是將商業模式視為靜態，但實際上環境是動態的，一成不變的商業模式將跟不上市場變動的腳步[3]。

這就需要理解主流的商業模式，以及後進者如何調整商業模式來回應競爭[4]。要創新商業模式，必須分析「見招拆招」的過程，而不是「一招走遍天下」的套路。這也解釋為何複製別人的商業模式往往很難成功，因為複製者即便全盤照抄，一旦遇到環境變化，或是對手改變招式，便會手足無措，難以因地制宜、靈活回應[5]。商業模式要創新，還需要「知己知彼」，理解自身及競爭者的優勢和劣勢，摸清對方的套路。如《孫子‧謀攻篇》中說：「知己知彼，百戰不殆。」2007年，黑莓手機公司聽到iPhone上市，反應平靜，全然不知一場驚濤駭浪即將來襲。該執行長在採訪中回答記者：「蘋果推出iPhone並

不是什麼大事，這不過是另一家公司要進入智能手機市場罷了。」沒想到，過了五年黑莓機就被打得潰不成軍。商業模式必須要注意「相對關係」，當對手招式變了，本身自然也要有相對應的調整。

我們不只要關注「主流」的競爭者，更要留意黑馬型的「後進者」。分析後進者會如何調適，發展出和主流截然不同的商業模式[6]。網飛（Netflix）對戰百視達便提供一個經典案例。百視達代表當時的主流模式，壟斷美國影視租賃市場，發展超過 9,000 家門店，擁有 6 萬多位員工。百視達在店面陳列豐富的影視光碟出租；如果逾期不還，便會收取逾期費。很多人認為網飛的成功在於創新地推出固定費率（flat rate），而沒收取逾期費。事實上，網飛並非一開始就推這樣的商業模式。其最初也採取和百視達一樣的計費模式，只是價格更低，而且成立網路商店，以互聯網提供更豐富的影視內容。五年後，網飛推出固定月費，會員可享受「無到期日、無逾期費、無郵費」的制度。網飛的商業模式歷經調適過程，而非一開始就找到必勝的絕招。

分析後進者的調適過程，更可以觀察到主流業者的迷思。百視達一直收取逾期費，飽受顧客的詬病，因此當網飛一取消逾期費便吸引大量用戶。為什麼明知逾期費不合理，百視達卻遲遲不改善呢？這是因為當時逾期費占百視達總營收的16%，高層不願意捨棄這塊大餅。過去的成功讓它對後進者的創新視而不見。這樣的迷思，也就促發後進者創新商業模式的動機。

/ 愛奇藝的後進調適 /

愛奇藝進入影音平台（視頻網）市場，商業模式便歷經五個階段的調適[7]。2004 年至 2006年間，大陸影音平台產業快速興起，樂視網、土豆網、56 網、激動網、優酷網、酷 6 網、搜狐等相繼進入市場。到 2007 年，大陸已經有約 200 家影音平台。2010年，優酷、土豆、樂視、酷6網等影音平台籌備上市。經過五年的競爭，倖存者不足 10 家，大陸市場行業格局抵定。

此時，百度卻進場，成立奇藝影音平台，後改名愛奇藝。儘管有百度的支

持，愛奇藝遲進市場五年，生存並非易事。作為後進者，愛奇藝面臨三大難題。一是面對強勁對手；經過幾輪洗牌，多數影音平台都因資金不足倒閉，主流者剩下優酷和土豆等大公司，占據一半以上的市場，擁有上億用戶。二是內容不足；相對比較，主導業者積累數萬集正版內容及UGC，而愛奇藝卻剛剛起步。三是盈利難；當時優酷、土豆等公司，雖營收上億，卻仍陷於虧損中。如此困境下，愛奇藝需要發展出怎樣的商業模式呢？這個問題必須由影音平台發展的五個時期來觀察，分別是流量、載具、價格、內容與智財等時期（參見圖7-1）。

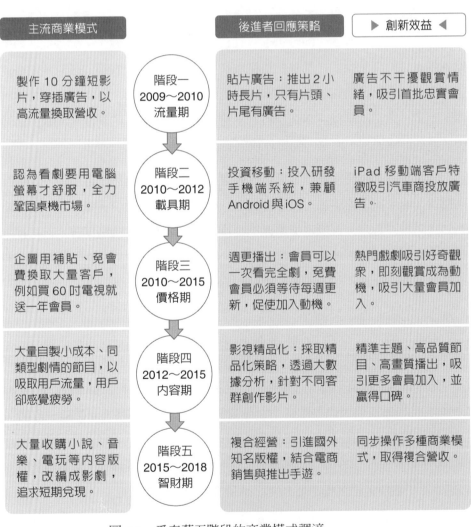

圖7-1　愛奇藝五階段的商業模式調適

第一階段調適
/ 流量時期 /

競爭環境

2009 年到 2010 年，大陸的影音平台市場發生四件大事。一是政府出面遏止盜版行為；二是版權市場開始飛漲；三是廣告價值逐步得到認可，影音平台市場收入豐盈；四是影音平台主流業者紛紛於融資後籌備上市。標誌事件是由激動網、優朋普樂和搜狐等三家代表共同發起，聯合 110 家影音平台公司在北京創立「中國網路視頻反盜版聯盟」，以抵制網路侵權行為。聯盟針對優酷、土豆、迅雷等影音平台展開侵權訴訟。當時優酷涉嫌侵權作品多達 500 餘部，其中包括《喜羊羊和灰太狼》、《王貴與安娜》、《夜店》、《機動部隊》等熱播影視劇。政府嚴格執法，業者版權意識提升，雙方合力下，2009 年市場對智慧財產的尊重逐漸形成。

影音平台業者開始為「正版化」鋪路，這也使版權交易價格節節上升。影音平台業者認為，獲得影視作品的版權，就獲得下一輪競爭優勢。以電視劇的版權交易為例，2006 年收視最好的軍旅題材《士兵突擊》，網路版權價格約 3,000 元一集。到 2009 年，同類題材的《我的團長我的團》，價格翻漲十倍。隨著版權意識抬頭，影音平台轉向資本市場。

主流設計：流量為王

內容製作：大量招募拍客。UGC（User Generated Content）是指用戶生產的內容，YouTube 早期便憑藉此模式崛起，多數網站也都模仿 YouTube 模式。土豆網當時的口號是：「每個人都是生活的導演。」用來募集用戶自行創作的影片。UGC 模式確實幫各影音平台產製大量內容並帶來流量。優酷執行長古永鏘便強調「拍客」的重要性[9]：

> 「中國是一個高速發展的國家，13 億人口，有很多有意思的人和事，不一定要找演員去演，用拍客的手法，用 DV 和手機就可以記錄社會的各種現象。中國有很多多才多藝的用戶，我們就挖掘了西單女孩等人物。」

但這些UGC流量逐漸成為負擔，土豆網執行長王微便比喻為「工業廢水論」。在他看來，大部分UGC產生的是垃圾流量，缺乏經濟價值，還浪費頻寬成本。2009年，影音平台開始轉變成「UGC＋Hulu」模式。Hulu是2007年由美國三大電視網聯合投資，提供正版影視節目的網站，觀眾可免費觀看，但影片內容會帶廣告。憑藉廣告收入，Hulu於2009年已經獲利。

Hulu的模式讓影音平台業者看到希望，但這個模式在大陸依然有複製的難度。美國影視版權集中於幾大傳媒公司。在大陸，版權相對分散，合作或採購並非易事。要採用Hulu模式的關鍵在版權。部分業者就想利用「避風港」原則上傳侵權內容。「避風港」原則是指發生侵權時，ISP（Internet Service Provider，網路服務提供商）只提供空間服務，由用戶上傳。如果被告知侵權，便有刪除義務；但若無人提告，則ISP不用承擔責任。當版權價格高漲，一些影音平台就藉「避風港」原則存放侵權內容。

*廣告模式：互動廣告模式。*影音平台發展前三年並未建立廣告投放標準。品牌方和代理商都很謹慎，不敢輕易嘗試。經過幾年的探索，影音平台終於找到方法，「酷6網」執行長李善友稱為UGA（User Generated Advertising）。影音平台建立合作平台，媒合影片作者和廣告主，作者會把品牌的廣告元素融進影片中去，以創意內容吸引收視，從而獲得廣告收入。這其實就是置入廣告，或稱「業配文」（業務配合的內文），因形式比傳統廣告更有趣，也就獲得三星、可口可樂、通用汽車和英特爾等企業支持。

優酷網也有類似作法，從2007年起就推動種子營銷、創意營銷、植入營銷、拍客營銷等互動銷售方式，希望創新廣告模式。優酷古永鏘向媒體提到：

> 「因為它是結合電視與互聯網兩種平台的優勢。電視方面，那種視覺衝擊力，圖文網站很難做到，但是視頻網站可以結合互聯網的隨時隨地點播以及互動的傳播模式。所以視頻營銷如果發展成功，可找出一種模式，為廣告公司和廣告主探索出結合電視與互聯網之間的平台投放模式。」

「互動」成爲影音平台營銷特點。優酷當時與電視台合作，影音平台廣告尙屬次要。說服客戶後，優酷將互動營銷改爲「電視投放的互補服務」。2009 年，優酷以互動營銷模式讓廣告成長至 2 億元[10]，而當時影音平台廣告規模已成長到 10 億元。一時間，短影片的互動營銷模式就成爲市場主流。

用戶經營：衝刺點擊率。在互聯網圖文時代，「頁面瀏覽量」（PV, Page View，網頁瀏覽量）一直是衡量網站價值的指標，也是客戶用以評估廣告價值的重要參數。優酷則提出「影片播放量」（VV, Video View）作爲廣告衡量參數，並很快得到行業認同。VV 的價值被認爲比 PV 大，因爲打開頁面並不意味會瀏覽影片。如果用戶停留時間長，就反映對內容的認可，代表廣告價值高。後來，業者又推出「獨立訪客數」（UV, Unique Visitor），用來衡量瀏覽內容的自然人。豐富內容帶來千萬用戶，造成海量 VV 以及 UV，就會帶來廣告。這個流量循環模式形成業者主流思維。至於用戶體驗，業者尙難以顧及。

後進回應：由體驗著手

2009 年末，百度所投資的愛奇藝（當時名爲奇藝）就在亂世中籌建，在「流量爲王」的行業思維下，愛奇藝專注於三件事：堅持正版長影片、貼片廣告循慣例、以體驗爲主的影片內容。

內容製作：堅持正版長影片。基於當時形勢，愛奇藝執行長龔宇重新思考兩個問題：做什麼樣的內容？怎麼做內容？2009 年上半年，影音平台認識到，吸引用戶的是 Hulu 式的長影片內容。由專業機構製作會比 UGC 的內容品質更好。UGC 內容雖然免費，但價值也不高；而且表面上的「免費」，背後卻帶來頻寬成本，像是優酷和土豆的頻寬至少有三分之一是被 UGC 內容占據。愛奇藝認爲，從長遠來看，免費反而是最貴的，於是轉向版權內容。

愛奇藝希望建立新的付費機制。2009 年，版權費飛漲，採購正版成本高，可是若像業界「打擦邊球」，則風險更高。爲長遠經營，愛奇藝決定走「每分鐘都要花錢買」的策略（按：但後來也納入一部分 UGC 內容）。龔宇於媒體提到：

「我們做愛奇藝之初，這個商業模式特別簡單，就是買專業內容。當時我們規劃的影視內容是四大類，這裡面有電影、電視劇、節目、紀錄片。後來發現是有偏差的。實際上紀錄片是我們這群人喜歡的，但並不是大眾所喜歡的。大眾喜歡的還有一項沒納入進來，那就是動漫。後來，四大類做了調整，變成電視劇、電視節目、動漫、電影……我們當時就專注於最吸引眼球的內容。」

一開始就放棄 UGC 和盜版內容，專注做版權內容，看似成本高、收益慢，卻可避免損耗財力與人力在版權訴訟，也奠定後續發展的基礎。愛奇藝的策略是「買好劇」，但盡可能不搶「獨家」。獨家版權不但價格高，而且會被其他網站侵權，隨之而來便是難以休止的訴訟。

廣告模式：貼片廣告循慣例。當業界推互動廣告時，愛奇藝卻選擇做傳統的「貼片廣告」。貼片廣告是指加在影片內容的前後，與正片沒有關聯的廣告內容。加在正片之前的稱為「片頭廣告」，加在之後的稱為「片尾廣告」。這是電視台傳統的「硬廣模式」（硬廣告模式）；貼片廣告的價格取決於播出時段、貼片位置及正片的收視率。熱門時段前 15 秒貼片廣告價格是最貴的。龔宇解釋：

「幾億人民幣的市場份額絕大部分都集中在 UGC 上，給用戶做各樣的互動營銷活動上。比如，一款快銷品做個什麼營銷活動，你拍點視頻傳到上面，這種互動式營銷構成了這個市場的主體。我們認為這是不對的，我們應該向電視學習，客戶應該看重的是貼片廣告的價值。」

貼片廣告對廣告主來說並不是新鮮事，但當時貼片廣告為什麼沒有受到影音平台重視？原因有三點。一是當時廣告主認為，影音平台的平台價值沒有電視台高；二是因為影音平台侵權內容橫行，有品牌的公司擔心有損形象；三是電視台有現成的廣告效果評量方式，影音平台卻還沒有。愛奇藝用貼片廣告模式，讓廣告主容易理解，而且正版內容消除廣告商對於侵權的疑慮；精緻的節

目造成用戶的高黏著度，證明平台的價值；加入母公司百度的搜尋技術，可讓廣告主感受到「精準投放」的魅力。

用戶經營：以體驗為主的影片內容。比起用戶規模，愛奇藝更想解決的是觀眾體驗問題。當時影音平台用戶有兩項痛點：一是影片的畫質很差，不清晰、不流暢；二是影音平台的介面設計繁雜，不友善。畫質差，所以用戶寧願買DVD，也不願意在影音平台上觀看。當時片源良莠不齊，多數是盜版內容，很少影音平台可以提供全高清影片。愛奇藝一開始就投資頻寬與伺服器，提升影片的清晰和流暢度。雖然很多基本功能都還未完成（譬如網友評論），然而，核心問題一解決，用戶就留住了。另一個著力點是友善介面，頁面設計以簡潔為原則。執行長龔宇比喻：

> 「愛奇藝就像咖啡廳，環境好的咖啡廳能讓人多停留兩、三個小時。環境不好，10分鐘就走人了。對真正關心品質的用戶來說，讓他們在UGC遍布的網站看影視節目，那不就等於讓他們去大排檔喝紅酒嗎？」

愛奇藝推出「您的播放記錄」選項。在中斷觀看後，下次點擊可自動續播。愛奇藝還推出「視鏈」功能，當用戶把滑鼠游標滑動至某個人物頭像上，便會閃現相關角色、演員和人物關係，點擊並可連結到百度百科，瞭解該劇更豐富的資訊。遇到精彩片段，愛奇藝提供「正版影片剪輯分享」功能。用戶點擊分享按鈕，可擷取10分鐘內節目片段，轉發到社群網站分享。愛奇藝也會追蹤觀看數據，假如節目不受歡迎，立即撤下。

調適：以「留量方略」回應「流量攻略」

2009年，影音平台業者面臨國家整治盜版、版權價格飛漲。高額的成本，勉強維持的廣告收入，讓影音平台業者生存不易。雖知應該進入正版時代，多數業者卻仍陷在「流量為王」的漩渦。當時主流者認為，憑藉流量優勢獲得融資後，便可將對手遠遠拋在身後，然後再來改善收視體驗。相對地，愛奇藝卻放棄看似吸睛的UGC內容，轉向經營正版內容，聚焦用戶體驗，於是在競爭中脫穎而出（參見表7-1）。

表 7-1　以「留量思維」回應「流量思維」

	主流設計	後進回應
競爭環境	政策面：官方、民間聯手打擊盜版。 市場面：影視版權價格飛漲。	
內容製作	用戶量產	正版影片
	UGC 雖然成本低，但商業價值有限，頻寬成本卻高；而業者難以放棄 UGC 所帶來的流量，想利用「避風港」原則播出侵權內容，避開版權成本。	以正版影片為主，以好劇帶來忠誠用戶（而非流量）；不搶獨家內容，以避免高昂版權費以及捲入盜版官司所帶來的困擾。
廣告模式	互動行銷	貼片廣告
	以 UGC 內容結合置入廣告，搭配傳統「硬廣投放」模式。發展種子營銷、創意營銷、植入營銷、拍客營銷等互動方式以吸引廣告主。	仿效電視台的貼片廣告模式，用「正版」打消廣告主疑慮，並借用母公司百度的技術，提供精準投放的廣告成效數據。
用戶經營	衝刺點擊率	以體驗為主
	強調點擊率，以 VV 數量來衡量影音平台的用戶規模，藉此吸引融資。無暇顧及用戶體驗。	提供全高清畫質、改善介面設計，加入播放記錄、視鏈、正版剪輯分享等服務。解決流暢度，提升觀賞體驗。
商模調適	流量思維	留量思維
	認為海量內容就會促成點擊率並提升廣告價值，卻忽略差體驗會驅逐忠誠用戶。	愛奇藝以正版、高清內容，提升用戶觀看體驗，全力留住用戶，耕耘黏著度。

　　至 2010 年 10 月，上線半年愛奇藝便積累 9,000 多萬名用戶，日均播放達 114.7 分鐘，單日有效瀏覽時間居行業之首。網友對愛奇藝的評價普遍是「速度快，網速差的時候也很流暢」、「高清晰度」、「小功能的設計很貼心，簡

單好用」。這些評價反應用戶的愉悅體驗。好的介面體驗讓用戶沉浸其中，成為忠實會員；不好的體驗卻因小失大，流失用戶。有些網站會加入各種導流連結，這或許會吸引2%的用戶點閱，卻沒想到損失的是10%追求良好觀看體驗的用戶。

第二階段調適
/ 載具時期 /

競爭環境

2008年，安卓系統的手機問世，蘋果手機也進入中國市場。3G網路及智能手機普及，但剛推出的3G（英語：3rd-Generation，支持高速數據傳輸的移動電話技術）費率高、品質不穩定、網路覆蓋率也不夠。在過去，作業系統不成熟，手機用戶上網體驗差，網頁常顯示不完全或是格式凌亂，看節目也會卡頓。但新一代作業系統可以在手機安裝App軟體，讓操作更穩定。至2010年，App Store已發布近14萬個手機應用軟體。3G網路及智能手機的普及，用手機收看影片節目已然實現。

2009年到2010年，智能手機出貨量快速攀升，加上手機作業系統的快速發展，使得行動端的崛起勢不可擋，手機螢幕也就成為影音平台兵家必爭之地。蘋果手機在2009年進入中國市場，當時iPhone 3G的價格為4,999元，雖昂貴卻供不應求。智能手機成為消費者換機的首選，但大部分業者並不認為觀眾會用手機來看影片內容。

主流設計：桌機為主

作業系統：加入主流陣營。儘管3G網路速度提升，但費率仍高。儘管智能手機性能提升，但螢幕仍小，常卡頓、電池不耐用、硬件易發熱等問題仍未改善。儘管蘋果手機的iOS作業系統功能完備，但安卓系統卻發展更快，最後成為主流手機作業系統。影音平台業者雖抱著觀望的心態，也一邊與當時主流

廠商諾基亞合作。大部分業者選擇以塞班系統（Symbian OS）做內置應用程式。但這些嘗試並沒有改善顧客體驗。頁面影片顯示不全，影片中斷等問題仍出現，用戶時有投訴。

研發投入：固守桌機。2009年底，土豆網執行長王微於媒體上預測：「移動端政策尚未明朗，而土豆網每天來自電腦端的點擊量超過2億，足夠讓土豆活得很好了。」2010年，市場已認識影音平台廣告的價值。土豆網員工從100多人急增到400人，但大部分是編採和銷售人員，對移動端的技術投入仍不多。優酷廣告收入達到3.5億元，增長161%；但虧損卻達2億元，增加12%。儘管財務長向媒體解釋，這是由於上市後期權計算等原因，但股價還是因此下跌9.83%。盈利是資本市場對影音平台行業的期待。一方面，電腦端業務蒸蒸日上；另一方面，移動端業務前景未明，需持續投入研發經費。主流業者選擇把資源投入電腦端，而在移動端則選擇保守。一位優酷主管提到：「移動部門想要開發配套服務，卻很難得到其他部門響應。根本原因就是他們PC（Personal Computer，個人電腦）端的負擔很重，根本顧不上行動端。」

用戶經營：延續電腦端思維。影音平台業者只是將此視為「終端的遷移」，認為過去經驗可以全盤複製。優酷執行長古永鏘解釋：「手機影片很可能會遵循PC影片的發展軌跡，首先是短時間播放的影片，如用戶原創、搞笑影片、預告片花，然後逐步擴展到時間較長的現場直播、影視劇。」業者認為，手機螢幕小，適合短影片碎片化的觀賞；看劇則需要用電腦大螢幕比較舒服。古永鏘進一步提到：「現在的時代，需要的就是那些短的、有趣的小影片，誰會盯著手機螢幕，看上兩個小時的電影呢。」而後來的發展證明他當時的想法不見得是正確的。

以UGC起家的優酷、土豆等公司認為智能手機會推動短影片的發展，因為「自拍」變得更加容易。優酷和中國移動舉辦「G客G拍」手機原創影片大賽，希望藉此吸引更多短影片。優酷認為，用戶應該不會在手機上看電影、電視劇，因此推出WAP（Wireless Application Protocol，無線應用通訊協定）版就夠用。為符合用戶習慣，WAP版頁面的設計是延續電腦端風格。優酷忽略，網

頁版的排版較為密集，但圖片、文字在手機螢幕上卻會看不清楚。當時手機觸控螢幕不是很靈敏，用戶經常會誤觸。

後進回應：行動為主

作業系統：安卓、iOS雙管齊下。當移動端不被看好時，愛奇藝卻決定聚焦移動端來強化顧客體驗。只是，到底要開發主流的塞班系統，還是選擇相對小眾的安卓和iOS系統，很難判斷。最後，技術出身的龔宇押寶在安卓和iOS作業系統上。2010年9月，愛奇藝推出高清影片，可於iPhone 4和iPad上播放。iPad版的首發，讓愛奇藝在App Store下載連續一週登上榜首。僅10月分，愛奇藝iPad的獨立用戶就超過26萬人。當時，iPad產品象徵追求新鮮事物、具經濟能力的年輕消費族群，因此很快獲得廣告主認可。於是，愛奇藝由iPad端引入雪花般的廣告收入，一位主管表示：

「不少廣告客戶對iPad非常感興趣，他們注意到了愛奇藝在iPad上的優良表現。由於速騰（大眾汽車旗下的中高端品牌）的消費群體定位在年輕、時尚、收入中等偏上、有一定消費能力的人群，與iPad的用戶群體有極高的吻合度。因此，洽談過程非常順利，雙方在一個月內就敲定了合作。」

2010年12月15日，大眾汽車旗下的速騰與愛奇藝合作，投放iPad端廣告。愛奇藝的移動端布局成功，研發團隊也看到跨屏的商業價值。電腦端、移動端齊頭並進，提升愛奇藝的覆蓋率，也帶來豐厚的廣告收入。

研發投入：專注手機端。2010年上線之初，愛奇藝內部存在分歧意見，誰也拿不準用戶是否願意在小螢幕上收看長影片。但愛奇藝意識到，主流在PC端的優勢已經穩固，想要突破就必須另闢蹊徑。「移動端」儘管前景未明，卻是超越的機會。愛奇藝先要解決的是「碼流」（data rate）問題。碼流是指影片文件在單位時間內使用的數據流量，是控制畫面質量的關鍵。同樣分辨率下，影片文件的碼流越大，壓縮比就越小，畫面質量也越好。但當時3G技術

還不成熟，高碼流的影片一播放，就會有卡頓的問題。用電腦看可以切換頁面，等影片緩存後再觀看。在移動端，用戶則難以忍受。為解決此問題，愛奇藝投入雲端系統開發。一位技術人員解釋：

「移動端用無線 WIFI 或者 3G，帶寬低，而且是移動狀態，對雲端的要求更高，所以要建更多 IDC（Internet Data Center）的接點，用新的運算法，讓用戶看得更流暢。移動終端的螢幕小，傳輸速度慢，所以要讓低碼流的影片看得更清楚，就需要在雲端做更多的技術開發。」

愛奇藝還根據用戶所處網路環境輸送適合的碼流，將電腦端的高清碼流放到手機反而浪費頻寬。這需要一套系統同時產生與處理碼流，比如一部電影上傳後，後端系統就生產出 30 多種碼流格式，有的給電視，有的給電腦，有的針對手機，然後推送至全大陸 300 多個機房。

隨著安卓系統迅速普及，中低檔手機銷售暴增，讓愛奇藝看到龐大的市場。為解決手機觀看耗電、加載速度慢等問題，愛奇藝著手研發手機芯片。如果手機支持硬件解碼，愛奇藝就用 GPU（Graphic Priocessing Unit，圖形處理器）來解碼，也會更省電。

用戶經營：移動端新體驗。門戶網站時代是採用「頁面跳轉頁面」的設計。在設計移動端時，影音平台也延續此作法。愛奇藝的移動端設計卻取消中間詳情頁面，用戶只要點擊影片，就會立刻播放。這看似簡單，技術難度也不大，卻是必須理解用戶行為才能設計出來。其他如橫豎螢幕、播放按鈕的位置、進度條顯示的訊息等，這些介面會根據用戶行為去設計，而不是轉移網頁版的設計慣例。觸控螢幕上，愛奇藝的介面全是大圖標，沒有文字連結，讓用戶操作方便。相比之下，主流者的移動端還留著電腦端時代的烙印，只開發 WAP 版本。一位負責移動端的業務主管解釋：

「移動端為愛奇藝開闢了一堆新用戶，很多人只用我們的移動端，不用 PC 端。這部分人群後來變成了我們獨有的用戶。」

商模調適：以「轉攻移動」回應「固守桌機」

在 2010 年，3G 移動網路快速發展、智能手機銷售攀升、手機作業系統日趨成熟，這些趨勢都顯示移動端的時代即將來臨。爲什麼當時的主流者並沒有抓住這個機會呢？主流業者認爲，只要鞏固主戰場，就能形成壁壘。卻沒有意識到，後進者已經開闢一個全新戰場。主流者享受主場優勢，但過去賴以爲生的獲利模式卻成爲他們走進新戰場的障礙。2013 年後，影音平台業者的電腦端用戶開始流失。這不是因爲網站品質不好，而是因爲用戶遷移到手機端。主流者因強化原有優勢，反而對市場變動及新機會反應緩慢，結果主流者反被固有優勢所禁錮。後進者布局移動端，開發新客群，發展出新的商業模式（參見表 7-2）。

表 7-2　以「轉攻移動」回應「固守桌機」

	主流設計	後進回應
競爭環境	基礎建設：3G 網路的迅速普及。 市場狀況：智能手機銷量攀升。 技術趨勢：手機作業系統日趨成熟。	
	加入主流陣營	兼顧安卓與iOS
作業系統	關注移動端，和塞班系統合作，研發內置應用程式或建立 WAP 格式的影音平台，但用戶體驗不佳。	開發當時還是小眾的安卓、iOS 系統，提供網頁版、手機端兩種觀看方式。iPad 用戶劇增，吸引廣告投放。
	固守桌機	專注手機端
研發投入	主流業者認爲，鞏固電腦端就能保持領先優勢。由於用戶持續增加，電腦端負擔變重，也沒有多餘資源投入移動端。	完善手機芯片、開發雲端系統、解決影片碼流，讓用戶在 3G 網路下觀看更流暢。

	延續電腦端思維	營造移動端體驗
用戶體驗	顧及用戶的習慣，主流業者將電腦端的設計直接轉移到移動端。但字體、圖片清晰度會受到手機尺寸影響。	以用戶行為重新設計移動端觸控介面，跳脫電腦端設計思維，採取大圖標、橫屏播放、取消中間頁跳轉等介面設計。
	延續電腦端思維	營造移動端體驗
商模調適	主流業者相信「大者恆大」，認為自己只要鞏固主戰場，就能形成壁壘，將對手排除在外。	智慧手機與通訊網路成熟後，後進者已經開闢出全新的戰場，也重新制定遊戲規則。

第三階段調適
/ 價格時期 /

競爭環境

　　這時期用戶付費動機變高。主流業者也希望發展付費會員，但要習慣免費的用戶掏錢並不容易。樂視網於 2004 年成立，採取「免費＋付費」模式。2008 年，激動網也推出正版影視，提供高清電影，採付費模式。由於當時免費影音平台播出盜版仍多，用戶觀看影視節目並非難事，所以付費會員難以成長。2010 年以前，在低畫質年代，用戶願意花 5 元看一部高清電影。但付費觀眾加起來也不過數十萬，難以支撐營運。隨著版權意識普及，盜版網站逐步肅清，用戶才開始有付費意願。

　　電子支付的發展也帶來轉機。隨著智能手機普及，電子支付也快速發展。2013 年，大陸電子支付業務達 257.83 億筆，金額約 1,075.16 萬億元。行動支付變成主流，導致用戶在網上付費更為方便，但 2012 年位於行業之首的優酷、土豆在上市後依然面臨虧損。為盡快盈利，當年 8 月優酷和土豆合併，以換股方式組成優酷土豆股份有限公司。合併後，版權內容可以共享，廣告規模擴大。市場預料，優酷土豆應能很快擺脫虧損。然而，2012 年合併後的優土集團淨虧損達 4.24 億元。

主流設計：誘之以利

播映方式：內容多元化。2010年，優酷的策略是推出實惠、便捷、差異化的內容。優酷期待，用戶既然願意花錢看演唱會、買票聽相聲、付費去培訓，若把這些服務搬到影音平台上，用戶便能用划算價格享受等值的「內容」。一年之後，儘管優酷的用戶數以及廣告投放雙雙上漲，但付費用戶的轉化率不高。甚至，用戶對優酷開始收費感到不滿。優酷執行長古永鏘很無奈地表示：「目前還只有不足1%的用戶會成為付費用戶。中國用戶還沒有養成這樣的消費習慣。」

看來，優酷是無法兌現「YouTube的規模，Netflix的收費」模式。優酷也許並沒有收費的本錢。古永鏘進一步解釋：「優酷的內容策略是以非獨家內容為主，獨家內容比例甚至低於50%。優酷會購買獨家內容，但同時也會利用這些獨家內容積極與其他公司交換，或向競爭對手分銷。」透過這樣的交換，優酷得到約80%的熱門電視劇播放權，但這樣用戶更失去付費的動機。為獲得流量，優酷只能妥協，維持免費模式。

行銷作法：入會就送電視機。之前，樂視網在競爭者眼裡不是一個影音平台，更像版權分銷商。2012年，樂視網已經擁有九萬多集電視劇和五千多部電影版權。在影音平台業者陷入虧損的情況下，樂視憑藉「低價購進、高價賣出」的版權分銷策略而獲利。2012年，樂視意識到，版權價格飛漲將讓分銷模式難以為繼。若要改為廣告模式，必須有海量內容與規模用戶，但這兩項樂視都缺。

樂視號稱要打造「生態圈」，以「平台+內容+終端+應用」的模式，向用戶收費。雖然生態圈口號迷人，但實際上樂視的方法是賣產品。2013年5月，樂視推出60吋智能電視，售價6,999元，內含490元一年的樂視網會員費。40吋智能電視售價1,999元，捆綁490元的會員費。樂視的內容分為電影、電視劇、綜合、體育、動漫、綜藝、高解析等七個頻道。樂視執行長賈躍亭指出：

> 「現有的智能電視依然是在傳統思維下開發的商品，並沒有真正做到從用戶的需求出發來研發製造產品。樂視將在商業、盈利和營銷模式上以生態圈進行顛覆。」

樂視是以「半買半送」的方式去換取付費用戶。2014 年，40 吋電視降價到 999 元，以 980 元捆綁兩年會員費。這個價格還是比市售便宜 20% 左右，造成消費者搶購電視，在 2014 年 11 月賣出 150 萬台。後續，樂視推出「硬件免費日」，付 1,470 元的三年會員費，就可以獲得一台 40 吋電視機，這又掀起一遍搶購熱潮。樂視統計，「生態 414 硬件免費日」活動當天總銷售額達 23.2 億元，會員收入占 20.2 億元，電視銷售 54.9 萬台，手機銷售 58.2 萬台。

　　樂視雖然在帳面上亮麗，旗下子公司（樂視致新）卻連年虧損。2015 年，樂視致新收入 86.9 億元，但年終卻虧損（毛利率約 -10%，淨利率 -11%）。換算後，每台電視要補貼幾百元人民幣。硬件沒有利潤，後續研發經費也就失去來源。在同業看來，樂視的硬件並非真的「免費」，只是殺價的營銷手法。用戶雖付會員費，但本質上買的並不是內容，而是削價的產品。

　　廣告模式：免廣告特權。隨著用戶規模的擴大，廣告主已經認可影音平台的價值。某些熱播劇的貼片廣告長達 45 秒甚至 60 秒，那是用戶忍耐的極限。不少瀏覽器開始推出各類攔截廣告的軟體插件，幫用戶去掉廣告。然而，這卻損害廣告主的利益。影音平台也開始反擊，用技術屏蔽這些攔截。用戶發現，屏蔽廣告越來越難，無奈下用戶乾脆加入會員，免除惱人的廣告。這讓影音平台陷入兩難，一方面，「免廣告」可以吸引會員；另一方面，付費會員過多又會抵觸賴以為生的廣告模式。

後進回應：獨家魅力

　　播映方式：差異化排播。從 2011 年起，愛奇藝就推動付費模式。剛起步時，會員只有幾十萬，業績達成率不足兩成，隨後幾年也沒有達成。但愛奇藝持續付費模式，不依靠「免費硬件」，不依靠「去廣告」，認為總會有用戶為優質內容付費。經過四年的培養，在 2015 年 6 月，愛奇藝的會員數達到 500 萬，但相對於 5 億的市場規模來說，只達成百分之一。儘管如此，愛奇藝仍認為付費時代即將到來。執行長龔宇解釋：

「500 多萬忠實的高黏性 VIP 會員只是一個開始，隨著視頻網站內容和服務的極大豐富、電子支付更加便捷、用戶對高質量內容和個性化服務需求爆發，用戶直接體現的價值將更加明顯，視頻付費業務颱風已經到來，這個市場的崛起將十分迅速。」

網劇《盜墓筆記》便是引爆點。愛奇藝利用「差異化排播」點燃會員的熱情。由南派三叔創作的《盜墓筆記》起初只是網路連載小說。由於受到網友的喜愛，隨後出書，成為發行量過百萬的暢銷書。當這部小說要被拍成網劇的消息傳出後，就受到粉絲的關注。《盜墓筆記》採取「季播劇週播」的形式，第一季共有 12 集，於 2015 年 6 月 12 日首播，每週五晚上八點更新一集。《盜墓筆記》在愛奇藝上線後 22 小時，流量破億；在播出四集後流量突破 7 億。愛奇藝展開更大膽的嘗試：在保持每週更新的同時，第五週開始，一次性上架全部內容，但只有付費會員可以看全集。

愛奇藝沒想到，全劇集上線 5 分鐘後，流量就達 1.6 億，吸引 260 萬位 VIP 會員加入。耐心的用戶依然可等待免費的「週更」（每週更新），但這意味著大結局就要等到七週後才能看到。七週內，這部劇已經在社群媒體上被熱烈討論。「耐心等待」的觀眾將錯過這一切，甚至在不經意間被朋友或媒體「劇透」（劇情透露）。於是，上癮的用戶為了先睹為快，便會開通會員。

隨後，愛奇藝轉向韓劇，發展「中韓零時差」的排播形式。過去，由於韓劇「邊拍邊播」的製作慣例，加上中國的審查週期，韓劇的播出一直存在時間差。自從《來自星星的你》這部韓劇熱播之後，愛奇藝就開始關注韓劇的動態。當《太陽的後裔》剛有故事大綱時，愛奇藝就盯上這部劇，還沒開拍前就買下獨家播映權。但愛奇藝擔心盜版影片同時播放，因此決定以「中韓零時差」方式播出。愛奇藝說服韓方，讓這部劇改為「先拍後播」的製作模式，然後先做好翻譯、配字幕、送審，安排和韓國同步上映。《太陽的後裔》到了正式播出時，愛奇藝的排播策略是每週三、四晚上九點與韓國同步播出。VIP 會員可以搶先看，非會員延後一週觀看。提前一週的「優先權」為愛奇藝帶來 500 萬名付費會員。

行銷作法：VIP優惠服務。愛奇藝將VIP會員作為品牌經營，提出「輕奢新主義」。一位愛奇藝的營銷主管解釋：「輕奢與財富、地位無關，更多強調我們用戶對於品質和細節的追求。」愛奇藝希望以「輕奢」和會員產生情感連接，培養品牌忠誠。2014年，愛奇藝與杜比實驗室合作，在手機端推出杜比5.1聲道，具有環繞音響效果。VIP會員可以獲得約四千部具有杜比音效的影視內容。2018年，愛奇藝計畫推出4K高畫質，讓會員的觀看體驗趨近電影院。

　　愛奇藝接著籌劃自製綜藝節目、電影首映活動、電影票折扣優惠等，並邀請黃渤、Angela Baby和楊洋代言。明星代言人會參與會員系列活動。愛奇藝接著推出愛奇藝超級VIP、帶你見愛豆、百年會員、摩天輪求婚、香港圓夢之旅等客製化會員活動，讓VIP會員獲得特有福利，產生認同感。

　　廣告模式：廣告出新意。為降低會員業務對廣告收入的影響，提高用戶對廣告的好感度，愛奇藝改變廣告模式。第一是運用「Video in」模式，以後製處理來植入廣告到影片中，使廣告自然融入劇情，而且可靈活替換廣告內容。用戶若重複觀看劇情會發現，這個月女主角桌上的飲料是可樂，下個月可能就會變成雪碧。

　　第二是「原創貼」模式，是將廣告插入影片中。這是利用影片中的角色和場景，巧妙融入廣告。這雖然類似置入廣告，但需要符合戲劇內容的調性，才能顯現創意，避免引起用戶反感。一名負責廣告業務的員工解釋：

> 「原創貼等於憑空給每集增加了一個黃金廣告位，是VIP會員也可見的廣告。為了讓免費會員和VIP會員不反感，所以內容上要做得有趣。因為有趣，大家就還可以接受，而且不和會員模式衝突。」

　　第三是「軟植入」模式，比較適合運用於綜藝節目中。以「穀粒多」的植入為例，這款產品是伊利旗下的穀物牛奶，賣點是健康，而且比一般飲品有飽足感。《奇葩說》主持人馬東把它包裝為「抗餓」，在節目中隨時隨地拿這個賣點做文章，以戲謔的口吻對觀眾說：「我特別希望觀眾去試一下，喝一罐看

能不能扛到下午、明年……從小學扛到高中。」年輕用戶覺得這樣的廣告形式有趣，甚至主動在社群媒體上傳播。

商模調適：以「付費省心」回應「免費省錢」

大陸影音平台的頻寬成本一直增加，免費模式難以支撐。但各家影音平台只能持續「免費」，因為一旦收費，用戶可能就會轉到其他平台，市場份額就被瞬間瓜分。樂視雖號稱內容收費，但實際上是以電視機殺價配套；優酷雖靠差異化內容收費，但內容也非獨家，缺乏吸引力，而且付費用戶又與廣告模式相互排斥。在內容免費的迷思中，愛奇藝看到優質內容背後的機會點：用戶雖不願意為內容付費，卻願意為「好奇」而付費。無論是「先人一步觀看」的差異化排播，還是「滿足榮譽感」的各種會員福利，都創造更好的顧客體驗。主流業者認為用戶要的是省錢，但其實用戶要的是「省心」。後進者運用「千金難買早看到」的策略提供優質的影視內容和服務，讓用戶心甘情願地付費（參見表7-3）。

表7-3　以「付費省心」回應「免費省錢」

	主流設計	後進回應
競爭環境	市場狀況：用戶付費意願不高。 技術趨勢：移動支付發展帶來轉機。 競爭狀況：主流業者廣告營收入不敷出，虧損嚴重。	
	內容多元化	差異化排播
播映方式	優酷推出演唱會、相聲等差異化內容以吸引會員，但轉化率低。為壓縮成本，內容多非獨家，用戶缺乏付費動機。	優先觀賞權、差異化排播吸引用戶轉換為會員；以中韓零時差播出方式吸引戲迷，為即時觀看而成為付費會員。
	入會送電視機	VIP優質服務
行銷作法	樂視推出「充值會員送硬件」活動，引起搶購。這種營銷策略雖收到會員，但本質上是殺價競爭，使本業虧損。	提供杜比音效體驗、4K高畫質內容；邀請VIP參與自製綜藝錄製與電影首映禮等專屬福利打造會員歸屬感。

（續）

	免廣告特權	廣告出新意
廣告模式	用戶不願忍受長達 60 秒的廣告，因而選擇付費。但更多付費會員「免廣告」時，反而衝擊原本的廣告收入。	以「Video in」、「原創貼」、「軟植入」等方式讓廣告融入劇情中，讓同樣影視內容產生多次廣告收入。
	免費省錢	付費省心
調適	被「免費思維」束縛，主流業者認為用戶很難願意為內容付費，也擔心與現有的廣告模式衝突。	比「省錢」更重要的是「省心」，若能提供優質服務，用戶的付費意願還是很高。

第四階段調適
/ 內容時期 /

競爭環境

在早期，影音平台自製劇審查政策是寬鬆的。2014 年以前，大陸廣電總局對於網路劇的審查較為寬鬆。一是因為網路劇成本低、影片質量也不高，只覆蓋小眾，尚不成氣候；其二是影音平台為新創事業，網路劇應該按什麼標準分類、管制，尚需要觀察。寬鬆的審查給予剛起步的網路劇一個發展空間，讓製作公司願意撥出預算，嘗試新題材的電視劇。版權意識興起後，審查開始趨向嚴格。從 2013 年起，不少美劇紛紛遭到下架，像是《生活大爆炸》、《傲骨賢妻》、《海軍罪案調查處》和《律師本色》等。

隨後，審查規定更加嚴格，2015 年新上線的境外劇必須拿到一整季的影片，配好字幕交給廣電局審核後，方可上線播出。「先審後播」政策使得影片同步更新越加困難。2013 年，網飛自製劇《紙牌屋》一炮而紅，讓各大影音平台看到市場潛力，也帶動自製劇的風潮。網飛海外營運處於虧損，股價從 2011 年 300 美元的高峰，一路跌至 50 美元。《紙牌屋》的走紅，讓網飛解除燃眉之急，也讓各影音平台業者信心大增，紛紛開發自製劇，希望藉此擺脫虧損。

主流設計：小成本出爆款

製作模式：小兵立大功。優酷的作法是打造「草根文化」，走「低成本、高回報」的自製模式。2013年，優酷推出《萬萬沒想到》的迷你劇。比起動輒上千萬製作費的電視劇，這部單集製作成本不足5萬元，播出三個月後點擊率卻超過2億，廣告收入超過千萬，成為優酷的標竿性作品。《萬萬沒想到》從導演到演員都是非科班出身的素人，以誇張的方式描繪超級屌絲王大錘的傳奇故事。因為演員不足，一位演員同時扮演公主與敵人，打鬥場面的「特效」也只是用「冰霜效果」、「火焰效果」等大字報代表。

之後，優酷扶持草根青年導演，以低成本拍攝影視作品，在平台播放。在自製綜藝節目，優酷開闢素人旅遊的《侶行》，以及由高曉松主持的脫口秀《曉說》，都引起不錯的迴響。一位綜藝節目的負責人解釋：

> 「優酷願意為草根做這些內容，這也是優酷不同於其他媒體的地方，優酷有一個專門為草根準備的 UGC 上傳平台。《曉說》播出後，所有認為自己有一些才華、能表達的人，都開始做自己的自媒體。《侶行》播出後，很多人也都開始拍攝自己的旅行生活。」

然而，草根內容很難持續產出高質量作品。《萬萬沒想到》團隊的後續作品變成自我複製而被淘汰；高曉松也被挖走。靠草根力量「以小博大」雖然在短期贏得回報，但難以形成長期優勢。

內容題材：主題段子劇。搜狐視頻的策略是走喜劇路線。2012年，脫口秀主持人大鵬注意到短劇《屌絲女士》在網路上廣為流傳。荒誕的表演和段子化的劇情，與傳統電視節目差別甚大。搜狐視頻於是推出中國版的《屌絲男士》，由固定演員出演，但沒有連續劇情的笑話集。這影集也邀請明星客串，如孫儷、柳岩、鄧超、韓寒、林志玲等。《屌絲男士》第一季共六集，點擊率累計超過3億。搜狐執行長張朝陽於公開採訪表示：

「我們的網路自製優勢是成本相對較低，前貼片廣告次數多，《屌絲男士》做到第二季，CPM（Cost Per Mille 或 Cost Per 1,000 Impression，每千次展示廣告費用）廣告規模已經達到電視劇級別。《屌絲男士》是在互聯網上第一個僅憑自身能力便已經產生規模性盈利的視頻自製劇項目，目前在行業內也是唯一一個。」

《屌絲男士》成功後，搜狐視頻推出「段子+喜劇+明星客串」模式的自製劇《極品女士》。這是由搜狐的女主持人莎莎主演，並邀請葉一茜、郭采潔、杜海濤、大鵬、李琦等明星加盟。《極品女士》採週播模式，第一季於 2013 年 5 月 9 日正式上線，每一集時長 15 分，取得 1.7 億總流量。搜狐在 2014 年一口氣推出九部自製喜劇如《三國熱》、《如果沒有》等，然而同類題材卻讓用戶產生「喜劇疲勞」。

內容風格：膽大吸流量。2011 年起，樂視開始涉足自製，題材大膽。綜藝節目《魅力研習社》引起熱議，主持人和嘉賓穿著性感，節目遊戲涉及軟色情。由於早期網路節目管制較為寬鬆，並沒有受到禁播。後續，樂視的自製劇《東北往事之黑道風雲 20 年》，改編自網路小說，講述 1980 年代黑道組織觸目驚心的發展歷程，情節暴力血腥。2015 年，樂視播出《太子妃升職記》，情節涉及宮鬥、穿越、性別互換、同性戀等元素。以不到 2,000 萬元的製作成本，為樂視吸收上百萬的付費會員。雖然獲得流量和口碑，依然被廣電局以「有礙風化」為由下架。

後進回應：內容精品化

製作模式：精品化路線。2012 年，愛奇藝展開自製布局，以精品內容為定位。自製劇總經理戴瑩解釋：「一個平台只靠一部爆款網劇是撐不下來的，因為用戶永遠會隨著優質內容流動，如果沒有穩定的、規模化的內容輸出，隨著爆款劇集的完結平台也會跌回常態。」愛奇藝點出三個製作方針：一是編劇中心制、二是製作團隊、三是價值取向。愛奇藝自製團隊有八人，負責開發原創劇集，涵蓋導演、編劇、製片人等。

愛奇藝首重劇本。戴瑩坦言：「一流的團隊是救不了無底線的劇本，所以還是那句老話，劇本是一劇之本。」愛奇藝選擇和「趙本山御用編劇」尹琪合作，推出《廢柴兄弟》，是關於年輕人合租辦公室創業的喜劇。《廢柴兄弟》有連續的劇情、人物關係，更像美國式喜劇。愛奇藝自製劇看重的是延展性，劇本後續發展決定未來的衍生價值。又如，《靈魂擺渡》雖是鬼故事，但融入許多社會議題，討論的是人間溫暖，也因此得到官方機構認可。愛奇藝還設立5,000萬創作基金，支持原創劇本。戴瑩解釋：

「電視台沒有季的概念，播完就沒有了。但是網路劇不一樣，因為一個產品的生命力有多久，決定了它的商業價值有多大。所以我覺得只有一季、兩季做下去，它的衍生價值才會更大。」

　　愛奇藝的製作團隊都是大陸第一線專家。《盜墓筆記》的導演是執導《大鬧天空》的鄭寶瑞；《校花的貼身高手》的團隊是打造台版《流星花園》的可米團隊；《靈魂擺渡》的導演是執導《打狗棍》的巨興茂。這些專業團隊的加入，讓愛奇藝的網劇撕掉粗製濫造的標籤，製作出比傳統電視劇更精緻的作品，也更具有電影質感。

　　內容題材：多元重內涵。愛奇藝透過大數據發現，用戶對三類內容最感興趣：第一是推理懸疑，這一類題材在傳統電視節目上不多見，讓觀眾期待；第二是喜劇，讓觀眾排遣壓力、舒緩心情；第三是青春愛情，尤其是女性觀眾，心中都會嚮往美好感情。愛奇藝在網劇的題材上也做出突破。戴瑩提到：

「無論是《靈魂擺渡》、《盜墓筆記》、《心理罪》等，都是在題材上突破。觀眾可能因為盜墓題材感到好奇而去看《盜墓筆記》，因為這個題材少見。所以題材創新是很重要的一個『網感』。」

　　愛奇藝選擇《心理罪》這部推理小說進行改編，有10億點擊率的讀者基礎；《最好的我們》則是青春類題材。戴瑩解釋：「當初我們定的Slogan（標語）是『不一樣的青春片』：不同於現在市場上的青春片，卻與我們所有人的

青春一樣。其實大多數人的青春很少會經歷墮胎、車禍……這麼大的烈度，更多的還是平凡人的小青春，那種初高中生留藏於心的一些小情懷。」除此之外，都市劇《我的朋友陳白露小姐》的看點是女主角是狠角色，展現和傻白甜完全不同的性格。《畫江湖之不良人》則是漫畫改編的動漫網劇。這些創新題材滿足不同分眾需求，也讓網劇變得更加多元。

內容風格：劇情有網感。內容有「網感」指的是適合互聯網觀眾偏好的內容。愛奇藝以數據掌握「網感」，分析什麼內容受歡迎、什麼話題是時下熱點。在播出後，大數據也有利於調整後期製作思路。一位製作人分析：

> 「比如說星座，我想瞭解什麼樣的星座最受大眾關注。我前期想到的是別的
> 星座，沒想到數據跑出來最受關注的是處女座，每天搜索量極高，然後是
> 天蠍座。透過這個數據，劇集設定的時候就會把這兩個角色的戲加重。」

愛奇藝有一款產品叫做「綠鏡」，用戶可以利用綠鏡跳過不感興趣的劇情，只收看自己覺得精彩的段落。這些用戶行為都會成為創作團隊的參考。一位主管解釋：「綠鏡功能對我們做季播劇非常有好處，可以知道在這一季、這一集裡面網友拖曳了哪一部分不看。這個後台數據，我們都可以拿出來分享，這樣子主創在二次創作的時候，就會知道哪些劇情網友不愛看，而哪位演員出現的時候，他們是愛看的，所以這個數據對大家創作是有幫助的。」

商模調適：以「精品網劇」回應「小品爆款」

本階段影音平台業者開始小範圍自製。「低門檻、小成本」的網劇成為主流業者以小博大的策略。這些網劇讓小型製作公司有施展空間；「紅利題材」也讓網劇發展出年輕觀眾。但這背後也隱藏危機，當自製劇影響擴大後，審查更為嚴格。小團隊、低成本的製作一旦批量複製，容易讓用戶感到收視疲勞。自製劇可以有無限的創意，只是假象；以小博大是迷思，背後是短視的內容製作。相對地，後進者做出高品質網劇，反而符合觀眾的閱聽需求。網劇漸漸由粗製濫造的製作轉向網感精品的創作，原創性也較高（參見表7-4）。

表 7-4　以「精品網劇」回應「小品爆款」

	主流設計	後進回應
競爭環境	政策走向：早期自製劇審查寬鬆，後轉變爲「先審後播」政策。 市場狀況：美國網飛公司推出《紙牌屋》，引領自製劇風潮。	
	小兵立大功	內容精品化
製作模式	挖掘優質 UGC，扶持「低成本、高回報」的網劇。雖可獲得短期回報，但長期難以形成競爭力。	邀請專業編劇合作，設立劇本基金，以電影規格製作網劇，強調原創劇情，走精品化路線。
	主題段子劇	多元重內涵
題材企劃	搜狐靠《屌絲男士》喜劇做出特色，推出「段子劇」模式。然而，同類題材生產過多，用戶產生喜劇疲勞。	以大數據鎖定懸疑、愛情、喜劇三大戲劇類型，開發多元題材以滿足分眾需求；以差異化吸引年輕族群。
	膽大吸流量	劇情有網感
內容風格	樂視自製劇含暴力、穿越、軟色情元素，雖吸引不少用戶，卻被廣電局勒令下架。	以綠鏡蒐集大數據資料，分析用戶喜好，轉化爲創作靈感，根據數據調整後期製作。著重有「網感」的劇情。
	小品爆款	精品網劇
商模調適	早期自製內容門檻低，「爆款」收益讓主流業者嚐到以小博大的甜頭，紛紛轉型小成本網劇。	以精品網劇做出區隔，結合大數據分析，掌握用戶喜好題材；透過優質內容耕耘付費會員。

第五階段調適
/ 智財時期 /

競爭環境

　　這個階段智財劇開始走紅。2013 年以前，觀眾喜歡的是反映現實的劇情，如《蝸居》、《奮鬥》；軍旅、抗戰等題材的《士兵突擊》、《潛伏》；古

裝劇的《甄嬛傳》；武俠劇的《神鵰俠侶》。2013年至2015年，年輕觀眾喜好大翻轉，迷上「IP劇」（Intellectual Property Drama，具智慧財產權的合法戲劇），有五大來源。一是來自網路小說，像電視劇《盜墓筆記》和《花千骨》。二是知名音樂作品，雖然沒有情節，但傳唱度高、有情感內涵，也可成為改編素材，像是〈同桌的你〉、〈梔子花開〉、〈睡在我上鋪的兄弟〉等流行曲都被影視化。三是遊戲改編，像是《仙劍》系列。四是動漫作品的影視化，如《大聖歸來》。五是熱門綜藝節目的乘勝追擊，例如《爸爸去哪兒》和《奔跑吧兄弟》取得收視率後，就趁著熱度推出同名電影。

2014年，《小時代》、《匆匆那年》、《老男孩》等電影，都是由小說、歌曲改編而成，並取得成功票房。IP改編作品幾乎占市場一半的產量，這項熱潮凸顯出原創劇不足的窘境。網路小說作者雖多，但能改成暢銷劇的作品卻是有限。於是，IP價格節節上漲數十倍，甚至百倍。市場甚至出現投機者，希望囤積IP，透過交易牟取暴利。2011年，一部熱門網路小說改編權約十幾萬元；到2013年就飆升至上百萬元；2014年的熱門版權都在200至500萬元之間，甚至有作品要價上千萬元。

主導設計：智財短期變現

經營模式：啟動軍備競賽。當時排名前五的影音平台業者中，以騰訊的財力最為雄厚，投資頂級IP不遺餘力。騰訊副總裁孫忠懷表示：「當你有十個核武器的時候，我就要有二十個，一直把這個壁壘增加得很高。你有今年內容儲備，我就要有明年的；你有明年的時候，我就要有後年的；當你有後年的時候，我就要把你大後年做生產的團隊買下來。壁壘是這樣一步、一步起來的，所以就跟二戰搞軍備競賽一樣。」2015年，騰訊視頻取得熱門小說《鬼吹燈》，單集投入約500萬元，嘗試製作頂級網劇；後來又收購《幻城》、《誅仙》等版權。騰訊接著聯合優酷以8.1億元（每集900萬元）聯手買下版權《如懿傳》，那是電視台採購價的三倍。

營收來源：智財二度開發。主流業者接著展開 IP 再次開發。搜狐在《屌絲男士》成功後，製作電影《煎餅俠》。兩者劇情並無關聯，但小成本製作、明星客串、草根喜劇的模式相同。製作費 3,000 萬元，卻獲得 11 億的票房。不過，優酷開發的《萬萬沒想到》同名電影卻失敗，可能是因為段子喜劇變成 90 分鐘後，觀眾反而感到喜感疲勞；照搬劇情套路，結果引來負評。優酷與暴走漫畫的合作卻是成功的。暴走漫畫擁有上億粉絲，旗下有王尼瑪為代表的一系列 IP，也有《暴走大事件》等一系列影片節目。優酷以眾籌形式開發 30 款衍生商品，透過電子商務一個月內取得百萬元銷售額。

智財發展：開發超級智財。樂視的策略是打造「大 IP」，通過「劇王」帶動銷售業務。2015 年，樂視推出自製劇《羋月傳》，由《甄嬛傳》原班團隊製作，由飾演「甄嬛」的孫儷與飾演「華妃」的蔣欣主演。《羋月傳》的熱播帶動樂視產品的銷售，於雙 12 購物節前，訂製版電視銷量達 10 萬台，訂製版手機預售達 20 萬台；雙 12 當天，加上《羋月傳》衍生產品總銷售額為 5.1 億元。在業界被視為「現象級」的作品。樂視對媒體提到：

> 「這一方面肯定是《羋月傳》拉動了一些產品的銷售；回過頭來講，它可以反哺，對熱度也有加成的作用，是一個非常好的良性互動。再一個就是周邊和劇本身的聯動，以前就算有授權，也完全是割裂開的，對樂視來講不一樣，產品的營銷跟劇的傳播是有聯動的，這得益於樂視的生態布局。」

《羋月傳》還推出衍生產品「羋酒」，雖與劇情無實質關聯，羋酒的銷售額在播出期間突破千萬。《羋月傳》牽動的產品熱播也只是特價促銷，與劇情無關。可是，對非主流業者而言，製作這種「大 IP」在財務與創作上都是一大挑戰。

後進回應：智財多元經營

經營模式：戲劇複合電商。2013 年底，愛奇藝低調引入韓劇《來自星星

的你》，成為 2014 年熱門韓劇，不但讓男主角都敏俊（金秀賢飾演）在大陸打開知名度，劇中一系列韓國商品變成一物難求。女主角千頌伊（全智賢飾演）使用的氣墊粉底霜，在 2014 年創造每 1.2 秒銷售一個的記錄，年累計銷售 5,000 萬件。但由於事前準備不足，這部韓劇帶來的「韓流電商」讓愛奇藝錯失良機。時隔兩年，愛奇藝買下《太陽的後裔》，從拍攝開始，愛奇藝商城就同步備貨，希望從「獨播好劇」轉型到「獨家生意」。

與跨境電商相比，愛奇藝贏在起跑點。憑著獨播優勢，愛奇藝能在播出前就聯絡各種平台的意見領袖，提前做好營銷規劃。無論對戲劇的營銷，或是商品植入，都預先安排，以便連結劇情和商品輿論。播出後，愛奇藝還推出各種導購影片與專題策劃，讓用戶可以邊看邊買。《太陽的後裔》口碑帶動周邊商品銷售。愛奇藝商城推出 60 款相關產品，銷售成績亮眼。最為熱門的商品是女主角同款的蘭芝氣墊 BB 霜與 DW 手錶，和男主角同款的雷朋眼鏡，在播出期間多次補貨。愛奇藝還推出專享優惠給 VIP 會員。《太陽的後裔》成功後，讓愛奇藝找到戲劇結合電商的新模式。

營收來源：影遊整合模式。2015 年暑假，改編自網路小說的電視劇《花千骨》在湖南衛視及愛奇藝同時播出，也引起收視熱潮。由女主角趙麗穎代言的同名手遊（手機遊戲）同步上線，每日活躍用戶達千萬，首月收入約 2 億元。手遊第一個月的利潤就高於該劇的版權收入（1.68 億元），可見影遊跨界的潛在商機。

影視 IP 遊戲化早已行之有年，但愛奇藝這樣的成功卻不多見。這主要歸功於愛奇藝的三項策劃：一是改變利益分配方式；二是改變遊戲的開發方式；三是安排宣傳聯動。過去，影視公司不瞭解怎麼整合遊戲，只是將版權賣給遊戲公司，得到一次性的授權費。遊戲做得好不好，影視公司並不是很在意。遊戲公司即便提前取得版權，也難以做到同步開發，因為影視公司對劇情、人物等資訊都會保密。然而，等到電視劇開播後再製作遊戲，就已經錯失宣傳良機。愛奇藝改變利益分配方式，設計三方合作機制，讓遊戲方的研發、影視方的製作、代理方的愛奇藝，三方利益綁在一起，共榮俱辱。愛奇藝主管在媒體上解釋：

「這次合作的過程，我自己認為是有突破的。慈文傳媒作為影視劇的製作方和版權方不只是獲得電視劇的收益，他們還能享受IP增值的效益。這樣子，他們也會很積極地提供素材給遊戲的研發方。譬如，每一集講什麼故事、所有的人物設定是什麼樣的、他們的人物形象、穿什麼衣服。」

其次，改變遊戲的開發方式。《花千骨》手遊的成功得益於玩家對於劇情的帶入感。開發過程，遊戲設計需跟著劇情走。遊戲人物雖然是Q版，但美術是跟著電視劇版的造型設計，因此玩家很容易辨識人物。遊戲還邀請女主角擔任代言人，用劇中造型為遊戲拍攝一系列宣傳廣告。這改變了過去遊戲公司只能拿著故事大綱閉門造車，也提升玩家的體驗。遊戲裡，玩家可以重溫劇情，和主角共同經歷一段奇幻之旅。

最後，宣傳聯動也是關鍵。在《花千骨》劇中也會露出廣告，讓用戶知道那是正版授權遊戲。宣傳過程也會加入和遊戲有關的內容，為手遊導流。愛奇藝還會在各種粉絲論壇做宣傳，女主角趙麗穎的粉絲也會因支持偶像而去下載遊戲。三方聯合作戰之下，《花千骨》手遊的收入遠超電視劇的收入。從2015年7月到年底，愛奇藝聯合發行的影遊整合產品，收入累計超15億元。一位愛奇藝主管解釋：

「遊戲公司對於影視劇什麼時候播出、什麼時候才能宣傳遊戲，是無感的。另一方面，影視公司又會擔心劇照或內容外洩，不敢把這些東西給出去。所以，在之前合作上總會出問題。我們很理解兩方的立場，所以會做一些平衡。因為是夥伴關係，所以全程都會有交集。譬如，電視劇發布會我們邀請遊戲公司一起參加，宣傳遊戲的時候也不會把劇給落下。」

智財發展：一源多用模式。通過電商聯動、影遊合作之後，愛奇藝接續建立「大蘋果樹」商業模式，也就是「一源多用」（one source, multiple uses）。這是以同一IP內容去整合廣告、會員、電影、動漫、遊戲、電商等多種業務。2016年5月愛奇藝宣布，要從影音平台變成「IP公司」。執行長龔宇揭露這樣的願景：

「什麼構成了愛奇藝，其實是這些知識產權。知識產權包括我們幾千個技術專利⋯⋯包括我們擁有的內容IP，這些是愛奇藝的資產。同時，愛奇藝又是一個開放型的平台，所以我們願意跟擁有IP的各種類型的公司合作，這就是愛奇藝。」

《太陽的後裔》、《花千骨》的合作模式鍛鍊出愛奇藝的IP創造力。愛奇藝下一步想做的是「IP生產」，於是在2017年推出《中國有嘻哈》。這是一檔綜藝節目，以競賽的形式推廣小眾的嘻哈文化。過去對於衡量綜藝節目的標準有三項：流量（收視率、點擊率）、廣告收入（冠名、置入等）、品牌熱度（話題性、美譽度）。愛奇藝以《中國有嘻哈》來實驗「大蘋果樹」的商業布局。

《中國有嘻哈》以IP為核心，整合一系列衍生業務，包括廣告、付費會員、衍生商品、藝人經紀、直播、線下巡演等。節目策劃時，就同步成立衍生品牌「R!CH」（Rap of China）。衍生商品採用品牌授權模式，由事業部研發品牌商標，然後授權給合作商去開發衍生商品，涉及服飾、配飾、3C數位、食品、酒類等。若有共同研發的產品，愛奇藝收取保底授權費及銷售提成。R!CH旗下的200多項商品在愛奇藝商城上架之外，也在天貓等電商平台及門市店販售。

愛奇藝也開展經紀業務，簽約旗下藝人。圍繞《中國有嘻哈》的還有衍生節目、直播互動、線下巡演，同時相關電影也開始籌拍。這項綜藝節目為追求覆蓋面，內容可免費觀看。愛奇藝為吸引付費會員還設計專屬優惠，譬如會員可觀看獨家節目（節目外傳），提供節目參與投票活動，對選手去留擁有更高的話語權等。《中國有嘻哈》成為愛奇藝第一個「IP自造」實境秀作品。

商模調適：以「長期經營」回應「短期獲利」

各影音平台將更多資源投入自製節目。然而，市場上不易找到頂級編劇，原創劇本創作時間又長。於是，網路小說成為「IP」豐富來源。「IP劇本」通常有一定的觀眾基礎，如《盜墓筆記》本來就有幾百萬的讀者，這使得宣傳費用可以

大幅降低。這些IP一旦被改變為戲劇，就備受媒體關注，省去影音平台的推廣成本。現成的IP改編速度也快，比起原創劇本需要慢工出細活，IP劇可縮短製作時間。早期IP劇的成功，更增強影音平台業者的投資信心（參見表7-5）。

其實，收購IP並不是獲勝關鍵。主流者的迷思在於，只注重單一戲劇的製作，卻未思考長遠布局。樂視推出《羋月傳》，但劇情與所促銷的產品（如電視機、手機或酒類商品）缺乏關聯性，產品生命週期也因此短暫。IP衍生商品只能靠戲劇播出獲得短期銷量。相對地，後進者愛奇藝卻以複合模式豐收。用韓劇帶動電商熱銷，整合影音平台與電商通路，讓獨播劇結合獨家賣。以利益共同體模式去整合影音平台、製作公司、遊戲商，讓三方資源發揮綜效，使得研發同步、宣傳同軌、利潤同享。最後，藉由「大蘋果樹」模式，建立IP生態鏈，整合廣告、付費會員、衍生商品、藝人經紀、直播、線下巡演等業務。在這個階段，愛奇藝演變成為智財導向的公司。

表 7-5　以「長期經營」回應「短期獲利」

	主流設計	後進回應
競爭環境	市場狀況：智財劇走紅，網路小說提供創作來源。 內容研發：原創劇本開發相對困難，IP劇本改編速度較快，形成市場搶奪戰。	
	啓動軍備競賽	戲劇複合電商
經營模式	騰訊投入頂級IP劇，以每集900萬元的價格取得《如懿傳》，目的是布局「大IP」以建立競爭壁壘。	之前經驗讓《太陽的後裔》在播出前就布局電商、提前備貨、安排導購，建立由獨播好劇帶動獨家生意的複合模式。
	智財二度開發	影遊整合模式
營收來源	優酷、搜狐乘勝追擊，再次開發原有IP；改編《萬萬沒想到》、《屌絲男士》等節目成為電影。優酷結合電商，開發衍生商品。	建立三方利益共享機制，改為同名手遊，以同步研發、同軌宣傳、共享方式，做到劇情和遊戲同步；宣發互相呼應，達到一加一大於二的綜效。

	開發超級智財	一源多用模式
智財發展	樂視以《羋月傳》帶動手機、電視機等衍生產品聯動銷售；但只限於播出期間捆綁銷售，產品與劇情也不全然相關。	轉型爲智財導向公司，以《中國有嘻哈》整合廣告、付費會員、衍生商品、藝人經紀、直播與巡演等業務。
	開發超級智財	一源多用模式
商模調適	智財短期變現：認爲取得智財版權，就會有高回報。缺乏整合，注重短期利益而難以顧及長遠布局。	智財多元經營：不以收購智財數量爲主，而是積極整合智財以開發多樣業務，藉以發掘智財的最大潛能。

/ 調適複合的邏輯 /

商業模式不是公式，而是探索的歷程。商業模式創新則是調適過程，不能只看單一時期的設計。我們千萬不能依賴簡化的工具，必須由後進回應觀點去思考，才能找出屬於自己風格的商業模式[11]。調適複合的邏輯思維可分爲三點探討。

第一，不變的，就是有策略地一直變。競爭環境不斷地變化，技術不斷地進步，顧客口味不斷地更換，對手也不斷推出新的競爭方式。因此，商業模式很難一成不變，用一套「最佳實務」也不可能歷久彌新。商業模式要創新，後進者必須因地制宜，隨著環境而調適產品的創新、技術的改善、服務的體驗、通路的建立。停留在原地，或盲目複製主流的作法，一樣不明智。商業模式需要不斷地變動，但需要透過謹愼的策略回應。

第二，見舊招，拆之以新招。起步晚既是愛奇藝的劣勢，也是愛奇藝的優勢。作爲後進者，沒有包袱。不過，商業模式的創新必須要隨著主流者的作法而調整。主流者在「衝流量」的時候，後進者可以用「優體驗」回應。主流者在鞏固「電腦端」利益的時候，後進者可以由手機「移動端」回應。主流者展開「殺價競爭」時，後進者可以藉「會員歸屬感」回應。主流者競相製作「爆

款小品」時，後進者可以用「網感精品」回應。主流者瘋狂於智財的「軍備競賽」時，後進者可槓桿「智財複合」以回應。後進者見招拆招，要超越而不抄襲。買好劇、不搶獨家、不侵權、精品自製，這些作法雖然會遭遇一時陣痛，卻也能建立品牌形象、降低版權成本、避開訴訟風險。優質肯定產生價值，這是愛奇藝於亂世的獨到見解。

第三，主流的迷思，是後進者的回應巧思。主流者因循過去的成功，必然有其深陷的迷思。例如，當主流者習慣流量所帶來的廣告收入，只能強化以量取量的循環，也就是用短影片產量去換取海量點閱率。結果，複製此模式的廠商越多，「流量」越難以經營。短影片雖然可以衝刺流量，但其感官刺激也會很快褪去；優質內容反而能夠長久，累積「留量」。主流都在製作大型網劇，但是就缺乏心力去整合相關業務，使得熱門網劇曇花一現；反而，利用智慧財產創造出複合商業模式，雖然具挑戰性，但是優勢比較容易延續。

愛奇藝的經驗告訴我們，主流在做的，不見得是正確的；過去這麼做看似是對的，不代表當下還是對的；人人都跟隨的，也不見得就是真理。當局者，往往迷失。後進者若能從主導設計中反省有哪些迷思，就可以找出回應的巧思。有時，少反而是多；因為少，就容易投注足夠的資源，讓內容精緻化，雖然無法吸引到免費型觀眾，卻可以招募到忠誠的付費會員。有時，慢就是快；因為慢，可以篩選優質影視版權，發展正版、高清畫質的影片內容，後續發展反而更為穩健。如此，我們也才不會迷思於以小博大，而奮力製作生命短暫的內容。

市場中有先行者占到先機與優勢，如此後進者似乎居劣勢，無翻身的機會。然而，後進者卻可以利用策略性的回應，走出一條不同的道路。巧妙地重組手邊的資源，找出資源間的複合效應，與時俱進地調整，形成新的商業模式。後進者講求的是「後勁」，不能與先行者硬碰硬，不能複製先行者的商業模式，而必須找到彌補先行者做不到、不想做的缺口，便能另闢蹊徑，找到複合的策略方案。正如愛奇藝執行長龔宇所言：「成功的機會往往不是自己創造的，而是由對手創造的。」最瞭解你的人不是你的朋友，往往是你的敵人。由

主流者的行動找出迷思，創造出後進者的機會，正是商業模式創新的巧思，這便是調適複合的邏輯。

注釋

1. Osterwalder, A., & Pigneur, Y. 2010. *Business Model Generation: A Handbook for Visionaries, Game Changers, and Challenge*. New Jearsy: Wiley.

2. Suarez, F. F., & Utterback, J. M. 1995. Dominant designs and the survival of firms. *Strategic Management Journal*, 16(6): 415-430.

3. 雖然文獻有談到，科技業要如何快速地回應，但是卻沒有分析調適的過程：Eisenhardt, K., & Tabrizi, B. 1995. Accelerating adaptive processes: Product innovation in the global computer industry. *Administrative Science Quarterly*, 40: 84-110.

4. Chesbrough, H. W., & Rosenbloom, R. 2002. The role of the business model in capturing value from innovation: Evidence from Xerox Corporation's technology spinoff Companies. *Industrial and Corporate Change*, 11(3): 527-555.

5. 這篇作品雖然不是探討商業模式，而是分析回應危機的過程，然而其中的互動調適過程很值得參考：Dutton, J. E., & Dukerich, J. M. 1991. Keeping an eye on the mirror: Image and identity in organizational adaptation. *Academy of Management Journal*, 34: 517-554.

6. 目前文獻比較多談到商業模式的演化，但是卻沒有討論調適的過程，請參考：Svejenova, S., Planellas, M., & Vives, L. 2010. An individual business model in the making: A chef's quest for creative freedom. *Long Range Planning*, 43(2/3): 408-430.

7. 在指導一位研究生陳塈的論文過程中，我們分析了大陸影音平台的發展史，其中約七成是彙整歷史資料，三成是採訪產業相關人士。我們發現愛奇藝有很不一樣的回應過程與商模設計。詳細資料請參見：陳塈，2017，《調適性創新：商業模式的主導設計演化與後進者的回應》，政治大學科技管理與智慧財產研究所碩士論文。

8. 更多資料可參見：蕭瑞麟，2018，〈從愛奇藝近10年內容策略，談市場後進者的盈利心法〉，《經理人月刊》，六月號，136-139頁。

9. 除愛奇藝主管與業界專家為直接採訪外，本案例的證據由次級資料與媒體公開發表彙整而成。

10. 除非註明，本案例提及之金額皆以人民幣計算。

11. 參考後進者策略：Cho, D.-S., Kim, D.-J., & Rhee, D. K. 1998. Latecomer strategies: Evidence from the semiconductor industry in Japan and Korea. *Organization Science*, 9(4): 489-505.

少力設計

劣勢時，施展隨創

08

以少為巧：星野集團
制約中隨創

Less for Better– Bricolage within Constraints

世上的事沒有所謂的好或壞，是想法決定了它的
意義。

—— 莎士比亞（William Shakespeare），
英國文豪

在體驗至上的年代，服務創新成為當代新寵。然而，創新是需要投入資源的。任何創業者，或由中小企業到大企業的主管，往往必須在資源匱乏的狀況下去開發新服務。劣勢中如何能創新服務，常見的說法是「儉樸創新」（frugal innovation），強調於以低成本、少浪費，用以少為多的方式於匱乏中完成創新[1]。雖然有些顧問公司也提出企業應化制約為助力，但多數建議也是圍繞在「資源要活化，一項資源要當作多個來用」等口號[2]。隨創理論（entrepreneurial bricolage）提出劣勢創新的新作法。創業家缺資源、欠機會、遇窘境，如何能夠翻轉？本案例將探討如何轉換「劣資源」成為「優資源」，讓服務創新得以於困境中實踐。

/ 隨創：隨手拈來的創新 /

首先解釋bricolage，這個字源自法文，原被譯為修補、拼貼、拼湊或即興組合。法文原意是指雜而不精的工匠（bricoleur），利用隨手可用的材料，拼拼湊湊地修補桌椅。這種隨手修補的作法，卻能產生意想不到的成果。這些雜藝工匠並未仰賴精密計算或理性分析，而是在遇到困難時隨性發揮，好像在野外發揮人類原始的生存本能，所以法國人類學家李維·史特勞斯（Claude Levi-Strauss）稱這些隨創者擁有野性心靈（savage mind），隨時可無中生有，於野地求生[3]。在此定名為「隨創」，因其符合禪學裡的「隨手拈來，就是創意」的意境。

劣勢創新便是思考如何在制約條件與資源缺乏的狀況下，找出解決方案。制約可概分為現實面、心理面與結構面。企業面對自身條件不足、市場過小、競爭激烈，是現實面的制約；創業者遇到困難就自我設限，或是思維僵化，使創新難以推展，是心理面的制約。創業者身處某種機構中，必須面對制度法規、習俗常規、普世認知等制約，也會讓創新出師未捷身先死。制約更會增加資源取得的困難度。

資源可以是有形或是無形的。資金、設備、人才，是有形的資源；土地、礦產、地理條件（如位處大雪紛飛的荒山）是有形的天然資源；企業聲望、媒

體報導、社群認同則是無形資源。想要改造老房子卻礙於資金不足；空間狹長，卻需容納四個人。於此狀況下，資金、舊房與小空間都是制約。

隨創：重組資源的巧思

隨創有三項原則：就地取材、將就著用、資源重組[4]。「就地取材」（making use of resources at hand）是找尋手邊資源，不要求最好，只需要剛好。「將就著用」（making-do with resources）是屈就於手邊有限的資源，去拼湊可能的解圍構想。「資源重組」（recombining resources）是將幾項少資源，或是劣資源，重新組合找出新的應用方法。這三個作法環環相扣，便可形成隨創方案。

例如，社工機構回收各縣市廢棄的玩具，重新維修與組裝，變成新玩具，以嘉惠偏鄉的兒童。一位農夫在農地上發現廢棄煤礦場，瀰漫毒性沼氣，原本無法耕種[5]。沼氣本來是制約，農夫卻找來二手柴油發電機，將沼氣燃燒產出電力，出售給附近的電力公司；再用離峰電力供給有機番茄溫室。有機植栽的排水有豐富養分，則用來養殖具經濟價值的吳郭魚。沼氣本來是不好的資源，帶來制約；可是一連串的發電、植栽、養殖等資源組合後，卻以沼氣促發出經濟資源，像是電力、番茄與吳郭魚，引出新價值。拼湊資源、變更組合方式，便可帶來意想不到的隨創方案。

日本一個美食節目中報導一家豆腐店叫做千歲屋，在東京檜原村。千歲屋知名的不只是豆腐，更是甜甜圈。千歲屋用的是北海道大豆做出的豆腐。然而，豆腐生產過程中留下許多豆渣，棄之可惜。店家就加入來自付金瀑布的天然泉水，打成豆漿，混上甜甜圈粉變成麵糊，酥炸之後就變成知名的「豆渣甜甜圈」。不只內帶嚼勁，而且外酥內軟，香氣逼人，每日只製作 1,500 個，一出爐就搶購一空。

首先，處於匱乏時，通常「材料」不會很多，而巧婦如何能為無米之炊，這便需要就地取材。隨創時並不一定是完全沒有「材」，有時是因為我們沒有敏銳地發掘那些看似無用卻曖曖內含光的資源。就地取材最難的在「取」的眼

光。同樣身處一地，有人看不到資源的用途，有人卻可以。就地取材雖人人可用，但還要伴隨著獨到眼光，就如千歲屋老闆「取」的是豆渣。其次，將就著用，就是能用就用，最好不如剛好，講究不如將就。不過，隨創時雖將就，但希望能達到講究的效果。例如，豆腐店雖「將就著」使用豆渣為原料，卻製作出更講究的甜甜圈。將就著用不是隨便弄弄，能用就好，而是將就於有限的資源時，找到另類講究的方式，讓將就的拼湊產生講究的效果。最後，匱乏時可以透過重新組合有限資源，形成隨創方案。豆腐渣原是生產的廢棄物，可是組合甜甜圈粉與豆漿，卻成了熱賣品。

文化性資源

資源取用也可以藉由象徵性行動（symbolic action）[6]。這就是以「說故事」去建構正當性，改變資源擁有者的認知，造成對取用者的信任，因而願意釋放出資源。制約條件下，礙於風險，通常資源擁有者不輕易給予資源。但有四種「說故事」的方法可以建構正當性，包含：凸顯個人過去信用、表現出專業作為、提供過去成就，以及展現豐沛的人脈。因此，有人稱這些能說善道的創業者為「文化創業家」（cultural entrepreneurs），透過舌粲蓮花很「有文化地」凸顯自我價值，獲得正當性，以便取得信任，隨而贏取對方的資源[7]。

例如，創業者可以說個精彩的故事，以傳奇開始、歷經波折的情節，然後有圓滿結局，以符合投資人的社會性期待。或者，創業者可善用某種認證競賽，像是得到紅點設計獎，令投資人認為自己未來有異軍突起的機會。再者，創業者可透過傳奇故事，暗示自己受到成功人物的支持，以增加自己的可信度。最後，創業者也可以展現自己的人脈網絡，像是加入某種菁英社群，以暗示新創公司於業界的聲譽，進而取得信任。象徵性行動是改變人的認知，重新解讀困境，從而對制約產生全新的認識，甚至由制約辨識到創新的時機[8]。

資源其實有兩種特性：物質性（material quality）與文化性（cultural quality）[9]。這兩種資源特性是相對的，從一個角度來看資源是惡劣的，可是從另一個角度來看卻是優質的。象徵性行動靠的是「社會建構」（social reconstruction of reality），也就是改變心理投射的意義，去轉變人對一項事物

的主觀理解[10]。資源的物理本質雖難以改變，卻可以透過社會建構的手法，配合對方內心狀態去重塑他人對資源的認知，藉以改變對方原有賦予資源的文化意義。

這種社會性建構方式不更改資源的客觀性質，而是以語言來改變人對資源投射的主觀價值。例如，一件校園募款活動，透過社會建構方式可以變成社區運動，激起師生與市民的使命感，動員各類社會資源投入；使命感便是一種社會建構的手段[11]。這種「社會建構」方式是以修辭策略去改變社會成員對資源所投射的價值，提升對方的接受度。資源本身的物理特性沒有改變，改變的是對方賦予資源的文化期望[12]。

因此，轉變資源的性質，就能轉變資源的價值。要改變資源的性質，就必須理解資源同時存在物質性與文化性。資源有理性的一面（物質性），也有感性的一面（文化性）。透過文化性的轉換後，會改變成員投射於資源的意義，也就能改變其價值。溪邊苔蘚都是泥濘，令人不悅；但是轉換成苔蘚生態之旅，成為都市客的大自然遠足，便有慢活的價值。冬天過於嚴寒，令旅客卻步；可是冬季可以觀賞自然而成的冰瀑布、原野中的「樹冰」（大樹被雪封蓋住的景象），卻是都市人眼中的絕佳美景。誠如英國文豪莎士比亞所言：「世上的事沒有所謂的好或壞，是想法決定了它的意義。」一物都有兩面，如果我們能夠運用這樣的二元性來思考劣資源，就可能找到機會，改變資源的性質。

服務隨創的作法

隨創需要考量認知轉移與資源轉換，認知上的改變會帶動資源的轉變。圖 8-1 歸納此轉換觀點的隨創作法，含兩項核心因素：制約與資源。C 代表制約（Constraint）。「C-」表示創新者對制約的認知原本是負面的；需轉移至「C+」的正面認知，方能找出機會的線索。制約可分為環境面的制約，例如地理位置不佳；或資源面的制約，如有形及無形資源的不足等。過去我們多將制約視為背景，而沒有分析如何解讀制約，以理解創新者面對困難時如何能「想通了」，進而領悟拼湊資源的巧思[13]。

圖 8-1 中，Rm 代表資源的物質性；Rc 代表資源的文化性；Rm⁻ 代表被認為是負價值的物質性資源；Rc⁺ 代表被賦予正價值的文化性資源。組合劣資源前必須先轉換資源的價值，使劣資源能變成優資源，最後形成服務創新方案「Si」。隨創可分為三個步驟：認知轉移、資源轉換、創新方案。

步驟一：以相對性思維解讀制約

　　制約偏限創新者的認知，需轉移認知方可解除。創新者遭遇不利條件時，諸如資金不足、規模太小、人才不到位、技術不成熟等，會限制創新。這些制約會讓創新者覺得捉襟見肘，萌生放棄的念頭。地點因偏遠而制約；景點因乏善而制約；餐點因乏味而制約。資源本身條件不佳，像是遠郊的旅館、森林與青苔、野菜料理、溪畔畸零地、寒冬造成冰封等，也都限制創新的可能。創新者可透過重新解讀制約而找到契機，使認知得以轉移。

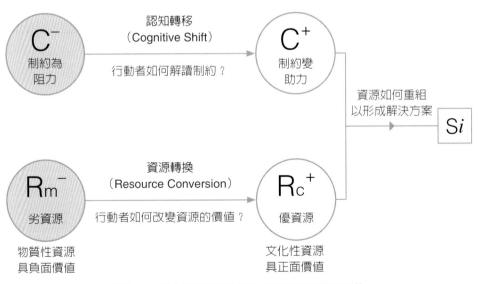

圖8-1　隨創需要啟動認知轉移與資源轉換[14]

面對制約時，重新定義所面臨的困境。制約引出的禍，可能暗藏著隨創所帶來的福。列出相反與相對的可能性，整理「禍中有福」的選項，排除相反的狀態，評估各種相對的可能。先不要往相反的方向想而怨天尤人、灰心喪志。往相對的方向思考，往往就能夠絕處逢生，柳暗花明又一村。困難反而是機遇，偏遠地點同時也是人間罕景；沒人氣的景點，也可能塑造成超凡的體驗；缺乏美食，也可能是自創美味的良機。

這樣的觀念如果應用到面臨衰退的傳統產業也是可行。例如，電腦周邊散熱器產業雖走入低利時代，然而其散熱技術卻可能轉換，在電競產業大放異彩。日本醬油傳產本來走向生物技術，結果卻研發出人人討厭的脫毛劑；然而，脫毛劑對澳洲牧羊農場卻是一大福音，因為不用怕電剪傷害到綿羊。

步驟二：改變資源性質以轉變資源價值

轉換資源的性質，即可轉變資源的價值。資源指的是經費、空間、房間數等具象的物質性資源，是創新者本就有的資源。創新者也可能動員在地資源，像是城市鄰近的美術館，或是國家公園裡面的森林、青苔、河流。資源的物質性雖不容易改變，但其文化特性卻可以轉換。譬如，旅客會賦予青苔的物質性是「地衣」，卻可能因為部落客的暢銷書而賦予「生態小確幸」的文化感受。資源建構便是創新者以文化性去轉變資源被認知的價值。

資源會因其客觀的存在，而具備物質特性；也會因其所處社會脈絡，而具備文化特性。例如，中庭的吊鐘，也可是「森之神話」的文創下午茶；溪畔的空地，也可以是露天朝食，讓住客在大型陽傘下優雅地吃著班尼迪克蛋早餐，搭配美景；無聊的自助餐廳，以蘋果為想像，用各地食譜為佐料，則成為具特色的蘋果研發廚房；青苔與泥濘路，也可是苔蘚套房配生態之旅；冬天冰封的溪流，也是健行觀冰瀑的難得體驗。森林中的平凡經驗，也可以變成都市人非日常的體驗。資源性質的轉換將會因文化性解讀而有諸多可能，而創新者就可在困境中找到契機。

步驟三：巧思拼湊而創新服務

創新者巧用這些轉變後的資源，從而形成創新方案。這些方案需帶來經濟效應或影響力，並產生正面的顧客體驗。此時，資源的內涵會產生意義上的變化，資源的價值也會由負轉為正。轉換在地資源的價值，企業便可實驗各種資源重組，以將就做出講究的效果。我們也可延伸到其他劣資源轉換與在地資源的重組。例如，若旅館位於嚴冷的北海道，酷嚴氣候反而讓冰不會融化，如此便可以變成冰的主題樂園，像是冰之教堂、冰之學校、冰之酒吧、冰之旅館等文化性活動。過氣的歐式建築可以結合當地葡萄園與小農，轉換成健康農品市集，以當地紅酒為主題，呈現歐式生活風尚。轉換資源價值，隨手拈來都可以是創新。

/ 星野翻轉奧入瀨溪流酒店 /

以下案例分析星野集團如何翻轉奧入瀨溪流酒店，先說明旅館所面臨的制約，隨之針對星野所面對的四個「劣資源」，逐一分析認知轉移與資源轉換的過程，最後促成該旅館的重生。每一節會說明創新者如何解讀制約而發掘隨創的契機，進而轉換劣資源的性質，隨之轉變資源價值，拼湊成新服務。

奧入瀨溪流酒店的制約

奧入瀨溪酒店位於青森縣十和田市，因為處於奧入瀨溪下流旁而得名。旁邊是十和田八幡平國立公園，附近有八甲田山，是滑雪勝地。早期有不少巴士觀光團，帶動當地的經濟。商家全靠 4 月至 11 月的遊客。然而，冬天一到，客人就少，公共運輸也停開，旅館只好歇業。後來，日本的經濟不景氣讓旅遊團漸漸減少[15]。奧入瀨溪流酒店原本因地處市郊、交通不便、缺乏特色而宣告倒閉。易主後，由投資公司邀請星野集團入駐經營。2017 年，接手的星野奧入瀨溪旅館總經理回顧：

「十和田市在日本是蠻鄉下的地方，旅客從東京到青森鐵道車站要4小時，抵達後還需搭一個多小時的巴士（2019年起設有直飛班機）。經濟景氣時，每天還有四、五台旅遊團巴士進來；不景氣後，只剩下自助型的散客，整個地區就變成冷冷清清的。冬季時，市政府連公共交通都停止服務了，我們也就只好休館。」

這使得原本先天條件就不佳的奧入瀨溪流酒店更添阻力，面臨三大挑戰：地點、景點、餐點。就地點而言，奧入瀨溪流原本是火山所在地。湖水由「子之口」溢出後，便形成奧入瀨溪，全長14.2公里。溪流沿途是熔結凝灰岩，是輕石頭和火山灰在高溫下所堆積而成。由於此處是國家公園，所以也不能進行商業性開發，像是森林中蓋旅館的規劃。也因此，奧入瀨溪流酒店很難成為都會旅客的首選。

就景點而言，雖然旅館位居國家公園旁，但周邊主要景點就是森林，沿途布滿青苔與泥潭。對於遊客來說，這裡頂多是停留半天的景點，很難想要在此住兩天以上。就餐點而言，這個地區沒有特色的在地料理，餐點也是標準化日式料理，對遊客來講並沒有太大的吸引力。

星野集團接手後，推出一系列新服務，卻讓這座郊外旅館搖身變成門庭若市的生態體驗勝地。為何同樣的制約、資源、環境，換手經營後，旅館卻能呈現截然不同的魅力？以下聚焦於四項劣資源來探索隨創的作法（參見表8-1）。

表8-1　認知轉移與資源轉換過程

資源	認知轉移		資源轉換		服務隨創
	制約	轉念	物質性	文化性	
遠郊的旅館	旅館位於市郊，地點不方便。	遠郊反倒是都市人遠足的優勝美地。	郊區的小型旅館，健行會弄髒，頂多半日遊。	旁邊有國家公園，可於大自然優雅踏青；可朝聖鄰近普立茲克獎建築。	健森之旅：安排泛舟、健行、觀星；藝術遠足到駒街道賞櫻。

資源	認知轉移		資源轉換		服務隨創
	制約	轉念	物質性	文化性	
森林與青苔	小河流，沿途是泥濘、苔蘚、細瀑，無美景可觀。	苔蘚是環保的地衣，難得的生態保育景觀。	沿溪有苔蘚、泥濘及14座小瀑布，健行需5小時。	田中美穗的苔蘚熱潮；森林浴體驗生態的慢活。	生態之旅：苔蘚漫步、苔蘚套房、晨間咖啡、森之學校。
野菜配蘋果	只有一般野菜湯，無當地料理。蘋果不能當主食。	青森蘋果具知名度，有在地蘋果食譜。津輕海鮮豐盛。	野菜湯是村民的家常菜，缺乏道地料理。餐廳前畸零地雜草叢生。排煙用的大暖爐占用空間。	青森蘋果入菜，搭配津輕海鮮變成在地佳餚。畸零地可享悠閒溪畔用餐。暖爐是岡本太郎的作品。	青森蘋果廚房：津輕海鮮、露天朝食、森之神話下午茶、法式夕陽晚餐。
冰雪加寒冬	寒冬冰封道路，在地商家需關閉。	奧入瀨溪的冬天是冰雪絕景。	溪流雪封，沿途瀑布結凍，冬日奧入瀨危險禁入。	冰雪封閉是祕境；八甲田山的雪怪傳說是樹冰美景。	冰雪奇緣：雪鞋健走、夜間極光之旅、冰瀑溫泉、樹冰觀賞、滑雪接送。

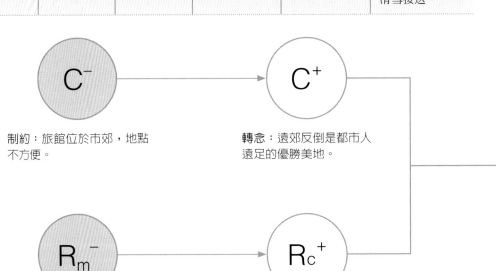

C^-

制約：旅館位於市郊，地點不方便。

C^+

轉念：遠郊反倒是都市人遠足的優勝美地。

R_m^-

劣資源：郊區的小型旅館，踏青會弄髒，頂多半日遊就回程。

R_c^+

優資源：配合旁邊國家公園，可於大自然優雅踏青；可朝聖鄰近普立茲克獎建築。

劣資源一：遠郊的旅館

　　地處偏郊是奧入瀨溪旅館首要面臨的挑戰。2018年青森機場未開通前，旅客需由北海道新千歲機場乘坐新幹線，穿越海底隧道，約4小時到達青森市站後，需再搭專用巴士約1小時，越過八甲田山，方可抵達旅館。雖不是偏鄉，但地點不便影響遊客造訪動機，遊客難以想像要千里迢迢來奧入瀨溪住一晚。星野團隊要如何解決交通不便的地點制約呢？圖8-2彙整認知轉移與資源轉換的過程。

認知轉移：遠郊，也是慢活祕境

　　雖在國家公園旁，然而要遊客大費周章來一處沒沒無聞的森林區，缺乏說服力。更何況，遊客還有許多選擇，周圍可至青森、岩手、秋田，都是更具吸

Si^1

健森之旅
安排泛舟、健行、觀星等大自然活動。以漫步國家公園森林讓都市客有機會到戶外踏青，是吸取芬多精的健康療程。

Si^2

秋季蘋果燒烤
遊客邊欣賞紅葉，邊燒烤青森蘋果，品嚐10種不同果醬。在滿地楓紅的的樹林間安排音樂會。

Si^3

藝術遠足
設立「藝立方」館中館，安排一日遠足到十和田美術館欣賞藝術作品，享用喝下午茶，至駒街道賞櫻與理解戰馬文化。

圖 8-2　遠郊旅館的認知轉移與資源轉換過程

（圖片來源：星野集團）

引力的景區。奧入瀨旅館附近沒有特色景點。較爲可看的是 2008 年日本政府重整官舍而興建的十和田市現代美術館，但卻不在旅館附近。十和田市是小鎮，約 725 平方公里中，居民六萬人。對比其他景點，奧入瀨溪旅館仍缺乏吸引力。

勘查過周邊環境後，星野團隊漸漸有新想法。奧入瀨溪旅館位於國家公園旁，鄰近有山林、湖泊與自然生態，會是許多都市客嚮往的踏青勝地。忙碌生活中，都會上班族需要短期的出走，到戶外踏青，享受森林浴的洗禮。然而，多數都市客難以自己規劃行程，安排登山、健行、泛舟等與大自然接觸的戶外活動，是難以達成的期望。旅館總經理解釋：

> 「走出都市叢林，去看看青山綠水，到湖邊安心地走走，來一趟自得其樂的旅行，是許多城市客人的渴望。平常工作已經很累了，他們不會想再去熱鬧的地方。找個安靜的地點，享受片刻的寧靜，這對都市人來說是奢侈的。奧入瀨溪以及這一大片國家公園，不就是最好的慢活祕境嗎？」

星野團隊思考，旅館房間數本來就不多，不應該繼續以低價策略來吸引遊客；只用「國家公園」的招牌也很難吸引旅客大老遠前來。關鍵是要讓旅客能產生至少留下來三天的動機。城市旅客若自行到森林去逛，不知道要帶什麼裝備，也容易走失。星野團隊臆測：如果能夠安排各種戶外活動，讓遊客多跟森林接觸，讓心靈都得到休息，這樣也就會讓身體更健康。如果能安排這樣的「健森」體驗，便能滿足都市客對森林慢活的期待。

星野團隊探勘附近城鎮後也發現，十和田市雖小，卻有其魅力。小鎮過去是飼養軍馬的重地。時過境遷，留下少數馬術俱樂部以及一間「稱德館」，紀念小鎮的養馬文化。主幹道路稱爲「駒街道」，寬 36 公尺、長 1.1 公里，共種植 157 棵櫻樹與 168 棵松樹，沿道布滿戰馬的歷史物件，紀念過去的繁華。春季時櫻花沿街盛放，甚爲壯觀。一位星野行銷企劃解釋：

「駒街道沿街有馬鞍藝術鑄造，連街旁的欄杆都是馬的造型。我們就想，
　遊客來奧入瀨溪不只可接近大自然，更不用在大都市擁擠，就可以賞櫻
　花、看古蹟、逛美術館，是一日遠足的好地方。更何況，遊客在森林健
　行一、兩天後，應該會想換個心情，這個小鎮就是最佳去處。」

　　十和田市現代美術館是由普立茲克獎得主西澤立衛所設計。星野團隊構
思，如果一直安排戶外活動，旅客也會感到疲乏，會想換一換心情。十和田市
現代美術館雖小，卻有不少特色展品，像是奈良美智、草間彌生、小野洋子的
作品。展品放在半開放的室內，也分布在戶外公園。

　　然而，旅館位於遠郊，交通不便的狀況下，遊客不容易抵達。國家公園地
域廣大，但不是很確定怎樣的活動才會受到遊客青睞。從奧入瀨溪前往十和田
市，至少需要 40 分鐘車程。星野要如何結合十和田市現代美術館，讓不利的
地點更具魅力呢？

資源轉換：偏境，變成藝術遠足

　　奧入瀨溪旅館位於郊區，原本觀光價值低。若是旅客自行安排去踏青，很
容易「弄髒」衣服；不但不知從何規劃行程，更容易迷路。也因為如此，過去
的旅行團頂多安排半日遊，讓旅客在奧入瀨溪暫為休息，便驅車前往其他地
點。考慮到旅客的「慢活」需求，星野團隊發現國家公園與十和田市的美術館
也可以是沉浸於自然與藝術的體驗。

　　健森之旅：針對都會客，星野團隊推出「健森」旅遊行程——健行於森
林，讓身體健康。國家公園雖盡是森林，但也是都會客戶外踏青的景點，更是
吸取芬多精的「健康療程」。星野安排一系列由嚮導帶領的戶外活動，像是晨
間單車溯溪、星空鑑賞（帶團到山中，以高倍數望遠鏡觀星）、溪釣體驗、八
甲田山蔦之林漫步、十和田湖泛舟等。

　　秋季蘋果燒烤：到秋季時邁入淡季，星野則加入飲食與音樂的文化活動。
之前，星野團隊舉辦過「燒烤蘋果庭園」活動讓遊客一邊欣賞紅葉，一邊燒烤
青森蘋果；伴著酒店庭園內的溪流聲；遊客的烤蘋果可搭配品嚐 10 種不同果

醫。「落葉工作坊」活動讓旅客沿奧入瀨溪欣賞秋景；領隊會教導遊客用落葉製作成明信片，將繽紛回憶帶回家。有時則在滿地楓紅的樹林間安排音樂會，讓旅客在森林中聆聽天然樂章。「紅葉前線之旅」活動安排到八甲田與蔦之森郊遊，欣賞紅葉美景。

誠如梭羅在《湖濱散記》提到：「步入森林是為了學習深刻；而你所能找到最好的同伴，是寂寞。」瞭解都市客的需求，即使不利地點也可變成魅力景點。都市人想藉由大自然找回從容的生活步伐，他們想脫離都市，但不願失去舒適感。如此，「健森」也就成為奧入瀨溪旅館的特色活動。

藝術遠足：星野設計「一日遠足」行程，帶遊客去十和田市參觀現代美術館，順道逛「駒街道」。十和田現代美術館於 2008 年開幕，適逢當地政府大力推動「Arts Towada 造鎮計畫」，奧入瀨溪旅館即刻響應，因為旅館本來就有大型藝術品。星野設立「館中館」——旅館內有美術館，在地下一樓餐廳旁設置一個「藝立方」（Arts Cube）空間（現在已經功成身退，原本 Arts Cube 空間改為藝廊）。牆面採白色系，配合西澤立衛的立方體設計，由美術館策展當季藝術品或畫作。館方可以擴大影響力，吸引觀眾來參觀；星野則是將空間藝文化，讓旅客願意多留一晚。

美術館常設展覽品只有 20 多件，館方便以借景方式來吸引遊客。有些作品放在美術館前方小廣場，而館內主要作品以大玻璃窗展示。行人好奇，就會走入美術館。其可分為兩大特色。第一是將展品融入街景。十和田現代美術館門口擺著一隻挺立戰馬，身軀卻是以四季花卉所組成。這是韓籍藝術家崔正化的作品：《Flower Horse》（花馬），一方面展現戰馬的雄壯威武，另一方面用鮮花柔化肅殺之氣，配搭櫻花滿街的浪漫。

旁邊是奈良美智的畫作「踮樣女孩」，以黑色線條在立方體建築上畫出，特別搶眼。奈良美智是出生弘前市的藝術家，成名後成為青森縣的藝術代言人。這個踮樣女孩的作品名稱是《Yoroshiku Girl》（請多指教，女孩，2012 年作品），感覺上好像是有人跟她打招呼，可是女孩卻愛理不理，很踮但不討人厭，充滿叛逆少女的童趣。

第二，凸顯個性化的作品。走進展區，是個性化的藝術作品，令人放慢腳步，想停下來與作品對話。一進門就看到 4 公尺高的女巨人，站在她的面前馬上感受到自己的渺小。這是澳洲藝術家榮・穆克（Ron Mueck）的作品——《Standing Woman》（站立的婦人）。穆克受到鼓舞後，開始創作超大型人偶。1999 年推出 5 公尺高的作品《Boy》（男孩），一個巨大的小男生蹲在地上，眼光斜視遠方。由於對人物的細節描述地太過精緻，讓觀眾不像在看藝術品，更有放大鏡下「分析人類」的感覺。悲傷、寂寞、生與死，穆克作品涵蓋各式各樣的主題：有老人、小孩、男人、女人、怪人、異人。每一項作品都不是真人，而是他觀察人生百態之後，自己虛構出的人物。

因為內部不能拍攝，館方設計一個大櫥窗，讓觀眾可以由外面拍照。館方也邀請新銳藝術家來策展，策展期間會企劃互動節目，像是藝術家當場作畫，使觀眾體驗創作過程，也讓藝術家有機會感受觀眾的反應，並提升知名度。雖地處偏郊，星野卻連結十和田市的在地資源，重塑遊客對奧入瀨溪的想像，也讓都市旅客一償夢寐以求的郊遊宿願。

劣資源二：森林與青苔

此酒店雖緊鄰奧入瀨溪，也位於八幡平國家公園區域，但是一直很難吸引旅客到此一遊。過去住客主要靠旅行團，但國民旅遊在日本漸漸地沒落。都市客雖然嚮往森林浴，但對於自己安排森林健行感到不安，女性遊客則擔心泥濘會弄髒衣裳。加上費勁來此踏青，卻只能看到一大片的青苔，吸引力確實不足。星野團隊要如何面對此景點不佳的制約呢？圖 8-3 彙整認知轉移與資源轉換的過程。

認知轉移：青苔，也是自然生態

奧入瀨溪是一條沿森林步道綿延小溪，沿途有小瀑布，並無特別魅力。小瀑布沿途依據溪流型態命名，如阿修羅之流、飛金之流、白銀之流、萬兩之流、銚子、九段、不老、雙龍、雲井等 14 座瀑布。若要走完整段路程，約需 5 小時以上，沿途多泥濘與苔蘚。在 2006 年接手時，星野團隊首要挑戰就

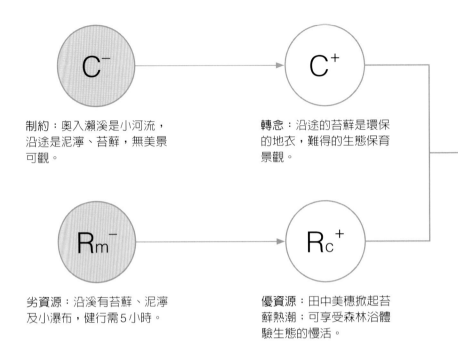

制約：奧入瀨溪是小河流，沿途是泥濘、苔蘚，無美景可觀。

轉念：沿途的苔蘚是環保的地衣，難得的生態保育景觀。

劣資源：沿溪有苔蘚、泥濘及小瀑布，健行需5小時。

優資源：田中美穗掀起苔蘚熱潮；可享受森林浴體驗生態的慢活。

是不理想的入住率。原經營者認為，來到國家公園的旅客一定會流連於明媚風光，會想要在此停留一、兩夜。況且，方圓之內除了一家小民宿外，就只有這間高級旅館，生意應該穩定。然而並沒有。

　　現實是，遊客只會在此短暫停留，或是去附近八戶市，尋找日式溫泉旅館住下。在郊外奧入瀨溪待一晚，並不是最好的選擇。然而，星野團隊發現，換個角度來看，苔蘚本身就是豐富資源，森林沿途苔蘚被列入生態保育區，沿途瀑布也是不錯的景觀。星野奧入瀨總經理表示：

> 「奧入瀨雖然被選為日本天然景觀，但為了保育生態環境，所以旅館要擴建時遇到很多限制。旅館旁邊是森林，雖然都是泥濘與苔蘚，但這也是最棒的天然資源，是都市人難得的戶外體驗。」

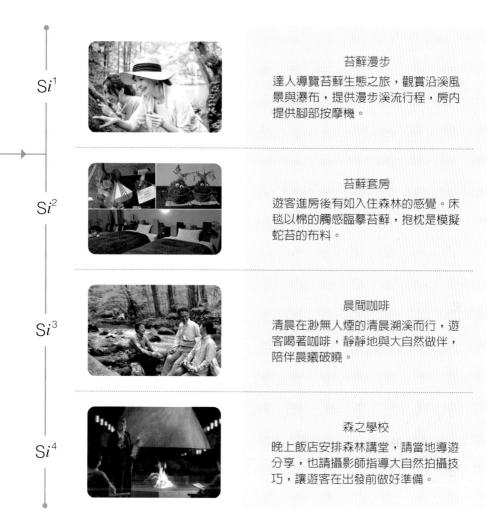

Si^1 苔蘚漫步
達人導覽苔蘚生態之旅，觀賞沿溪風景與瀑布，提供漫步溪流行程，房內提供腳部按摩機。

Si^2 苔蘚套房
遊客進房後有如入住森林的感覺。床毯以棉的觸感臨摹苔蘚，抱枕是模擬蛇苔的布料。

Si^3 晨間咖啡
清晨在渺無人煙的清晨溯溪而行，遊客喝著咖啡，靜靜地與大自然做伴，陪伴晨曦破曉。

Si^4 森之學校
晚上飯店安排森林講堂，請當地導遊分享，也請攝影師指導大自然拍攝技巧，讓遊客在出發前做好準備。

圖 8-3　森林與青苔的認知轉移與資源轉換過程

（圖片來源：星野集團）

　　奧入瀨溪本只是小河流，沿途只有泥濘、苔蘚、細瀑，原本無美景可言。但一轉念，苔蘚也是環保的地衣，是難得的生態景觀。星野團隊認為，小溪、涓瀑與泥濘雖看起來不具吸引力，也可以是都市客的療癒良方。而且，更多大都會的女性上班族，都期待能夠接近大自然，遠離都市叢林，可是又不想弄髒衣服。都市客需要的是悠閒的生態之旅，不要太勞累，但是能擁抱自然。

資源轉換：苔蘚，變成生態之旅

苔蘚漫步的小確幸：奧入瀨溪沿途是青苔、泥濘及 14 座小瀑布，健行約需 5 小時，觀光價值不高。但是，東京恰好掀起一陣苔蘚熱潮。乍看令人不解，怎麼會有如此多女性遊客想去看這種「低等植物」？這也讓星野團隊重新思考生態體驗的設計。原來，有一位作家田中美穗將她到各地看苔蘚的遊記出書，引發許多粉絲的關注。奧入瀨溪於 2013 年被選爲苔蘚生態區後，搭上此苔蘚風潮。一位星野活動企劃解釋：

> 「全日本大約有 1,800 種的苔蘚，奧入瀨就有 300 多種，被日本選爲稀有苔蘚森林。苔蘚是很珍貴的自然生態。所以，我們就著手設計苔蘚生態之旅，搭配正興起的苔蘚風潮，讓遊客拿著放大鏡在森林中去尋找各種不同的苔蘚。」

星野由北海道聘請一位苔蘚達人來設計生態之旅，導引遊客觀賞沿溪一帶各類苔蘚，並順道遊覽一小段溪流與觀賞瀑布。每個房間都備有放大鏡，讓住客隨身攜帶，加入苔蘚行程，由達人導覽，交通與費用全免。

苔蘚套房的森林感：英國詩人威廉・布雷克（William Blake）的名詩提到：「一沙一世界，一花一天堂。掌中握無限，剎那即永恆。」設計苔蘚之旅，星野讓遊客到奧入瀨溪也有「一沙一世界，苔蘚有天堂」的體驗。這也觸發另一個設計靈感。由於奧入瀨溪流酒店一部分的房間位於角落，並沒有辦法看到景觀，所以 2016 年星野推出苔蘚套房，房內裝潢以苔蘚爲設計主題，同時配合苔蘚課程。這使得原本被認爲不佳的房間變成熱門。一位房務主管解釋：

> 「我們首創苔蘚套房，房內是綠色主題的布置，讓遊客一進到房間就有如入住森林的感覺。床毯看起來像苔蘚，摸起來是棉的觸感，抱枕使用如蛇鱗般的布料，是模擬蛇苔。房間內的備品也都使用苔蘚印象的設計，例如衛生紙是淡綠色的、面紙盒設計成苔蘚地皮，創造出被大自然擁抱的感覺。我們在書桌上還擺設苔蘚植栽，旁邊放著田中美穗的書《洋溢幸福的青苔小世界》。」

晨間咖啡伴晨曦：呼應苔蘚之旅，星野還安排「晨間咖啡」踏青活動，早上五點出發。都市客難得早起，集合於大廳，穿上健行雨靴以擋沿途泥濘。星野以巴士直接載到奧入瀨溪中游。路上導遊幽默地介紹沿途風景。下車後，導遊帶著旅客步行一段，在杳無人煙的清晨溯溪而行，觀賞沿途溪流飄過長滿苔蘚的岩石上。溯溪觀賞白雲瀑布的秀麗、銚子瀑布的壯觀、阿修羅急流的洶湧。最後停駐於一處野外餐桌，服務人員遞上一杯咖啡，遊客靜靜地與大自然做伴，陪伴晨曦破曉，體會「返景入深林，復照青苔上」的意境。這是另一種沐浴森林的體驗。

森之學校教攝影：星野設計出一系列的戶外活動，讓遊客以奧入瀨溪流酒店為中心，去探索八幡平國家公園美景，苔蘚之旅是主打行程。晚上，酒店會安排「森之學校」講堂，請當地導遊分享周邊的環境資訊，也會請攝影師指導在大自然拍攝森林、湖泊、花鳥的技巧，讓遊客在出發前做好充分的準備。

2019 年星野更推出森林五感體驗──蔽眼漫步奧入瀨溪流。夏天森林綠意盎然，以往遊客憑藉著視覺穿梭在森林小徑。星野讓旅客戴上眼罩以放大聽覺、觸覺、嗅覺的感官體驗。聽覺享受讓旅客於靜謐森林中聽著樹葉搖曳的聲音、在空中翱翔的鳥鳴聲以及潺潺的溪流聲。旅客閉上雙眼，感受會因此變得敏感，體驗截然不同的森林接觸。嗅覺上，旅客聞著新生樹木芬芳、陣陣的花香以及附生岩石上的青苔氣味。

由郊外返回時，房內備有腳部按摩機，住客可以按摩小腿、恢復元氣。房間還有提示牌，若支援環保計畫，無須打掃與備品，則贈送 1,000 元日幣的回饋券。對不希望被打擾的旅客，多了回饋金就會到樓下去買紀念品。這些環保服務讓遊客一入住就留下好印象。

劣資源三：野菜配蘋果

奧入瀨溪酒店過去提供的是日式準餐點，當地除了野葉湯，實在沒有上得了檯面的道地料理。青森蘋果雖是該縣的特色水果，但不在十和田市，也不位

於青森市，而是在更遠的弘前市，不能算是當地特產。更何況，蘋果只能當餐後水果，頂多作爲餐前沙拉佐菜。星野要如何解決缺乏道地料理的制約呢？圖8-4彙整認知轉移與資源轉換的過程。

認知轉移：野味，也可自創美味

　　雖然位處青森縣，也有津輕海岸線，但十和田市沒有道地美食。青森縣過去是不富裕地區，飲食也比較簡單。比起日本其他地區，香川縣有讚岐烏龍麵；岩手縣有盛岡炸醬麵與前澤牛；秋田縣則有比內地雞、稻庭烏龍麵和手工烤米棒。十和田市就是一小鎮，餐廳能找到的也就是一般日式料理。星野主廚解釋，這裡算得上在地料理的就只有野菜仙貝湯：

> 「十和田真的沒什麼當地料理，以前是窮鄉鎮，所以村民都是把各種野菜
> 切一切，放進大鐵鍋煮湯。可是喝湯肚子還是會餓，所以就用蕎麥粉做
> 成仙貝，放入湯中配菜。這勉強算是當地料理，但我們總不能讓客人就
> 喝湯吧。」

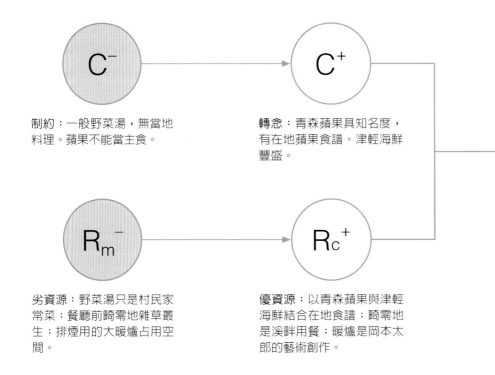

制約：一般野菜湯，無當地料理。蘋果不能當主食。

轉念：青森蘋果具知名度，有在地蘋果食譜。津輕海鮮豐盛。

劣資源：野菜湯只是村民家常菜；餐廳前畸零地雜草叢生；排煙用的大暖爐占用空間。

優資源：以青森蘋果與津輕海鮮結合在地食譜；畸零地是溪畔用餐；暖爐是岡本太郎的藝術創作。

青森縣也盛產蘋果，但遠在青森的弘前市，不是十和田市；更何況蘋果難以當正餐食用。青森縣鄰近的津輕海岸盛產海鮮，但也是離十和田市很遠。沒有當地料理，星野難以推出在地美食，令主廚感到煩惱。然而星野發現，不一定要侷限在十和田市思考，青森蘋果、津輕海鮮也是在當地市場就可買到。主廚便想到：

Si^1 青森蘋果廚房
改良世界各地蘋果食譜，用五星級的概念讓青森蘋果融入沙拉、豬肉捲、甜點等成為特色料理。

Si^2 露天朝食
聽著潺潺溪流聲用早餐，結合當地食材製作鮭魚法式套餐配班尼迪克蛋，餐後附上清爽的水果。

Si^3 森之神話下午茶
岡本太郎的圖騰敘說人要尊重自然，藉此推出青森蘋果派、小青苔點心、吊鐘同名蛋糕。

Si^4 法式晚餐
由露台上欣賞夕陽照射在溪流上的波光粼粼，享受法式餐前酒與開胃菜；主菜移到室內餐廳享用。

圖 8-4　野菜與蘋果的認知轉移與資源轉換過程

（圖片來源：星野集團）

「你不能隨便設計菜色就推出。東京的客人是很挑剔的，就算你要創造新的在地料理，你必須要跟青森有所連結。我們當時還爭論，能不能就用青森蘋果來設計沙拉；可是這樣客人又會覺得都在吃水果，沒有主食。正在傷腦筋的時候，我們發現青森從很早以前就有用蘋果入菜的食譜。我們就覺得，沒有當地料理，那麼可以改良在地的食譜，然後用五星級的概念讓青森蘋果融入特色料理。」

於是，主廚團隊並開始蒐集青森縣所有跟蘋果有關的食譜，然後更擴大蒐集世界各地的蘋果入菜食譜。主廚再運用西式料理的方法，重新改良食譜。

資源轉換：蘋果，變成研發廚房

青森蘋果廚房開發食譜：星野將過去的自助餐廳改裝成為「青森蘋果廚房」，作為住客早午晚用餐的地點。為了讓旅客感受到青森風味，這家餐廳標榜以青森蘋果入菜、以津輕海鮮為主題的廚房，持續創作在地美食。一位星野廚師解釋：

「雖然青森盛產蘋果，但多數人是停留在水果的認知。其實，蘋果也可以有各種入菜的可能。所以我們去各地找傳統的食譜，想像各種蘋果與前菜、主菜、甜點跨界的可能，轉換成現代美食。再加上津輕海鮮，菜色就可以千變萬化了。」

青森蘋果廚房蒐集世界各地蘋果食譜，開發獨家菜色，每季都會開發新菜。烤牛肉可搭配蘋果醬；蘋果切片可搭配鮭魚或鴨肉，當前菜沙拉；與豬肉一起煎，可讓蘋果香味帶入肉片，並有解膩功效；若嵌入豬肉捲下油鍋，則成為旅客最愛的炸物。蘋果烤成派，配上冰淇淋，是年輕人最愛的「冰火」甜點；冰淇淋融入燙舌的蘋果派，變常溫、易入口。讓蘋果藏入奶昔，就成為餐後點心。

擔心遊客連住兩天菜色會吃膩，所以青森蘋果廚房會為這些房客加菜，像是海膽、海老等海鮮。青森蘋果廚房就變成以青森蘋果為主題的特色餐廳，入

口處是一道長長的蘋果牆，吊燈是當地製作的蘋果型玻璃吊燈。一位年輕遊客分享：

> 「這裡餐廳標榜青森蘋果的特色。我這次行程沒辦法去青森市，但是來這吃到青森蘋果，感覺沒那麼遺憾了。我最喜歡的是牛肉煎蘋果，肉汁配上水果香，很清爽；結果我去拿了六次。熱騰騰的蘋果派配上冰淇淋，是最後必點的。這樣來三天踏踏青再回去是蠻方便，也比較好安排假期。」

　　露天朝食賞溪畔美景：原本，餐廳前是一片畸零地，雜草叢生。可是，星野卻覺得這是塊寶地。酒店總經理解釋：「這裡雖然是荒地，可是你可以聽到潺潺溪流聲，可以看到近處的青山、遠處的白雲。這不就是都市人想要的夢幻場景嗎？光是在這種環境待著，就是一種享受。」於是，奧入瀨溪酒店推出「露天朝食」。奧入瀨溪流經旅館本是一大特色，但之前經營者一直未能善用。星野在溪前草地開闢一整排的露台，可容納 20 多個座位，伴著溪流與森林相映，推出限量早餐，讓遊客在溪畔可以一邊優雅地享用，一邊迎接晨曦與親友談心。一位星野主廚解釋：

> 「我們以當地食材為主來設計西式早點，以鮭魚法式麵包套餐，配上班尼迪克蛋，裡面夾著在地干貝，餐後附上清爽的水果。這對都市客人很有吸引力，班尼迪克蛋讓人感覺很有『外國風情』。果醬都是在地風味，海鮮也是青森著名的帆立貝。邊用早餐，邊聽著潺潺溪流，住客可以用輕食展開美好的一天。」

　　森之神話下午茶：旅館中有座大型暖爐吊鐘，原本是在冬天燒柴取暖時所用的排煙口，原先並未受到注意，很占空間。遊客走入後，往往還未發現暖爐前就已經離開；就算看見也只視為裝飾品。星野團隊一調查才知道，這是知名的旅法藝術家──岡本太郎的作品《森之神話》，高達 8.5 公尺，重達 5 噸。他與原經營者偶遇而結緣，答應為奧入瀨溪旅館創作此作品。這些圖騰敘說的是岡本太郎當時遊歷奧入瀨溪的感受，當時他寫下一首詩：

「湍急的溪流，滾動過屹立千年的石岸；伴隨著是高聲入天的樹木。躲在林間的走獸，俏皮地穿梭；鳥鳴此起彼落，讓蘑菇也不禁淘氣起來。這是精靈與人的共舞，也是生態與文明的共存。」

大型吊爐上雕刻著類似原始圖騰的畫，有溪流、有鳥、有人，述說著奧入瀨森林的神話。星野團隊以《森之神話》這項藝術品為名，將周圍的空間改建為下午茶餐廳。周圍換上14×5公尺的透明玻璃落地窗，相當於600吋的電視螢幕，讓遊客可以觀賞四季景色。「森之神話」下午茶更增添幾許的神祕感。餐廳熱門的「湧泉咖啡」用的是礦泉水水質；「幸福林檎」是蘋果千層派，中間有卡士達醬，食材是青森蘋果；「森之神話」是與吊鐘同名的暖爐造型蛋糕；綠色造型點綴著金箔，午茶旁配上「小青苔」點心，是蛋白裹核桃灑上抹茶粉。這些餐點讓旅客的手機吃個不停，一位遊客分享其感受：

「清晨六點最適合去奧入瀨溪流漫步，大約走1小時後回到酒店用早餐，也可以請酒店準備早餐便當，帶出去到溪流旁，一邊野餐，一邊看著自然景色；或是，到溪畔點露天西式早餐；隔天，也可移到溪流旁的足湯亭中，跟女朋友一邊泡足湯，一邊吃早餐。午後，去『森之神話』喝下午茶，坐下來由大片落地窗看出去，是綠油油的樹林，這樣才有到郊外度假的感覺呀。」（按：「森之神話」2020年已改裝，不再提供下午茶。）

法式夕陽晚餐：2019年，星野更推出 Sonore 法式晚餐。「Sonore」的法語意味著「響亮聲音」。遊客可在奧入瀨溪流的露台上欣賞夕陽斜照在溪流，於波光瀲灩與流水潺潺中一邊享受餐前酒與開胃菜。隨後，轉至餐廳享用主菜料理，室內以奧入瀨溪流的岩石與樹木為印象設計，讓遊客一邊感受奧入瀨溪的自然景色，一邊悠閒享受美食。

劣資源四：冰雪加寒冬

奧入瀨溪流酒店一年只經營三季，於冬季閉館休業。這是因為冬季東北氣候嚴寒，長年積雪。除了交通停駛外，河流雪封、瀑布結冰，整個山區變得危

險，而酷寒的氣候也讓遊客卻步。在這些不利的條件下，星野團隊如何能克服冬季寒流的制約呢？圖8-5彙整認知轉移與資源轉換的過程。

認知轉移：溪洰，也是雪封祕境

過往，奧入瀨溪流酒店在冬季（12月至3月）受限於大雪，因交通不便而休館。奧入瀨溪流的傳統旺季為春秋季，其次為夏季。冬季因嚴寒需閉館，業績受到影響。這個區域有極大降雪量，冬季連結奧入瀨溪至八甲田山的公共巴士也停駛。也因如此，商家在冬季皆停止營業，這也影響到當地居民的生計。一位星野主管回憶：

> 「一到冬天，冰雪封住道路，奧入瀨溪也結冰，這區的公共巴士也停駛了。酒店沒客人，自然只能關閉。冬季閉館時，我們就將一部分員工留下，安排清理酒店與維修器材，另一部分就分派到其他酒店幫忙。我們沒開，附近商家也沒生意可做，跟著一起關店。冬季沒收入，大家只能苦撐。」

酒店想重啟營業，但並不順利。提案之初，星野總部的反應是：「冬天的奧入瀨溪流都結冰，怎麼吸引遊客？」奧入瀨溪的河水是由十和田湖流出，冬季因為觀光客驟減，政府會將湖與溪中間的水閘門關閉，造成奧入瀨溪水位下降，水流變小，在冬天也就結成冰。經兩年評估後，酒店於2017年12月決定重啟冬季營業。奧入瀨溪酒店總經理解釋：

> 「其實，冬季也有寒冷的魅力。因為封閉，來的人不多，奧入瀨溪冬天的瀑布結成冰柱、溪流覆蓋白雪，反而是冰雪絕景。市政府也正在推動地方振興計畫，剛好可以請他們配合恢復交通，讓這一區的居民可以安居樂業。更何況，鄰近八甲山積雪厚，山上有著號稱『雪怪』的奇景。我們也可以吸引那些滑雪客過來。」

八甲田山約1,000公尺的雪怪其實是當地的「樹冰」自然景觀，是針葉林凍結，將整片樹林雪封的景色。由於此地的降雪性質軟鬆，因此又被稱為粉

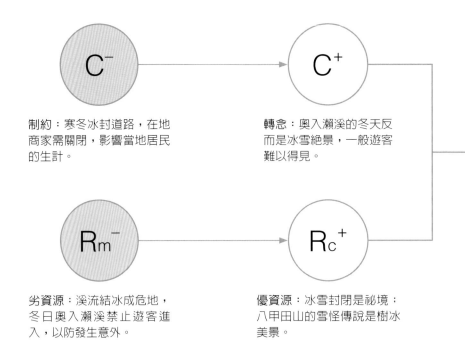

制約：寒冬冰封道路，在地商家需關閉，影響當地居民的生計。

轉念：奧入瀨溪的冬天反而是冰雪絕景，一般遊客難以得見。

劣資源：溪流結冰成危地，冬日奧入瀨溪禁止遊客進入，以防發生意外。

優資源：冰雪封閉是祕境；八甲田山的雪怪傳說是樹冰美景。

雪，是許多國外滑雪客也想來挑戰的地點。然而，冬季重新開幕後，冰寒的奧入瀨溪是否真能吸引遊客，是一大挑戰。遠在八甲田山的滑雪客一般會在當地找住宿，很難想像他們會跑到山的另一邊，距離 40 分鐘車程，去入住奧入瀨溪酒店。

資源轉換：寒流，變成冰瀑極光

奧入瀨溪酒店原本面臨多季閉館的困境。國家公園於冰寒氣候中雪封，沿途瀑布結冰，冬日奧入瀨溪危險禁入。星野卻認為，冰與雪封閉小鎮，反而是祕境；借用八甲田山的「雪怪」傳說，反而讓樹冰奇景成為特色。於是奧入瀨溪酒店針對冬天推出一系列「冰雪奇緣」的冬季主題活動。

雪鞋健走訪冰瀑：到冬天，公共巴士因為路況不佳而停駛，對於自由行旅客極為不便。旅館在冬季也提供「免費接駁車」至青森市車站接客人，解決交通問題。奧入瀨溪流的冬季有著不亞於其他季節的風景，像是少見的冰瀑美

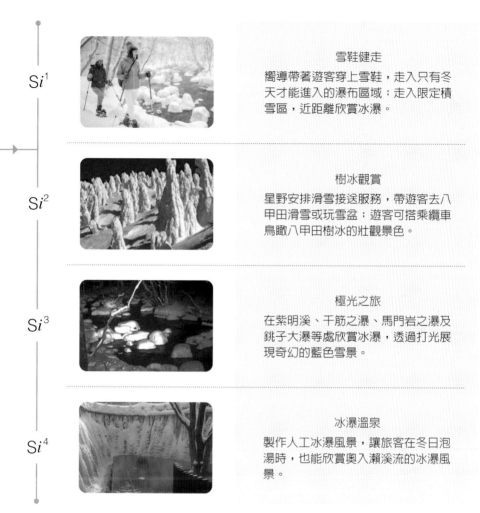

Si^1 　雪鞋健走
嚮導帶著遊客穿上雪鞋，走入只有冬天才能進入的瀑布區域；走入限定積雪區，近距離欣賞冰瀑。

Si^2 　樹冰觀賞
星野安排滑雪接送服務，帶遊客去八甲田滑雪或玩雪盆；遊客可搭乘纜車鳥瞰八甲田樹冰的壯觀景色。

Si^3 　極光之旅
在紫明溪、千筋之瀑、馬門岩之瀑及銚子大瀑等處欣賞冰瀑，透過打光展現奇幻的藍色雪景。

Si^4 　冰瀑溫泉
製作人工冰瀑風景，讓旅客在冬日泡湯時，也能欣賞奧入瀨溪流的冰瀑風景。

圖 8-5　寒冬冰雪的認知轉移與資源轉換過程

（圖片來源：星野集團）

景、積雪的溪流等，旅客在嚮導的帶領下深入溪流，展開奧入瀨溪冬日導覽，坐在車上欣賞冬日風景。一位行銷組主管解釋：

「其實如果你仔細想想，冬天是更有賣點的。人少可以限量，客單價可以提高，這裡的小鎮被『冰封』起來，卻是許多城市遊客想體驗的祕境。

去八甲山的滑雪客都可以是我們的客人，那邊是冬季熱門景點，他們一定不容易訂到住宿。如果知道山的另一邊，大約半小時接送車程即可抵達，還可以租用滑雪器具，那就會吸引一部分客人過來。更何況，許多遊客不見得會滑雪，只是想體驗冰雪的景色。這些也許才是我們更重要的顧客。」

參與「冰瀑雪鞋健走」活動，嚮導帶著遊客穿上雪鞋，走入只有冬天才能進入的瀑布區域。這項冰瀑導遊讓遊客搭旅館巴士沿雲井之瀑的路線，欣賞溪流的冬天景色。遊客可走至上游的銚子瀑布，欣賞冰瀑與冰柱的雪景；跟著導遊走入限定積雪區，近距離欣賞冰瀑。

鳥瞰樹冰奇景：除欣賞沿途冰封景色外，導遊也帶領遊客去八甲田山麓的蔦沼，體驗漫步蔦沼林間 1.2 公里的樂趣。奧入瀨溪附近沒有滑雪場，為吸引前往八甲山的滑雪客，星野安排滑雪接送服務，以專用巴士帶遊客去八甲田滑雪或玩雪盆。不會滑雪的遊客可搭乘纜車鳥瞰八甲田「樹冰」的壯觀景色。

極光之旅賞夜景：星野也與十和田市政府合作，推出「極光之旅」。這是冰瀑夜間觀賞行程，在紫明溪、千筋之瀑、馬門岩之瀑及銚子大瀑等處欣賞冰瀑，藉由打光展現奇幻的藍色雪景，讓遊客體驗限定絕景。透過行動燈光車打出各種光雕秀，以奧入瀨溪流為印象的色彩燈光，為冬日雪夜增加可看性。一位星野活動組主管解釋：

「這邊冬天本來是封館的，還好遇到地方政府正在發展振興計畫，希望附近的商店可以存活。政府還補助打光車，因為在晚上欣賞冰雪夜景，打光會塑造一種奇幻的感覺。可是如果你把燈光設在觀賞點，就會造成環保問題。所以我們準備一輛車，跟著遊客團一起走。這樣不但環保，還可以不時變換燈光的效果。」

冰瀑雪景泡溫泉：星野還配合當地猿倉溫泉推出「冰瀑雪景溫泉」，在原有的露天風呂上，利用牆壁噴水製作出人工的冰瀑風景牆，讓旅客在冬日泡湯

時，也能欣賞奧入瀨溪流的冰瀑風景。冬季的冰雪是物質性資源，帶給遊客酷寒的不舒適。然而，變成冰雪體驗旅程後，便湧現「踏雪尋梅」的浪漫行程。於是，雪鞋健行、冰瀑露天溫泉、光雕秀、樹冰觀賞、滑雪接送等新服務便應運而生。原本令人迴避的冬季，也就成爲都市客嚮往的祕境。

星野運用相對性思維來啓動認知轉移，由相對思維取代相反思維。例如，奧入瀨溪流酒店在冬季因受限其季節與氣候，因此星野酒店面臨到的劣資源是冰雪加寒冬。然而，星野團隊卻能重新解讀，認爲冰天雪地反而是格外吸引人的冰封祕境，從制約的相對面啓動認知轉移。隨後，星野團隊以二元性轉換在地資源，運用資源的文化性來改變其性質，例如「冰雪」本來是造成休館的原因（物理性質是溫度低、固體），星野團隊卻將「冰雪」解讀成具有罕見性的「冰雪奇緣」，可安排冰瀑雪鞋健走、泡湯活動（以文化特性轉換冰雪的特質），也賦予資源新的價值，吸引遊客冬天來訪。這便是運用資源的文化性質重塑其價值。

/ 以少爲巧的邏輯 /

看似劣資源，其中往往隱含正能量，只是多數人選擇將注意力放在怨天尤人，而不是重新思考負面背後的正價值。瞭解凡物皆有兩面的邏輯，負資源瞬間可變成「富」資源。這樣的轉換會隨不同人的想像而產生多樣的可能。例如，苔蘚泥濘是劣資源，但也可以是讓都市人舒緩的「森呼吸」；寒冬是劣資源，但也可以是稀有的「冰瀑健行」。劣資源轉換之後，服務設計方案便可應運而生。隨創可以提供我們三點啓發。

相對性啓動認知轉移

制約需要被解除，但尚未發展出解決方案前，需先由制約中找到機會[16]。雖然企業皆知要化危機爲轉機，但談何容易。組織因習於例規，例規生成慣性，慣性日久生惰性。等到危機臨頭，就算要改也難以起而行，更失去由錯誤

中學習與更正的能力。創新者之所以能找到解除制約的方案，主要是因為認知能轉移，察覺到制約中潛藏的機會。「相對性」是隨創的新觀念；凡事皆禍福相倚，有些事情乍看是禍，其中卻可能隱含福氣，而找出禍中之福並不容易。

創新者重新解讀制約的方式，決定能否由制約中找到助力。「制約」本身就提供制約的解圍線索，例如奧入瀨溪酒店位於遠郊，交通不便而成為制約。認知上，這酒店難以經營。然而，換個角度解讀，酒店旁的國家公園可以讓都市人輕鬆踏青；結合十和田市現代美術館可安排藝術遠足。一轉念，遠郊旅館本是阻力，但想像為遠足踏青則變成助力；青苔泥濘本是阻力，但想像苔蘚是森林的生態守護，森林浴的嚮往則變成助力。如此，制約瞬間就變成超越，這是解鈴還需繫鈴人的道理。

相對性的思考之所以難，是因為人傾向於「相反」思維。例如，貧困時我們傾向於期望富裕（相反思維），而不是轉換成激發刻苦向上的精神。失戀的相反是熱戀；失戀的相對是促使行為更加成熟，因而找到更合適的對象。生病的相反是健康；生病的相對是有機會好好地調養身心，思考如何重新出發。以此類推，低近的相對不是高遠；少數的相對不是多數；弱小的相對不是強大；凶殘的相對不是仁愛。這些都是「相反」的思維。隨創時，認知轉移所需的是以相對性解讀制約，察覺其中「隱藏的祝福」，就可能辨識到創新的機會。

二元性可促動性價轉換

一項資源同時兼具物質與文化的特質。資源性質的改變，會帶來資源價值的轉變。例如，十和田市是小鎮（物質性），卻也是飼養戰馬的古蹟，有布滿櫻花的駒街道、草間彌生的藝術、奈良美智的畫作以及普立茲克建築獎得主所設計的現代美術館（文化性）。於是，「小鎮」也是歷史的嚮往、浪漫的體驗、建築的崇拜。

同理，奧入瀨溪缺乏魅力景色，有的是泥濘、青苔與森林（物質性）；然而苔蘚卻也是療癒的生態旅遊，湖光山色也是都市人愛好的健行遠足，無光害的星空也是夜觀天文的樂趣（文化性）。十和田市缺乏在地美食，勉強擁有的是野

茱湯與遠處的青森蘋果（物質性）；然而青森蘋果也可配上當地食譜，變成道地料理（文化性）。旅館前空地雜草叢生（物質性）；但配上班尼迪克蛋的美式早餐，聽著潺潺溪流聲，望著空濛山景，卻成為心靈沉澱的祕境（文化性）。

透過文化性的轉換後，期待價值明顯改變。這也就能理解星野是如何構思出資源轉換的方式。物質性的資源透過文化性的理解，可以轉換其性質，被成員投射的價值也就跟著改變。例如，青苔可轉換成苔蘚之旅、苔蘚套房，有慢活的價值。郊區美術館，可轉換成 Arts Cube，帶入一日遊可觀賞草間彌生的圓點藝術，可朝拜西澤立衛的建築，多了美好回憶的價值。青森蘋果是水果，但若入菜於在地食譜，可轉換成獨一無二的道地美食。大型吊鐘本是暖爐，轉換圖騰中的森林神話為甜點，就化身為具故事性的下午茶空間。

資源本身的物質特性不變，但若運用文化特性加以轉換，便可改變人們投射於資源的價值。在地資源若能結合獨特情境，其文化性將產生豐富多重樣貌，其價值亦隨之更迭。地點雖不便，但可安排戶外活動結合大自然景色；也可找名建築師、歷史小鎮襯托。景點少魅力，但可讓苔蘚結合生態旅遊；春天有綠意，可以遠足健行；秋天有紅葉，可以漫步賞景；冬天有白雪，可觀冰瀑、樹冰。餐點缺美食，但露天朝食可聽溪流、觀白雲、望青山；暖爐也是神話，下午茶可被藝術化；青森蘋果則可以無限的想像入菜，自創美味。藉此，創新者便可以妙手生花，將資源的性質做轉換，使資源本身的價值提高。

提升資源的價值必須先改變資源的性質。於簡單的層次上，將廢棄木材重新組合成家具去販售，就能改變其價值。複雜一點，若加上文化性質，木頭所含的歲月痕跡，是滿載記憶的傳家之寶。如此將木頭賦予文化性質，對古董收藏家來說則價值不菲。這是二元性所帶來的資源轉換觀念。在地資源往往存在已久，多數乍看之下是劣質的，若能辨識出其中的文化性，便有轉換的可能。例如，秋天的奧入瀨溪是蕭瑟的（落葉是物質性資源）；但如果在楓紅遍地的林間辦一場小型演奏會，則成為遊客假日的心情饗宴（落葉變楓紅，林間瀰漫浪漫音樂，是文化性的形塑）。重新解讀制約，從而由相對性找到契機；重新解讀資源，運用文化性重塑資源的價值，便能活化在地資源。

隨創的關鍵——境隨心轉

遭遇困境時，需要隨著困境調整心中的意念；換個情境、換個角度，重新理解制約。心轉是透過轉換認知，而轉換問題的定義；改變心中挫折的意念，以找到解圍的曙光。然後，便可察覺轉換資源的方式。創新需從「心」出發；心能轉，對制約的認知就可轉，資源意義也就跟著轉換。

「境」是指境界。眼界提升，境界就會提升；運用相對性思維來轉換認知、提升境界。「境」也包含情境與心境。情境是指創新者遭遇到的劣勢情境，例如在奧入瀨酒店的案例中，遭遇到的劣勢情境包含地點偏遠、景點不佳、餐點乏善可陳以及氣候寒冷的劣勢。這些劣勢對於酒店業形成經營上的阻力，此即為情境。心境則是創新者面對劣勢時的認知觀點。當面對阻礙時，創新者的心境可能會根據過往經驗而處於無計可施的狀態。

面對情境與心境的限制，要透過兩種轉換來扭轉劣勢。第一轉是對困境的認知：面對劣勢情境，創新者可透過相對性解讀制約，重新認識制約也就找出機會。第二轉是資源轉換，創新者可由資源文化性重塑價值。要讓創新得以隨手拈來，我們需轉念，隨著情境去改變心境，因而能隨心所欲地找出創新之道。

資源正負，在一念之間。有時候，我們以為自己拿著一手爛牌，那是因為沒有好好認識資源的內涵。境隨心轉後，創新者便能隨遇而安、隨緣而創。制約難以完美解決，只能盡力解套。創新者身處困境無須坐而待斃，但也不可冒失行動，將僅剩的資源無意義地消耗掉。深入理解在地脈絡，創新者便可掌握到資源的文化特質，構思出跳脫資源物質性的束縛。資源價值之所以能改變，其實是使用者改變投射於資源的期待。遭遇制約時，先不急著去「解決」，而需著力於「解讀」。創新者若能發揮相對性思維，限制就有可能成為轉機，反而觸發資源的無限想像。

星野奧入瀨溪酒店案例提醒我們禍福相倚、正負相隨的規律。制約中總會隱含正面能量，等待創新者去挖掘。境隨心轉的精神就在於巧用劣物以化解困

境，而這一切都要創新者能轉念：從「心」開始，以相對性由制約中發現超越；以二元性轉換劣物質為優資源。如此，面對劣勢不再恐懼；身處困境也就不再絕望。誠如拿破崙所說：「逆境中，總存在比逆境本身更大的報酬。」逆境所開啟的那扇門，會帶領我們抵達更寬廣的世界。即使遇到困境，即使資源匱乏，只要能學習轉念，便能境隨心轉，透過資源轉換產生各種創新的可能。如此，即使身處困境也可以找到解圍的妙策，讓劣勢華麗翻轉，這便是以少為巧的邏輯。

注釋

1. Radjou, N., & Prabhu, J. 2015. *Frugal Innovation: How to Do More with Less*. London: The Economist Newspaper.

2. Morgan, A., & Barden, M. 2015. *A Beautiful Constraint: How to Transform Your Limitations into Advantages, and Why It's Everyone's Business*. London: Wiley.

3. Levi-Strauss, C. 1968. *The Savage Mind*. Chicago: University of Chicago Press.

4. Baker, T., Miner, A. S., & Eesley, D. T. 2003. Improvising firms: Bricolage, account giving and improvisational competencies in the founding process. *Research Policy*, 32(2): 255-276.

5. Baker, T., & Nelson, R. E. 2005. Creating something from nothing: Resource construction through entrepreneurial bricolage. *Administrative Science Quarterly*, 50(3): 329-366.

6. Zott, C., & Huy, Q. N. 2007. How entrepreneurs use symbolic management to acquire resources. *Administrative Science Quarterly*, 52(1): 70-105.

7. Lounsbury, M., & Glynn, M. A. 2001. Cultural entrepreneurship: Stories, legitimacy, and the acquisition of resources. *Strategic Management Journal*, 22(6/7): 545. Garud, R., Schildt, H. A., & Lant, T. K. 2014. Entrepreneurial storytelling, future expectations, and the paradox of legitimacy. *Organization Science*, 25(5): 1479-1492.

8. 請參見政治大學科技管理與智慧財產研究所發表之一系列「隨創」研究：蕭瑞麟、歐素華、陳蕙芬，2014，〈劣勢創新：梵谷策展中的隨創行為〉，《中山管理評論》，第2期，第22卷，323-367頁。蕭瑞麟，2016，《思考的脈絡：創新可能不擴散》，台北：天下文化出版社。蕭瑞麟、歐素華、吳彥寬，2017，〈逆勢拼湊：化資源制約為創新來源〉，《中山管理評論》，第1期，第25卷，219-268頁。

9. 這是有關資源二元性的論述。一項物質性資源會因為所處的情境，所使用的人，而具備某文化特質。參見：蕭瑞麟、歐素華、陳蕙芬，2014，〈劣勢創新：梵谷策展中的隨創行為〉，《中山管理評論》，第2期，第22卷，323-367頁。

10. Berger, P. L., & Luckmann, T. 1966. *The Social Construction of Reality: A Treatise in the Sociology of Knowledge*. Garden City, NY: Anchor Books.

11. Dutton, J. E., Roberts, L. M., & Bednar, J. 2010. Pathways for positive identity construction at work: Four types of positive identity and the building of social resources. *Academy of Management Review*, 35(2): 265-293.

12. Martens, M. L., Jennings, J. E., & Jennings, P. D. 2007. Do the stories they tell get them the money they need? The role of entrepreneurial narratives in resource acquisition. *Academy of Management Journal*, 50(5): 1107-1132.

13. Acar, O. A., Tarakci, M., & van Knippenberg, D. 2019. Creativity and innovation under Cconstraints: A cross-disciplinary integrative review. *Journal of Management*, 45(1): 96-121.

14. 本案例詳細內容請參見：蕭瑞麟、徐嘉黛，2020，〈境隨心轉：服務隨創中的認知轉移與資源轉換〉，《組織與管理》，第 2 期，第 13 卷，1-5 頁。

15. 感謝一起參與星野專案的研究夥伴。北海道 TOMAMU 專案參與者有東吳大學歐素華老師、徐筱涵同學（政治大學科技管理與智慧財產研究所 103 級碩士生）、張彥成（政治大學 EMBA 文科資創組同學）、陳琬如同學（東吳大學企管所碩士生）。青森屋與奧入瀨溪流旅館研究案的參與者有：林晏如、劉珮姍、曹育瑋（皆政治大學科技管理與智慧財產研究所 104 級碩士生）。

16. Senyard, J., Baker, T., Steffens, P., & Davidsson, P. 2014. Bricolage as a path to innovativeness for resource constrained new firms. *Journal of Product Innovation Management*, 31(2): 28-230.

09

負負得正：曜越
轉換負資源
Positively Nagative – Conversion of
Negative Resources

創業精神首要便是將舊有資源注入新能量，以創
造新財富。

——彼得・杜拉克

在前面的內容中雖已理解「少資源、沒資源、負資源」的問題，卻沒有注意到兩項「負資源」放在一起時，要如何創新[1]。制約時，資源可以靠創意拼湊解除制約；也可以用舌粲蓮花、妙語如珠的修辭技巧取得資源。然而，如果我們手上不是沒有資源，而是擁有一手爛牌，像是接手負債的土地、被汙染的田地、過期的專利，或併購到一家聲名狼籍的公司等。當這類的負資源到了手上，創業者又該如何化腐朽為神奇呢？萬一，創業者遇到一連串的負資源，又該如何回應？

/ 資源相依性 /

我們先回顧一下資源的客觀與主觀價值。第一，資源具客觀性，並被賦予經濟性價值，因而有正負之分。資源基礎論（resource-based view）點出，企業必須設法取得稀有的、不易模仿、不易複製的資源以提高競爭優勢，從而辨識資源的優劣。具獨特性、稀有性、不易模仿之資源即為「正資源」[2]；而經濟效益不高者則為「負資源」。例如，位處精華地段的房子因獨特性而具備高經濟價值，為正資源；而房子被忽視而不用，則為閒置資源；相對來說，位處偏遠地段、交通不便、經濟不發達地區的房子，不但乏人問津，又需要付出高昂稅金，則被視為負資源。總之，有潛在價值卻被忽視不用者為「閒資源」，「少資源」指資源的多寡，資源不多，難成大局，但若負資源很多，也無濟於事。

第二，資源具主觀特質，也就是文化、社會性的評價，都會影響其正負價值。舉例來說，同樣位於台北市信義計畫區的豪宅，因地段好、環境佳，故經濟價值高；但若因發生凶殺案而變成「凶宅」，文化上產生不祥印象，則變成負資源。反之，原本經濟價值偏低的鄉間小屋，可能因其「名人故居」的文化特質，而成為觀光名勝，像是位於東吳大學外雙溪校園內的「錢穆故居」，雖偏僻，但被視為「文昌星」之風水寶地，被賦予「文人輩出」的主觀好印象。

負資源就是從客觀價值而言屬於「經濟性負債」的資源；或從主觀價值而言為「文化性負債」的資源。資源之正負價值會因時間而改變，因客觀環境

（如土地重劃）而改變經濟性價值；或因主觀條件（如風水吉凶）而轉變其文化性價值。遇到負資源時，轉換比拼湊更重要，因為轉換需要理解資源性質之改變。理解資源的二元性（雙面特質）後，便可以理解如何轉換資源的性質，來轉變資源的價值。

　　資源也具有相依性（interdependency），例如可分析兩家公司之間相互依賴的關係，由此理解如何得以形成優勢，或如何避免受制。甲公司是早餐店，九成的牛奶是跟乙公司購買，那麼甲公司在營運上就相當依賴乙公司。然而，甲公司九成的牛奶訂單只占乙公司三成的銷售額。如此看來，乙公司相對來說從價格、進貨量、配銷等方面來看就占據主導權。反之，甲公司則會因為依賴度高而有風險，因為只要乙公司斷貨，甲公司的營運就會受到影響。相依性於劣勢創新的運用，則是分析兩項負資源之間各有何缺，然後思考如何讓資源之間互補，形成某種相互依賴的關係，從而能夠轉換資源的性質，並且能夠將兩個資源重新組合，產生服務創新。

　　《一千年的志氣》中，作者野村進調查日本百年企業，發現他們之所以能夠持續經營，關鍵就在不斷地將負資源轉換成為正資源[3]。我們來看一個例子：1701 年成立的福田金屬箔粉工業，現今面臨空前未有的危機。福田工業之前是靠生產金箔為主業，供給日本各地的寺廟，用來貼佛像的金身。然而，現代的寺廟已經不需要更多的佛像了，需求漸漸減少，金箔的生意也一落千丈。金箔原本是福田工業的「富資源」，一下子卻變成了「負資源」（參見圖9-1）。

　　福田工業發現，當時的熱轉印技術應用仍然不普遍。另一方面，市場上對於和服的華麗感需求漸漸殷切。和服雖然花樣眾多、色彩繽紛，但是獨缺金色。應用熱轉印技術可將金箔燙印在和服腰帶，廣受市場歡迎，生意反而比過去賣給寺廟更好。接著，福田工業發現，他所擁有的金箔生產能力，其實是「碾箔」技術，而這項技術卻逐漸式微。福田工業可以將黃金碾成超細的箔片，這樣的技術也應該可以用在其他的金屬，例如鋁箔、錫箔、銅箔都是比較不受關注的金屬材料。經過多次的實驗發現，碾箔技術結合鋁箔，可以應用於寺廟祭拜所用的金紙（台灣市場的需求量特別大）；碾箔技術結合錫箔，可以

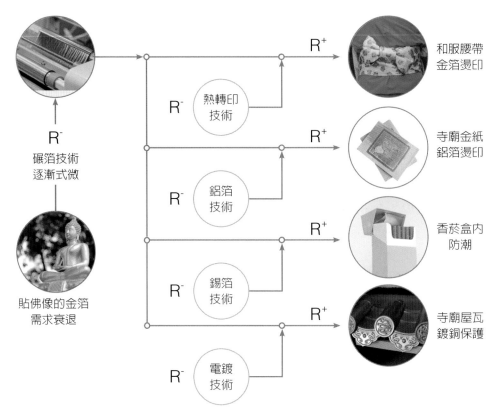

圖 9-1　金箔的重生──兩項負資源結合，可以變成正資源

應用於香菸盒內包裝，防止香菸潮溼；碾箔技術結合銅箔，再加上電鍍技術，可以應用於屋瓦，防水效果奇佳。

　　接著，我們以曜越科技來理解負資源轉換過程，鎖定三個通路制約，分析曜越如何轉換手上看似不利的資源，轉變資源的價值。當組合兩項負資源時，若能找出其中的關聯性，便可以使性質與價值聯動著轉換，創新應運而生[4]。

/ 曜越科技由電競轉型 /

　　曜越是台灣小型電子公司，早期以生產散熱器、機殼、電源供應器等電腦周邊為主[5]。曜越創業之初即堅持自有品牌，並以 Thermaltake 的散熱器著稱市場，早期享有 35% 的高毛利。但自從大陸電子零組件廠以低成本進入散熱市場

後，毛利銳減至約 3%。曜越初期資本額從 1999 年的新台幣 1,000 萬元，成長到 2017 年的 6.66 億元；而營業額由 2002 年的 2.8 億元成長至 2017 年的 35.3 億元，成長約 13 倍。這樣的成績由大企業的角度來看，並不特別，可是若由同業紛紛關閉的狀況來看，曜越能活下來已經是不易。

曜越在有限資源中不斷地尋求創新，以創造成長動能。2007 年底，曜越推出「終極玩家系統平台」（ESA, Enthusiast System Architecture），玩家可透過監控程式同步觀測水溫、水流、主機板和機箱溫度。2008 年 2 月，曜越獲選「德勤亞太高科技 Fast 500 企業」，成為亞太地區成長最快的科技公司。自 2008 年起連續五年榮獲「台北國際電腦展創新設計獎」。2009 年，曜越與 BMW 合作設計「Level 10 豪華旗艦機殼」，以開放式架構取代一體成形的機殼構造，囊括 2009 日本 Good Design、台灣金點設計獎、2010 德國 iF 設計大獎與紅點設計大賞。曜越接著創立 LUXA2 品牌，提供具設計感的蘋果電腦周邊商品。

2010 年，曜越成立「太陽神 Thermaltake Apollos」電競隊以切入電競社群，並創立電競品牌「Tt eSPORTS」。2011 年，曜越設立連鎖電競體驗館。2012 年，曜越以散熱器、行動電源、電競滑鼠、腳踏車手機支架等產品，於台北國際電腦展得獎。2012 年 1 月，曜越成立 Tt Fun 線上媒體，報導電競娛樂新聞；同年 3 月成立「Tt Buy 曜越購物」及「Tt Buy USA」台灣與美國兩個電子商務網站。2012 年 6 月，曜越再度與 BMW 攜手推出「Level 10 M 電競滑鼠」，贏得「台北國際電腦展創新設計金質獎」；同年，旗下品牌「Thermaltake Toughpower Grand 1200W 電源供應器」、「Tt eSPORTS BLACK 黑色系列雷射電競滑鼠」及「挑戰者終極版 CHALLENGER Ultimate 專業電競鍵盤」獲頒第 20 屆台灣精品獎。2016 年研發 3D 電腦機殼零組件列印，讓電腦改裝玩家可下載 3D 模型，自行打造專屬機殼。

曜越在產品研發不遺餘力，但在通路卻面臨挑戰。通路不暢通，新電競產品的市場能見度不足，使用者體驗不夠，進而影響銷售。曜越的通路挑戰可分為三階段。第一階段自 2000 年創業算起，曜越以自有品牌 Thermaltake 推出周邊產品，隨後轉向散熱器、電源供應器等電競產品。當時主要通路是國內 3C 賣

場，如燦坤，以平價消費性電子產品爲主，不過因空間有限，消費者停留時間也不長。另外曜越電競產品價格偏高，需要解說與實際體驗，也因此需要較大的空間。又因3C通路的上架費過高，曜越又缺乏議價能力，專櫃乏人問津，最後無疾而終。

第二階段是2009年至2014年間，曜越與BMW合作設計「Level 10豪華旗艦機殼」並獲得多項國內外大獎。2010年，曜越成立太陽神電競隊（Thermaltake Apollo's），加入台灣電競聯盟，也支援電競體驗館，但之後卻因電競隊在2013年解散而受到影響。電競體驗館擴充過速而變調，陸續結束營業。因此，如何另尋通路成爲此階段的重要挑戰。

表9-1　負負得正的資源轉換方式

分析要素	曜越的負資源	夥伴的負資源
轉換一： 網咖變電競館	電競產品被零售通路排斥：3C賣場上架空間小，不利展示與銷售：體驗店難實現：測試員雖然對產品熟，卻是逃學青少年。	網咖形象受損：以銷售時間、茶水、遊戲點數爲主要收入，盈利不豐：常需爲客戶免費維修電腦，成本高：形象不佳，被列「八大行業」，業績日衰。
轉換二： 百貨變運動場	電競館反成爲負擔：網咖轉變的電競館拓點過快，反造成成長瓶頸：電競館連鎖核心客群的買氣不如預期：粉絲見面會未帶來預期營收。	百貨商場形象老舊：需要吸引更多人潮到百貨賣場：女士於賣場停留時間太短：消費者期望百貨公司提供更多休閒活動與生活風尚的產品。
轉換三： 經銷變轉播站	行銷配套失去魅力：全球經銷通路對曜越產品並無忠誠度，端看行銷活動決定推薦力度：電競隊解散後，Tt Fun直播漸漸無亮點。	店面缺乏吸客魅力：各地經銷商新穎的促銷手法以吸引年輕族群：需要新的熱賣產品，以穩定收入。

第三階段是 2015 年至 2017 年間，曜越的電競產品線開始由散熱器、電腦機殼，延伸到滑鼠鍵盤、時尚耳機、運動休閒服飾等周邊產品。曜越決定將通路由電商延伸到百貨公司，以貼近時尚客群。不過，百貨賣場櫃位租金價格高昂，競爭激烈，打開通路是一大挑戰。為開拓全球化市場，曜越需建立經銷通路，然經銷商對小品牌並無興趣，通路開拓又受挫。

當曜越手邊盡是「負資源」時，如何能拼湊出解決方案呢？以下分別由電競館、百貨運動場以及國際經銷商三個聯動事件，探索負資源的轉換方式（參見表9-1）。

資源相依性	資源轉換	服務創新
曜越缺乏：提供消費者可體驗的場地、難以負擔人力與場地成本。 網咖缺乏：扭轉壞形象、人潮回流、更多的收入。	網咖轉換為電競館：曜越將測試員轉型為電競選手，並將網咖改裝成電競體驗館，之後由6家擴增到30家；並將連鎖模式拓展至大陸；為連鎖電競館舉辦粉絲見面會與小型賽事以吸引人潮。	網咖轉型為電競館，拋開不良形象，獲得新收入。曜越將「店中店」觀念落實為電競體驗館，取得低成本通路。
曜越缺乏：更大的客群；網咖通路限縮規模後急需新的電競體驗店。 百貨缺乏：吸引年輕客群進入商場；需讓等待家人有休閒活動，以延長女士消費時間。	百貨空間轉換為店中店：提供電競運動體驗，給消磨時間的家人，讓女士可安心購物；將電競產品以時尚消費品形象於百貨公司推出。	百貨公司以電玩體驗吸引年輕人潮，延長女性購物時間。曜越拓展家庭客群，透過百貨觸及一般大眾消費者。
曜越缺乏：各地經銷商能推廣產品，並具備更高忠誠度。 經銷商缺乏：各家廠商提供更多推廣資源，吸引消費者進店購買，以提升業績。	經銷商轉換為轉播站：播放各國電競比賽；曜越隨後贊助25國電競代表隊；並不時安排當地電競隊到場激發買氣，讓經銷商更願意推銷曜越的產品。	經銷商變成分公司通路的角色，獲得更好的銷售額。電競隊與經銷商的資源整合更讓曜越提升銷售。

/ 網咖轉換成電競館 /

曜越由代工轉向自有品牌，在台灣需要拓展行銷通路。跟隨主流作法，曜越也選擇 3C 賣場為主要通路，像是光華商場、NOVA 資訊廣場、三創生活商場、順發量販、震旦廣場或是燦坤。曜越的策略是建構「店中店」，也就是在賣場中設立專屬攤位，以凸顯各電競產品。然而，這樣的上架方式不只昂貴，效果竟然也不佳，這到底原因何在？

負資源：失利店中店與列管的網咖

曜越發現，商品展示與目標消費群不契合是一大問題。一般 3C 賣場的上架空間有限，無法展現電競商品特色，於是曜越改為在店中設專櫃的「店中店」模式，但成效並不如預期好，反而像是被冷落一旁的商品。相對於大眾化 3C 商品，曜越商品價格偏高。若與一般周邊商品放在一起，反而不會受到消費者注意。在 3C 通路經營「店中店」逐漸變成曜越的沉重負擔。一位通路經理分析：

> 「其實我們後來仔細分析了 3C 通路，發現賣場的主要客群並非電競玩家。賣場內多是標準化商品，不需要服務人員解說，也不能提供任何體驗。多數人進賣場都是買了就走，也沒興趣體驗。我們的產品跟這些標準化商品放在一起展示，消費者一看到標價就走了。」

曜越評估，以「店中店」經營 3C 通路，不僅所費不貲，也難有收益。曜越雖然考慮過自建通路，開設直營門市，但場租、營運成本、現場布置、存貨管理等複雜零售問題，並非曜越所擅長，因此舉棋不定。不過 2008 年出現轉機，台灣電競聯盟於此時成立，帶動電競產品銷售潮。曜越發現，電競產品已由遊戲軟體擴及電腦周邊的鍵盤、耳機、滑鼠，並延伸到電競專用服飾與配件。曜越希望能結合電競軟體商去推廣產品，卻被業界認為是「外行」，只是硬體生產商，而不屬於電競社群，所以聯盟並不成功。然而，曜越卻因此發現，這些遊戲軟體公司，如智冠科技、遊戲橘子等，其商業模式是建立於網咖加盟體

系。作法是將相關遊戲軟體灌入網咖的電腦裡，以銷售遊戲點數卡讓網咖業者抽成分潤。誰擁有的網咖越多，誰的品牌黏著度就越高。

就在網咖蓬勃發展之際，也發生許多社會事件，像是青少年蹺課去網咖玩，更嚴重的是有不法集團在網咖販賣毒品給青少年。這使得警方開始不定期到網咖臨檢，青少年家長對網咖產生不良印象，寧可買電腦讓小孩在家玩。最後，網咖被警方列為特種行業，大眾觀感急轉而下。曜越研發團隊在造訪網咖之時，原本希望能調查遊戲玩家需求。閒聊之際，一位網咖老闆談起行業的經營困境：

> 「我們現在只能靠時間賺錢，年輕人待得越久，我們才賺得越多。至於桌
> 上的飲料，每杯 10 元、20 元的，根本賺不到什麼錢。我們還要經常處理
> 顧客的電腦維修問題。很多客戶還抱怨我們的鍵盤、滑鼠效能不佳，影
> 響他們在遊戲中的『秒殺』實力。警察一天到晚來臨檢，父母親不讓小
> 孩來店裡玩；再這樣下去，我們遲早要關門。」

網咖某種程度屬於勞力密集行業，店員必須 24 小時輪班，照顧徹夜不眠的網咖族。有時店員還要幫客戶維修電腦，甚至排解遊戲對戰期間引發的意外衝突。網咖被列為「八大行業」後，業績直轉而下。曜越鎩羽而歸，與網咖的合作告吹。3C 賣場是負擔，但與網咖合作則會被拖累，曜越開拓通路面臨困境。

資源轉換：轉變電競體驗館

網咖轉換為運動體驗：然而，網咖業者的經營困境卻為曜越帶來一絲曙光。曜越發現，網咖業者需要跳脫現有經營模式，改變八大行業的品牌形象，同時需要升級硬體設備與軟體服務，包括電腦設備、滑鼠、耳機與專業維修服務等。曜越則需要較大面積的電競體驗場地，更需要電玩客群，以進行體驗行銷。曜越評估，如果雙方能結合場地與品牌，也許可以為網咖找到新出路。曜越創辦人提到：

「他們缺的是形象，我們缺的是場地。不如由曜越幫網咖重新裝潢，而他們來承擔場地與人員費用。我們可以提供全套電競系統，從酷炫機殼、滑鼠、鍵盤到耳機等設備。我們還可以培訓網咖員工，讓他們熟悉基本維修，學習電競產品知識。如果這些產品賣得出去，我們還可以提供25%的佣金作為獎勵。這比起他們去賣點數、算時間、賺飲料錢要好多了。」

　　曜越的提案讓網咖業者心動。這項計畫是以「電競運動體驗館」作為主軸，以曜越品牌的黑紅色調為設計基底，將網咖轉型成為體驗中心。時逢韓國將電競列為國家運動項目之一，也剛好給了曜越合法動機。網咖轉身變成時尚的電競體驗場所；不叫做「網咖」，而是變成「運動體驗」。在時尚的場所玩電競，身穿專業電競制服，讓消費者感受如參加現場比賽一般。

　　令網咖業者喜悅的是，他們可以由八大行業「轉正」為電競體驗館，跳脫負面形象。升級為電競體驗館也帶來產品收益分潤、較優質的客戶、較穩定的員工、較少的紛爭與不再有的臨檢。第一座電競館由曜越出資建造，完成後消息在網咖業界傳開，吸引許多業者尋求「加盟」。之後的建造經費全由網咖自行吸收，從此擴張為30多家，並且擴及大陸6家網咖。

　　成立阿波羅電競隊：曜越也透過網咖找使用者測試新產品，卻意外發現許多電競玩家是逃學蹺家的青少年。曜越研發工程師每次去不同的網咖找這些測試員相當費力耗時。因此，曜越在公司內設置一個電競室，邀請這些青少年使用者到公司「免費」玩電競，以同步進行產品測試活動。與這些青少年家長取得同意後，他們就成為曜越的支薪兼職員工，成為研發部的測試員。

　　曜越發現，這些「測試員」竟然各個身手不凡，幾乎可以參與專業競賽。2008年1月，遊戲橘子、戲谷、三立電視、金星製作、華義國際等，共同集資成立台灣電競股份有限公司，並在同年1月29日對外宣布成立台灣電競聯盟，初期有華義Spider、橘子熊、電競狼三支電競隊伍。2009年初，電競狼宣布解散，這讓曜越找到機會，於是成立阿波羅電競隊。曜越除邀請有潛力者擔任產品測試員外，也積極培養電競隊員。2009年12月15日，曜越阿波羅電競隊成立，下設「跑跑卡丁車」、「星海爭霸II」、「SFonline」等三個隊伍。

曜越便將這群「邊陲青少年」組成職業電競隊，請專業教練來指導。他們的工作除了測試產品，就是準備賽事，生活中第一次有了目標，並且備受肯定。隊名決定為「阿波羅」（太陽神，有重生的涵義），並開始參與台灣與區域比賽，也會根據獲勝機率而提撥獎金。有了電競隊，曜越也因此受邀進入電競社群，擴大合作面。

　　成立電競新媒體：沒有比賽時，阿波羅電競隊會去電競館舉辦小型模擬賽事或是粉絲見面會，同時也活絡電競館的人潮。每次巡迴各地，就讓更多網咖加入「電競館連鎖」，也帶動更多人投入電競運動。賽事與巡迴越多，就越需要媒體的報導。不過，主流媒體對電競新聞並不感興趣。曜越總部位於內湖科技園區，有許多電視台聚集。恰巧此時媒體界裁員，出現「難民潮」，許多娛樂記者都在裁員名單中。曜越本身是科技公司，不熟悉媒體操作方式，於是聘請六位記者組成媒體部門，透過網路，以文字與影音展開曜越專屬的電競報導，而各地電競館成了直播站。開播之後，即刻匯聚粉絲，也促進產品的銷售。往後策劃各類賽事與公關活動，便全由此部門全權負責。

　　曜越漸漸熟悉如何由三方面整合經營電競媒體。第一是成立 Tt Fun 電競媒體，提供獨家賽事消息；第二是經營電競明星的臉書粉絲社群；第三是連結外掛平台。曜越設法讓三者流量相互輔助。例如，Tt Fun 設計抽獎活動，像是由臉書社群貼文，鼓勵粉絲按讚等。2013 年，經營一年後有 38 萬瀏覽人次，2014 年約 60 萬瀏覽人次，並將內容逐漸擴大至科技、美食、時尚等主題。

服務創新：電競連鎖體系

　　網咖轉型為電競體驗館，並由早期 6 家體驗館擴增為全台 30 家；曜越並將這個經營模式複製到大陸網咖。2011 年 6 月，曜越以「Tt eSPORTS」跨足實體通路，並在台北忠孝商圈成立電競體驗館的旗艦店，創下行業首例。各地的體驗館可以陳列曜越電競商品，以使用體驗取代產品陳列販售。這除了解決通路問題，還可以建立品牌形象，藉此取得消費者的反饋。一位曜越行銷主管分析開設後的成果：

「館內我們提供全系列的電競商品，有專人解說，使用者購買之前可以先體驗一下。國高中生消費高峰期是每月的 5～20 號；一到段考或大考期間就不會出現；但一到放假就會蜂擁而至。像是 2013 年 2 月的春節連續假期，一週的營業額就突破 60 萬元，2 月的業績突破 100 萬元。我們是將電競變成運動的感覺，擺脫網咖過去的不良形象。」

　　以電競體驗館建立通路，改變曜越銷售與服務方式。體驗館不時有電競隊巡迴，新鮮感帶進人潮，並提升對曜越品牌的好感。現場有專人解說，商品選擇性多，進一步提高回購率。2012 年 9 月，新設計的「Tt eSPORTS」電競專賣店又在台北西門町開幕。曜越以魅惑紅色與神祕闇黑色系為基調，打造曜越品牌形象。酷炫的入口穿廊兩側則有「曜越太陽神」電競隊選手海報，讓粉絲一睹風采。店內分區陳列電競鍵盤、電競滑鼠以及潮牌電競耳機等全系列商品，讓消費者能夠試用。

　　太陽神電競成員會參與研發、商品設計、選材、初模測試等工作，讓產品更貼近玩家。例如，根據不同遊戲內容會有客製化需求，以提高電玩戰力，像《SFonline》這套遊戲強調耳機和滑鼠並用；《跑跑卡丁車》重視鍵盤操作；《星海爭霸 II》則強調滑鼠和鍵盤的機能。曜越會依據不同玩家需求去設計耳機、滑鼠、鍵盤。電競選手也成為曜越的產品代言人，帶動熱銷。曜越不定期在電競體驗館舉辦小型賽事與粉絲見面會。電競體驗館整合了產品銷售、體驗服務及粉絲經營，帶來亮麗業績。

　　此階段我們可觀察到三個相依性關係的改變。第一，3C 通路的「店中店」策略不如預期，曜越原本可以與賣場協商，將產品重新陳列。不過，就算曜越能做到，也必須付出高額通路費，更何況曜越缺乏談判籌碼。曜越需要賣場，但賣場卻不需要曜越，最後無疾而終，雙方難以形成相依關係。

　　第二，店中店的體驗：網咖本來與曜越不存在相依關係，一轉換情境後卻有了轉機。原本曜越只是零散地銷售電競周邊給網咖，請網咖協助找使用者協助調研。隨後，網咖被列入八大行業；而曜越則急需空間。這兩個劣勢形成新

相依關係，也找到新機會。曜越出資改造裝潢、捐贈設備、提供銷售獎勵，以網咖的空間開設體驗館。網咖反而轉爲依賴曜越，相依性的改變使得資源價值隨之轉變。網咖只需提供空間，卻可贏來齊全的設備、新的商業模式與擺脫「特種行業」形象。曜越只需提供裝潢經費，卻可省去昂貴的場租來開設「電競運動體驗館」，建構比 3C 賣場更有效的通路。

第三，電競館的成功促成兩項資源的轉換：網咖少年與流浪記者。曜越本來找網咖使用者的目的是理解玩家需求。原本先邀請他們到公司內擔任測試員，讓設計團隊免去舟車勞頓，卻意外發現這批逃學青少年是箇中好手，而後成立電競隊。電競隊讓曜越順利切入電競社群、提升企業知名度，也活絡各地電競館。網咖少年原本與曜越只有微弱的相依關係（擔任受訪者），成為電競隊員後兩者相依關係驟然變強。逃學少年有了正式職業與受到尊重，曜越則育成一批品牌生力軍。

原本看似不相關的媒體產業，也因爲電競隊需要宣傳團隊而改變。洽逢新聞產業裁員，而娛樂記者首當其衝。受裁員的記者在曜越找到新生涯；曜越則找到專業人才解決媒體宣傳問題，並建立專屬頻道，讓各電競館不斷有即時新聞以維持粉絲的關注。新聞記者變成電競新媒體，而曜越則由科技業跨足媒體業；這些資源由原本不相關，變成互賴關係（參見圖 9-2）。

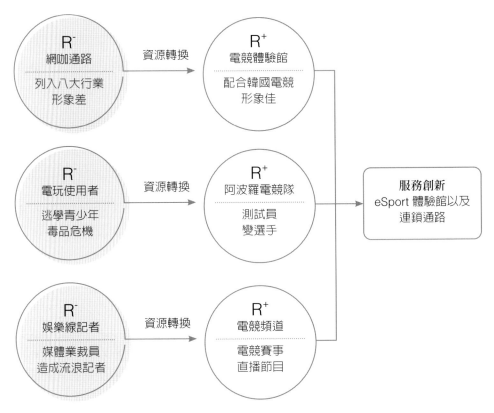

圖 9-2　曜越轉換負資源，組合成服務創新方案

事件二

/ 電競館轉換成百貨運動場 /

　　電競館的成功維持約三年，在 2015 年產生變化。電競館成長速度太快，超出曜越管理能力，開始產生品質的震盪。電競隊也隨之出現問題，當隊員一夕成名時，經濟因素也讓隊員與公司發生嫌隙，退隊與法律問題頻生。面對新一波的挑戰，曜越又將如何因應？

負資源：變調電競館與冷清的百貨

　　電競館雖漸漸成為粉絲聚會的場所，但電競館的經營也開始出現兩大問

題。首先是電競通路快速擴增帶來管理問題。曜越發現，將網咖轉型為電競體驗館並非都能成功；尤其有部分網咖業者習慣過去經營模式，以遊戲點數抽成與販賣飲料為營收主軸，不習慣銷售電競產品。此外，非一線城市地區的網咖仍以青少年居多，轉成電競館後只是換了更棒的設備繼續玩，不見得有資金可以購買電競商品。部分電競館由於店面不是自己的，還面臨房租漲價壓力。例如，原本於 2012 年在台北火車站對面成立的電競館，經營績效極佳；但兩年後卻因房租漲價，只好關店。

其次，電競館雖舉辦電競隊粉絲見面會或小型賽事，但這些粉絲多隨著電競明星來去，長期卻未能留下消費，對電競館的營運績效幫助不大。一位店長分析：

> 「讓電競隊過來包場辦活動，看起來是很體面，但是對電競館的經營沒有太大幫助。我們賺的是『時間財』，像是鐘點費、遊戲點數、零食飲料等，才是我們的主要收入。這些粉絲看來並不是我們的客戶，他們來得快、去得急，根本沒留下來消費。曜越也沒有教我們怎麼賣東西給這些粉絲，我們的收入沒有預期好。」

最終，曜越逐步縮編經營不善的連鎖電競館，留下六家直營店，以維持形象。然而，曜越注意到，在台北火車站鬧區、傳統百貨公司與超市的人潮明顯降低，而業績衰退。大型賣場如台南夢時代購物中心、桃園大江購物中心等，正積極尋找能吸引年輕族群的商店進駐。一位百貨商城的主管解釋：

> 「我們想走新型態賣場的路線，要多一些休閒空間。傳統百貨是以女性客層為主來規劃，因此一樓一定得要賣化妝品、賣鞋子、賣衣服。但是，這些媽媽們的孩子，或是跟著女士來購物的男士，常常覺得很無聊，喊著要離開，也就會縮短女士們的購物時間。新型購物中心的主要客層是親子，所以我們就要考量，如何安頓這些年輕族群。因此，一樓要安排美食街與時尚用品，最好有類似誠品書局的店進駐，讓年輕族群或男士能停留消費，也讓媽媽、太太或女朋友能逛久一點。」

資源轉換：賣場也是靜態運動場

曜越評估進駐百貨公司的可能。新型態的百貨強調休閒空間，因此能讓全家人長時間停留的商家成為首選。除了電影院、誠品書局外，電競體驗館是百貨商場尚未嘗試過的選項。曜越評估，這些百貨商場雖不是以電競玩家為主，但休閒電玩反而才是購買主力。假日與父母一起購物的青少年，可以到電競館體驗，當作休閒活動。青少年看似沒有消費能力，卻有影響力，經常以學業成績、良好表現來爭取購買電競商品。家長購物之餘，也會對孩子有補償心理，願意給予零用金。

商場變成運動場：百貨賣場強調休閒、時尚的形象，也較貼近曜越的精品概念。曜越自 2010 年起相繼推出 Tt eSPORTS 系列電競商品、LUXA2 蘋果周邊配件、太陽神周邊商品以及 Chao 潮牌時尚配件，都需要較大的賣場以展示商品特色。曜越商議過進駐百貨的可能性，但並不受到青睞，因為擔心「電玩」的形象不受父母親接納。畢竟，過去政府因為擔心青少年玩物喪志，曾全面禁止電玩行業。

幾經思考，曜越改換另一種方式溝通：百貨商場需要微型「運動場」。桃園的台茂百貨曾經在地下一樓設置運動場，包括籃球場、直排輪、桌球場、撞球場、迷你高爾夫球等，吸引大批親子人潮，但不久就撤除。這是因為運動雖然帶來人潮，卻占太多空間，而買氣也不足；來運動的青少年多數只消費飲料。即使收入場費，但也是杯水車薪，難以達到預期坪效。

2014 年後，由於韓國的推廣，電競已經成為一種運動，政府也將電玩視為產業，具更多合法性，也比較符合社會觀感。於是，曜越提出「靜態運動場」的構想，既不占空間，也能有坪效收入；就是將曜越的電競館觀念縮小，放入百貨賣場，讓顧客在店中嘗試各種電競遊戲。之前，曜越可找電競隊過來帶動人潮；電競隊解散之後，曜越轉以贊助方式協助台灣的新興電競隊，讓他們來協助推廣，並找明星與模特兒來店中協助宣傳。一位曜越主管說明：

「過去曜越主要透過跨界合作拓展網路休閒概念館通路，但自2012年起成立首間直營門市『曜越 Tt eSPORTS 電競專賣店』後，我們就發現專賣店的經營型態更容易強化電競運動的專業與服務體驗。新型態的百貨商城經營也在找尋全新的體驗設計，以吸引年輕族群回流賣場。這讓我們一拍即合。」

電競運動帶動的人潮讓百貨公司更有信心。曜越進駐百貨商城計畫得到迴響，並開始由北部向南部拓展，包括台北美麗華百樂園、台北太平洋 SOGO 百貨、桃園大江購物中心、新竹巨城 SOGO 購物中心、台中勤美誠品綠園道、台南夢時代購物中心、高雄太平洋 SOGO 百貨等，都有曜越電競館進駐，帶動年輕族群流入百貨商城。曜越發現，許多到百貨公司的客群也會購買周邊產品。一位店員觀察：

「除了電競玩家來購買電競包、手套、鍵盤、主機殼、滑鼠墊外，還有許多時髦的年輕人、上班族。他們很喜歡曜越跟 BMW 合作設計的流線型滑鼠以及紅色電競耳機，這些周邊產品都很符合年輕人的潮感口味。」

職人概念店：2019年，三創生活百貨與曜越合作，開設新一代的「電競運動場」，將場地設計得跟蘋果概念店相似。一進門就是拼接的大螢幕，可以開設各種教學課程，也可以讓客戶在體驗電玩遊戲的同時，讓在場觀眾透過大屏幕觀戰。有興趣購買的顧客可以利用店內的客製化系統，分析不同規格組合之後，價格所產生的變化。在館內左側設立維修工作區，開設教學區，讓顧客學習自行組裝電腦以及學習基本維修技巧。這些活動由體驗、組裝到維修，使得電競行業更顯職人感。與女士同行的先生和青少年很樂意花一整天泡在「運動場」體驗與學習。接著，曜越準備為顧客舉辦一系列電競比賽，在大螢幕上轉播賽事，吸引遊客入店，也帶動百貨人潮。

服務創新：百貨店中店

曜越將商場變成另類的運動場獲得不錯的評價，除了人潮與業績的提升外，也在品牌與商場相輔相成。一位百貨商場負責主管解釋：

> 「電競運動場的觀念對我們還蠻新鮮的。過去我們比較少注意到電競族、時尚族群、蘋果族與其他年輕客群。我們由生活百貨拓展到更多元的客群，除了帶進人潮外，客人也更加多樣化。」

曜越逐步拓展電競周邊產品。除了電競鍵盤、滑鼠與耳機等配備，還開發手套、電競服裝、滑鼠墊、潮牌服飾等。2010 年，曜越與 PChome、Yahoo! 等電子商務平台合作銷售電競商品，平均年營收為 900 萬元。這讓曜越開始思考電子商務的潛力。2012 年 3 月曜越成立電子商務平台「Tt Buy」，以電子商務導流百貨人潮購買產品。

曜越的電競體驗館隨著網咖通路挑戰而轉型。原本百貨商場並不看好，但曜越卻能透過「靜態運動場」的觀念而改變與商場之間的相依關係。以電競帶入人潮，讓等待的男士與小孩有休閒運動，活化商場空間，吸引多樣化客群，都使得商場增加對曜越的依賴。這樣的相依關係賦予資源新的意義，電競館變成「運動場」，讓百貨公司引進新客源，又延長女士購物時間，提升營業額。

事件三
/ 經銷商轉換成轉播站 /

曜越在全球有 95 家區域代理商，並有超過 300 家經銷商。然而，這些經銷商並不是全然「忠誠」於曜越商品。對經銷商來說，哪一種商品好賣、流通得快，他們就主推這項商品。原廠商在哪些地區多做推廣，經銷商就隨著推不同品牌的商品。這一直是經銷商的生存法則。相對於大品牌的強勢廣告行銷，曜越的產品自然被邊緣化。面對這樣的制約，曜越如何因應？

負資源：變節的電競隊與無忠誠經銷

電競隊原是曜越產品的最佳代言人，不過這項優勢卻出現變化。2013 年部分電競隊成員對合約內容有爭議，希望提高比賽獎金與出席代言費；也希望提升電競室規格、聘請新教練等。最終，基於成本等因素考量，曜越決定解散電競隊。原本被視為最佳代言的電競隊，由正資源轉變成負資源，讓曜越品牌蒙上陰影。

電競隊解散也連帶影響各地經銷商的販售意願。過去，曜越一直以電競隊作為推廣主題，讓經銷商銷售給電玩族群。2000 年曜越推出首款渦輪式散熱風扇，業界暱稱為「黃金鳳梨」（Golden Orb），就透過經銷商賣出 100 萬顆。電競媒體 Tt Fun 的出現，更成為曜越商品的最佳宣傳。經銷商會播放 Tt Fun 上的電競賽事，去促銷電競商品。一位東南亞經銷商分享道：

> 「熱鬧活潑的電競節目一播放就可以吸引人潮，營造買氣。只要有節目來，我們就開著。反正連上網路看電競節目很方便，大家也都喜歡看電競明星聊聊八卦。尤其對年輕人來說，影音節目總是比較吸睛。」

曜越發現，投資新興電競隊，不但可分散投資風險，不需負擔經營電競隊的高昂成本，更不必擔心戰績對品牌的影響。對經銷商而言，分布在各國的電競隊更有吸引力，也是各經銷通路的最佳代言人。各地經銷商推播在地賽事時，就可以結合在地的電競選手促銷，這也使得整體報導更加國際化；不僅強化在地的連結，更提升經銷商對曜越的黏著度，帶動產品推薦。各地經銷商變成國際轉播站，還協助研發中心蒐集玩家對商品的反饋。

新興電競隊有曜越的贊助，由商品如主機殼、水冷系統、滑鼠、鍵盤、耳機到贊助款，提高配備等級、強化戰力，也樂於擔任代言人，提升能見度。2014 年，曜越以 Tt eSPORTS 品牌所贊助的電競戰隊涵蓋荷蘭、丹麥、德國、英國、法國、波蘭、葡萄牙、土耳其、美國、南非、日本、新加坡、澳洲、泰國、孟加拉等25個國家。曜越轉播各地電競賽事，不僅讓新媒體團隊有豐富素

材可報導，更拓展全球知名度，也凝聚經銷商向心力，將經銷店變成全球轉播站。曜越一位媒體主管解釋：

「電競比賽有國際賽事，也有各國在地賽事。我們贊助有潛力的電競隊，可以幫助我們瞭解不同市場需求。曜越的產品也剛好透過這些隊伍的實測而改良。這些電競隊幫我們做品牌宣傳，讓經銷商更願意推薦我們的產品，真是一舉兩得。放棄一個電競隊，我們卻擁有全球的電競隊。」

贊助全球電競隊有助於透過定期賽事提高品牌知名度。2015 年，曜越開始招募事業剛剛起步的電競直播主，例如吱吱（陳俊延）在 2013 年取得《TGS 名人邀請賽》亞軍，在 2013 至 2015 年擔任 Argent 團隊活動主播，並在 2014 與 2015 年擔任《Blizzcon 爐石戰記》主播與賽評，擁有近 3,000 名粉絲。另一位直播主持人麥香（施敦予）也是多項電競比賽常勝軍，擁有近千名粉絲。2016 年，曜越在台灣國際電玩展宣布贊助電競壯士 100 位，經營明日之星。曜越也贊助台灣大專院校中的電競社團，向下深耕。

服務創新：全球傳播網絡

阿波羅電競隊本來是正資源，由於成員的爭議而解散，連帶造成娛樂媒體部門的經營困境，但也因此找到贊助國際電競隊的新模式。一方面，投資國際電競隊不僅節省成本，又能拓展曜越的國際影響力；媒體部門還可以報導國際賽事，讓新聞內容更豐富。另一方面，這些二、三線的電競隊本乏人問津，只要贊助設備就滿足，若又資助部分經費，還有媒體報導，更是樂不可支。如此便形成新的資源相依性，使曜越與電競隊各取所需，合作愉快。

經銷商與曜越的關係原本陌生，完全看當季廣告投放量以及產品詢問度而決定銷售重點。經銷商雖與多家廠商合作，但忠誠度都不高。當曜越贊助架設大型液晶電視，將賽事轉播給全球經銷商，便提供店面即時資訊。經銷商更願意主動銷售曜越產品。媒體賽事報導提升品牌知名度，帶動現場銷售，又安排當地電競隊到各經銷商去辦活動，使得經銷商能活絡銷售。經銷商不僅是銷售

點，更變成曜越的轉播站；曜越變成經銷商的內容提供者與行銷企劃，兩者形成新的資源相依關係。

/ 負負得正的邏輯 /

曜越的案例中可觀察到三個「負負得正」的邏輯：隨境而變、負轉正以及形塑資源相依性。

第一，隨境而變：資源會隨不同時空情境，呈現截然不同的價值。例如，網咖原是「負資源」，被視為八大行業列管；但時值韓國將電競隊列為國家運動的時機，將網咖解讀為運動電競館，反成扭轉為正面形象，可轉換成低成本拓點的「正資源」。後來，卻因擴展速度過快而導致經營困難，又成為「負資源」。百貨商場轉向以女性客群為主，在開架式美妝品牌店電子商城的競爭下，人潮衰退，空租率提高，商場淪為「負資源」。曜越掌握此契機，引進電競館概念，將百貨商場轉為電競運動場，又成為「正資源」。最後，國際經銷商的忠誠度不高，維繫不易；但曜越贊助各國電競隊，安排當地電競隊到經銷商站台或代言產品，透過媒體部門同步轉播。這不僅激發買氣，也讓經銷通路（負資源）轉為媒體轉播站（正資源）。

我們可以觀察到三種依境而生的轉換方法：因材施教、因時而異、因地制宜。因材施教是由分眾需求去調配資源；因時而異是依照時間變化而去思考資源的用途；因地制宜是由在地化狀況去分配資源。例如，曜越掌握電競玩家的競技需求（因材施教）；善用網咖業者期望「漂白」的契機（因時而異）；將網咖改造為電競體驗館（因地制宜）。又如，百貨公司重新瞄準時尚運動客群（因材施教）；抓緊百貨受電子商務衝擊以致人潮衰退契機（因時而異）；而將百貨商場改造成電競體驗場（因地制宜）。再則，將新成立電競隊派去支援經銷商（因材施教）；善用社群媒體興起時機推出直播（因時而異）；而將經銷通路轉為電競實況轉播站（因地制宜）。

第二，負轉正：利用文化性改變資源價值。利用物質性轉換文化性，可以將負價值的資源轉換為正價值。有資源時，可以整合運用；缺資源時，需要靠拼湊重組。但拼湊之前需要先改變資源的性質，進而轉變其價值。例如，網咖漸漸變成不良少年集中場所，後來還被列為「八大行業」（社會觀感不佳，因文化性而變差）；又因為營業環境不整（物質性讓人覺得不好），變成負資源；可是改名為「電競體驗館」（連結到韓國電競比賽好名聲，改變文化性），重新裝潢成華麗明亮的空間後（感覺是正派的體驗店，改變物質性），就成為正資源。電競運動館成為粉絲集會場所，掃去壞名聲，也增進業績，獲得正價值。

百貨公司受到電子商務衝擊，人潮日減；但導入電競運動館後（百貨賣場中帶來新鮮感，改變物質性），卻成為時尚流行的象徵（百貨中的休閒運動場，改變文化性），有助於吸引年輕客群，也讓陪伴女士逛街的男士或小孩，有休閒娛樂的選項，百貨與電競業績同步上升（價值轉變）。對經銷商而言，曜越的產品與其他廠牌並無太大區別。然而，加裝一台大型電視，以經銷商場地作為轉播站（提供實況節目，改變物質性），播出各地電競賽事，並舉辦當地電競隊伍的粉絲見面會或促銷會，反而讓經銷商由商店變身體驗館（變成社群聚落，改變文化性），令經銷商更有動力促銷曜越產品。

同樣的空間，網咖是負資源，轉換成電競運動館就成為正資源；漸趨下坡的百貨賣場是負資源，導入「電競運動場」後就成為時尚指標，是正資源；經銷商忠誠度低，店面的商品變成負資源，變成轉播站後，曜越產品就有吸引力，變成正資源。這是因為資源性質的變化，造成人們投射於資源的認知被改變，使價值跟著改變。

第三，形塑資源相依性：形塑唇亡齒寒，負負可得正。相依性牽涉到兩造關係，需考量雙方角色的轉變（參見圖9-3）。當雙方目標契合時，就可以找出資源如何互惠相輔，進而形成資源相依的態勢，化阻力為助力[6]。若促成資源相依，就可以找出雙方由不利轉為互利之處，找到互補之道，將兩項負資源結合成為正資源。例如，網咖靠賣點數與飲料，曜越賣電競產品，兩者在商業

模式上似無瓜葛。然而，網咖的負面社會形象讓曜越有了「救生員」的角色可扮演。網咖需要新的身分「漂白」，曜越需要低成本通路，兩者目標一致。網咖貢獻場地、人力與地區客源；曜越貢獻品牌、裝潢與電競社群，雙方相輔相成，且榮辱與共。這就透過資源造成的雙方相依關係。結果，網咖增加電腦周邊的零售，而曜越得以用低成本建立體驗通路。

又例如，多數人對網咖少年的觀感是不好的，逃學生是被邊緣化的。對曜越而言，這些學生最初只是使用者，協助測試產品，雙方並無相依關係。當曜越讓學生的角色變成阿波羅「電競隊員」，雙方的關係就變成經紀人與專業競賽隊伍加代言人。有共同的目標後，「經紀人」願意投入資金去經營隊伍，而「隊員」則願意全力以赴，為競賽奮鬥。曜越以電競隊打進電玩行業圈，經營粉絲也提升銷售。逃學生成為電競隊，不只是受到更多尊重與父母的肯定，也提高收入與穩定學業。雙方因利害與共，必須同舟共濟，更產生互惠之效益。

曜越與百貨公司原本也無直接關係。但百貨公司需要人潮，曜越需要體驗賣場，雙方目標一致。曜越投入全套電競體驗設備，百貨公司貢獻大坪數場地，建立休閒運動場，雙方相輔相成。這項合作展現兩項互惠效益。第一是吸引年輕電競客群；電競體驗館讓年輕客群願意停留。第二是提供新型態服務：電競體驗館舉辦不定期賽事、粉絲見面會、電競直播等，為賣場帶入新鮮感。男士與兒女願意停留時間越久，女士就有更多時間安心購物。相對地，百貨公司讓曜越取得消費流量，提升電競耳機、滑鼠、服飾、手機配件等商品的銷售。

經銷商與曜越雖有合作關係，但連結度不高。曜越需要更忠誠的通路，經銷商需要能刺激買氣的活動，雙方目標一致。曜越安排贊助電競隊在當地舉辦賽事、活動或站台，以刺激買氣，並由 Tt Fun 同步轉播；經銷商則促銷曜越電競商品，雙方相輔相成，促成全球電競產品銷售績效提升，2016年國外銷售達營收七成的表現。

這三項負資源轉換原則，可促成服務創新，拓展劣勢翻轉的思維。當自身所擁有的是負資源時，不妨找同病相憐的夥伴，建構雙方的相依性，找出「正負相隨」的互補關係，便可尋得峰迴路轉的契機。企業可以透過相依性去活化雙方資源，使隨創方案得以浮出，逆轉劣勢。企業也千萬不要忘記，資源價值是具有保鮮期的。隨著時光流逝，正資源可能會再轉為負資源。也因此，企業必須與時俱進，形成生生不息的隨創機制，讓資源持續地獲得轉換的新能量，這便是負得正的邏輯。

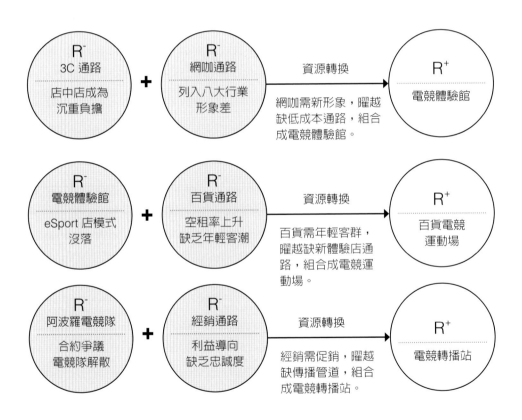

圖 9-3 互惠相輔、唇亡齒寒時，就會形成資源相依態勢

注釋

1. 負資源的初探，請參見：Fox, J. R., Park, B., & Lang, A. 2007. When available resources become negative resources. *Communication Research*, 34(3): 277-296.

2. 參見資源論的十年回顧探討：Barney, J. B., Wright, M., & Ketchen Jr., D. J. 2001. The resource-based view of the firm: Ten years after 1991. *Journal of Management*, 27(6): 625-641.

3. 野村進（劉姿君譯），2010，《一千年的志氣：不被淘汰的企業競爭力》，台北：先覺出版社。

4. 本案例之方法論以及更完整的學術探討請參見：蕭瑞麟、歐素華、陳煥宏，2019，〈負負得正：相依性如何促成負資源轉換〉，《組織與管理》，第12卷，第1期，127-171頁。

5. 感謝曜越科技董事長林培熙、各部門同仁與三創副營運長張慈玟對本研究的熱忱協助，讓本案得以順利完成。

6. 參見：陳蕙芬，2015，〈柔韌設計：化機構阻力為創新助力〉，《中山管理評論》，第1期，第23卷，13-55頁。陳蕙芬，2022，《柔韌設計：跨越制約的教育創新法則》，台北：五南出版社。

10

由強尋弱：研華
劣勢中逆強
Embedded Weaknesses – Inversing the Powerful under Disadvantage

當上帝關掉一道門時，同時也會為你開啟另一扇
窗。反之，當上帝為你開啟一扇窗時，同時也會
隨手關上一道門。

菲利士來攻打以色列，派出大將哥力亞來叫陣，這已經是第四十天[1]。無論他怎麼樣辱罵以色列軍隊，也沒有人敢出戰。這不是沒有原因的，哥力亞是個巨無霸，身高約 3 公尺，體型魁梧、力大無比，一刀可以將對手連人帶盾劈開。十數人合攻而不敵。他一出陣，就有兩名隨從扶著他，幫他拿大刀與長矛。哥力亞光站在那裡就令人心畏，誰出來對戰肯定都是必死無疑。

這時，一位俊俏少年大衛挺身而出，願意單挑哥力亞。眾人除了驚訝之外，更覺得惋惜。很明顯地，這場仗光有勇氣是不夠的。指揮官脫下自己的盔甲給大衛，希望他能少點皮肉傷。大衛卻婉拒說道：「穿這身盔甲我不好跑。」他只帶了兩條迴力繩，一邊走向哥力亞，一邊在路上找了四顆石頭裝上迴力繩。他走不到幾步，哥力亞老遠就舉起長矛射過來，力道萬鈞，可是大衛一下就靈巧地躲開。

大衛開始跑過去，就在哥力亞以逸待勞，舉起大刀準備向大衛砍過來時，大衛在數步之外停下來。大衛擲出第一發石頭，擊中哥力亞的膝蓋，他痛到跪了下去。緊接著，第二發擊中他的額頭，他一聲哀嚎，龐大身軀應聲倒地。正當哥力亞還沒弄清楚狀況之前，大衛箭步向前，拿起哥力亞的刀砍向他的脖子，瞬間身首異地。這場戰鬥就在不到 10 分鐘之內結束了。

以小博大時絕不能硬幹，而必須要智取。強勢者很少有弱點，但卻有脆弱點。如果大衛與哥力亞比力氣，或者是比兵器，肯定不是他的對手，小命可能也早就沒了。哥力亞雖力大無比，動作都必然遲緩。大衛是牧羊人，平時為了防止獅子與野熊偷擊羊群，練就敏捷反應以及投石退敵的本領。當巨人由跪下到躺下，身高、體力的優勢立即不見，而大衛也就能夠以迅雷不及掩耳之勢結束戰爭。

競爭是常態，是企業的生存法則。為取得競爭優勢，企業運用有形與無形的資源，如技術、資金、人才、品牌、聲譽等，轉換為自身的能力，難以被對手複製，以便建立持久優勢，成為市場上的強者[2]。相對地，規模小的企業，在技術貧乏、資金匱乏、人才缺乏的狀況下，必然是競局下的弱者，任憑強勢者宰割。不過，劣勢創新的構想卻帶來一線生機。

之前提到，透過隨創的作法，可以將手邊有限資源加以拼湊，以形成解決方案。或者，透過象徵性行動，創新者可以用說故事的方法取得合法性，因而由其他夥伴取得需資源，解決燃眉之急。然而，這還未關注「不對等權勢」的情況。在競爭環境中，創新者往往是弱勢者（low-power actor），必須面對市場上的強勢者（high-power actor）[3]。弱勢者面臨重重制約，像是資金不時捉襟見肘、人才尋覓不易、研發面臨瓶頸、對手處處掣肘等困境。順勢時創新容易，但現實中企業必須於劣勢中突圍。本章將分析研華科技於大陸面對強勢競爭者的回應過程，藉此來理解弱勢者如何逆轉局勢。

/ 強勢下的守弱法 /

弱勢者與強勢者的差別在於規模的大小、資源的富貧、權勢的高低以及影響力的深淺。劣勢下，弱勢者受制於強勢者，例如小銀行受制於大銀行，而大銀行受制於金融監理機構。不過，弱勢者不一定是「弱者」（wimp）。弱勢是一種相對的概念，一家公司在國際上規模不大，資源相對不豐沛，但這家公司在母國某產業可能具領導地位。不堪一擊的「弱者」難以劣勢創新，我們所討論的是資源上相對比強勢者少的「弱勢者」。這些弱勢者並不弱，只是因位居劣勢，潛力一下發揮不出來。

居劣勢時，弱勢者可以找夥伴協助，而夥伴也有強弱之分。弱勢者可以聯盟許多弱勢夥伴，以增加實力；弱勢者也可以與強勢夥伴合作，設法扭轉局勢。弱勢者與夥伴的互動，必然牽涉到資源交換問題。然而，聯合許多弱勢夥伴是否就能交換到合適的資源呢？強勢夥伴為什麼要分散資源去協助弱勢者呢？更何況，當這些夥伴也是對手的盟友時，怎會願意與弱勢者共享資源？

遇見強勢者，弱勢者的回應方法大可分為四種：臣服、抗爭、權宜、柔韌[4]。以臣服方式回應，弱勢者會先順從強勢者所制定的遊戲規則，以尋求自保之道。例如，模仿市場領先者的新產品，或採納產業最佳實務，都比較容易取得正當性而生存下來。或者，子公司主動向母公司提供在地情報或配合推動全球政策，展

示積極性以爭取母公司的資源,在不景氣時,也可避免首當其衝被裁撤。臣服雖然可以爭取時間去創新,但略嫌被動。

若以抗爭回應,弱勢者則可以奮力回擊強勢者,以求突圍之道。子公司可能違背母公司命令,以「將在外,君命有所不授」的理由另尋出路,等贏得勝利後再取得母公司認同。例如,Datakom 的瑞士子公司決定另闢商業模式,不去銷售母公司的產品,反而轉向銷售對手的商品,並將維修合約委託給競爭者[5]。這項激烈作法雖違背總部政策,卻成功改變子公司於在供應鏈的定位,由硬體銷售轉型為加值服務。這場抗爭獲得總部注意後,也為子公司爭取到更多資源。雖然抗爭可取得主動權,但「先斬後奏」也可能激怒強勢者,對弱勢者採取報復,在未來埋下裁員,縮編或整併的後果。

若不想衝突,弱勢者也可採取權宜回應。這是一種迂迴轉進的方式,是陽奉陰違的作法。例如,聯合利華的巴西子公司就刻意地推薦 83 名巴西籍主管進入總部。目的在安排內應,縮短與母公司間的資訊落差,穩定與強勢者之間的關係。弱勢者也可表面同意但暗中結盟,以集體力量向強勢總部爭取有利條件。不過,強勢者若發現這些權謀,可能會對弱勢者產生不信任而加以防範,東窗事發時反而可能引火上身。

與權宜回應類似的作法是「柔韌設計」(robust design)[6]。這種方式也是以迂迴方式反擊,但更具謀略。例如,愛迪生便運用「瞞天過海」的計謀,將電線埋設於瓦斯管中,以避開市政府法規的限制。這種方式講究不直接衝突,而是根據對手的壓制,見招拆招,巧妙應用資源布局去扭轉不利的態勢[7]。

面對強勢者擋路,其夥伴不敢,也不願與弱勢者合作,資源難以取得。此時,我們就必須思考新的回應方式,也就是逆強的三個原則(參見圖 10-1)。

第一,由強尋弱──找機會:物極必反,有極強必有極弱之處。逆強並不是忤逆,叛逆,而是逆向尋找,由強勢者身上找到翻轉機會。強勢者雖難以找到「弱點」,卻有其必然的「脆弱點」。正如員工雖非常勤勉,卻容易心理壓力大;代理商業績做得太好,卻容易被原廠取代;相撲選手力大無比,卻行動

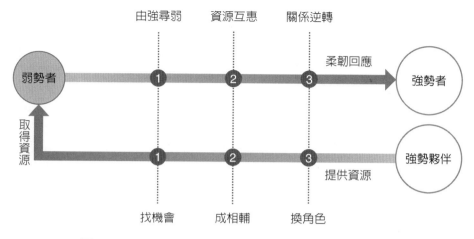

圖10-1　逆強的三原則──找機會、成相輔、換角色

遲緩；富者品嚐山珍海味，卻易生心血管疾病；窮兵黷武的國家，資源就容易快速消耗，更容易樹大招敵。這是「因強必弱」的原理。知道這樣的原理，就可以找到強勢者與夥伴之間的衝突，就可以瞭解夥伴的痛點，也就可以找到逆轉的機會點。

《鬼谷子‧謀篇》中便提到：「為強者，積於弱也；為有者，積於曲也；有餘者，積於不足也。此其道術行也，柔弱勝於剛強，故積弱可以為強。」每一位強勢者都有他脆弱的一面；每一個弱勢者逐漸累積，也會漸漸變得堅強。強者鋒芒畢露，必然造成自身夥伴的危機感，也就是弱勢者可以趁虛而入之時。藉由強者的脆弱點，弱勢者便可以思考如何與其夥伴合作，找出解決方案的契機。

第二，資源互惠──成相輔：也就是將自己的資源，變成他人迫切需要的資源。要取得對方的資源，勢必要交換自己的資源。如果自己的資源被認為缺乏價值，對方交換的意願也就不高。若找到對方的脆弱點，也就找到機會。知道夥伴的脆弱之處，也就能得知他們需要怎樣的協助。弱勢者可以找出雙方需要相互依賴的地方，重新思考本身資源的價值。一開始，弱勢者本身的資源看似價值不高，可是如果探知對方急迫的需求，便可以重新定義資源的用途，

找到轉換價值的方式。例如，一家公司強於量產，卻弱於採購；另一家公司缺乏生產容量，卻有一套全球採購與競標系統。這時雙方資源便有互補之處，使得交換可形成互惠的結果。這個原理便是：一邊投其所好，另一邊更要雪中送炭。

第三，關係逆轉——換角色：改變角色就會轉變關係。弱勢者如果要改變權勢不對等關係，可以透過角色轉變。一位新進職員在官僚架構下看似是弱勢者，但他也是領域專家，如果轉由專業角色來發言，就可能變成一位勢均力敵的對手。轉換角色可重新定義兩造之間的互動關係。角色是「社會性」的，像是人與人互動的社會規範；認同某個角色，也代表認同那個角色所建構的權力地位，與相對應的榮譽責任。例如，媒體需要名人代言一個藝術展，但礙於經費限制很難邀請得到，若將「商展代言人」轉換為「美學教育家」，這樣的角色轉換就可能讓名人願意義務代言[8]。

「逆強論」就是探討劣勢下弱勢者的創新原則：逆向尋找強者之脆弱、匹配雙方的互補資源、轉換角色以轉移權勢[9]。逆強不是叛逆，而是在困境中逆向尋機、交換所需資源、改變不對等關係。看起來很強的，其實是脆弱的。自己看起來沒用的資源，卻是別人救命的關鍵。看起來難以有影響力的弱勢者，換個角色卻能夠麻雀變鳳凰，改變不對等關係，改變權勢的高低。以下就以研華科技在大陸的競爭過程，說明如何逆強論的運作方式。

/ 研華於大陸劣勢創新 /

控創的前身是德國 BMW 公司的電腦部門，在軍工、通訊等領域有深厚的耕耘。控創的策略是透過併購來擴大公司規模[10]。在 1998 年到 2002 年，控創併購三家公司以補產品線的不足。在 2001 年，控創併購工業電腦通路商 IPC Advance，成為美國分公司，改名稱為控創美國（Kontron American）。在亞洲，控創併購世普（Ispro），成為亞太區分公司，改名稱為控創亞洲（Kontron Asia），發展韓國、日本、大陸、台灣、東南亞、澳洲、印度以及中東地區的業務。

2002 年，控創再併購 Jumptec 公司，取得「電腦模板」（COM, Computer on Modules）技術標準，也就是「嵌入式技術延伸標準」（ETX, Embedded Technology Extended，這項工業電腦標準是由 Jumptec 在 1998 年提出）。控創收購 Jumptec 後，開放 ETX 規格來提高市場占有率。ETX 模塊的標準尺寸是 95mm×114mm，上面集合聲卡、低電壓差分訊號（LVDS, Low-Voltage Differential Signaling）顯示、網卡、USB（Universal Serial Bus，連接電腦與外部裝置的串接埠）等元件。爲擴大電腦模板市場，控創邀請工業電腦廠家加入 COM 技術聯盟，公開產品技術規範給聯盟成員。第一階段全球有 11 家廠商加入。研華也在此階段加入聯盟，參與開拓電腦模板市場。

電腦模板是把電腦的核心運算元件（CPU, Central Processing Unit，也就是電腦機板的心臟）縮小成一個模塊，約如火材盒之尺寸，透過特殊的管腳定義（Pin Definition），結合基版（Base Board），設計爲類似主機板的元件。電腦模板加上周邊機構，就成爲電腦控制元件，可應用於軍事裝置、醫療設備、自動控制、交通運輸、數位看板、衛星通訊、電力行業、行動裝置、博奕機台等。控創憑藉技術領先優勢，成爲客戶首選。研華屬於後進者，在品牌與技術上都不如控創強。

研華在台灣同類型的對手是威達電子，同爲上市公司，名列第二，與研華同屬垂直整合的系統廠商。研華專注於研發與銷售，外包部分產能。威達電子則採自行生產，研發、生產、銷售三者並重。研華設置子公司，產品直接銷售給客戶，亦布建經銷網絡。研華在各領域也都有實力相當的對手，例如研揚（Aaeom）、艾訊（Axiom）、凌華（Adink）、新漢（Nexcom）等。新漢是嵌入式電子平台的對手，研發能力強，可在僅有 19 吋、容納一個 CPU 槽的模板上，擴增八個 CPU 插槽，成爲刀鋒伺服器（Blade Server）的前身。在高端技術，國際上有控創（Kontron）、西門子（Siemens）、倍微科技（Radisys）等對手。電腦模板的技術標準由控創制定，市占率高達 34.2%，位居第一；其次是德國廠商 MSC，市占率約 8% 至 10%；第三是由 Jumptec 創始者離開後所成立的Congatec，市占率約 6% 至 8%。

在大陸市場，控創較早跟隨奇異醫療（GE Medical）、西門子（Siemens Medical）與愛普生的機器人事業（Epson Robot）等國際大廠進入大陸，擁有指標性客戶，占市場先進優勢。控創的電腦模板在大陸營業額約 1,100 萬美元。相較之下，研華進入大陸市場較晚，營收約 400 萬美元。控創的電腦模板平均單價在 400 至 800 美元；研華的產品則在 250 至 400 美元。面對重量級的對手，市場上先占、服務上卓越、技術上領先，研華要如何回應，以化劣勢為優勢？以下分為三階段說明研華進入大陸市場時，如何與經銷商互動、與顧客互動、與技術互動。每階段會分析「由強尋弱」的過程，理解如何於制約中找到機會、如何交換資源、如何改變兩造關係。

逆轉市場主導：建立雙品牌模式

控創重視電腦模板的技術研發。總公司編制 100 多人成立專屬業務部門，在大陸的研發人員有 10 多人。控創產品優、品牌知名度高，以直銷模式經營指標型客戶，無須仰賴在地經銷商。控創專攻以軍規為主的高階市場，奇異、西門子都是控創的客戶。醫院的斷層掃描儀器、輔助診斷設備、床邊診斷系統等，也都採用控創的電腦模板產品。其他同業也多委請控創設計電腦模板。此外，軍用監測儀器、衛星系統、通訊與交通監測系統等，也都是控創主力客戶，控創的品牌成為顧客首選。

控創在 2002 年併購 Jumptec 後，不但取得技術標準制定權，也一併取得 Jumptec 在大陸設置的經銷網絡。不過，大陸當地經銷商只能供應零件與銷售周邊商品。電腦模板的關鍵零組件仍由控創直接供應與維修。為就近服務頂級客戶，2002 年控創在上海設立大陸區總部。德國總部的技術人員頻繁往返於大陸，提供技術培訓。2003 年，SARS 疫情過後，控創總部從上海遷移至北京，以服務軍方客戶及開發華北、東北、西北市場。

電腦模板產品是以穩定、模組化設計和方便升級為主要考量，廠商必須有一定的設計能力才會採用電腦模板。大陸外商不熟悉研華，國營企業也因不理解電腦模板的產品規格，只敢買外商品牌。控創有品牌優勢，可直接掌握頂

級客戶，而大陸經銷商的二級客戶也逐漸直接與控創接洽。不得其門而入的研華，發現大陸經銷商被邊緣化的窘境，藉此向經銷商提出三項合作優勢。第一，研華的電腦模板產品遵循控創所制定的規格標準，因此技術是相容的。第二，研華的電腦模板可以比控創便宜三成。第三，研華除了電腦模板商品之外，還有其他工業電腦產品，可以配套銷售。

在地經銷商發現，研華的產品的確有競爭力，且價格相對優惠，在同語言的便利性下，溝通售後服務更容易。這些經銷商開始引薦研華產品。一位研華在大陸的業務主管說明：

> 「其實大陸的經銷體系很像日本的代理商，和大企業間都有長期往來合作默契。他們熟門熟路，也幫忙介紹生意。我們還常常半買半送，送個2,000美元的散熱器，或是免費的維修服務，這都是和大陸廠商建立關係的常態作法。」

然而，這項頗具吸引力的提案卻乏人問津。畢竟，沒有經銷商願意得罪德方。隨著控創對大陸市場的掌握，逐步建立與國企的直銷體系，更放大經銷商被邊緣化的危機。研華團隊藉此機會再次遊說經銷商。經銷商雖知道被邊緣化的現實，但多不願意去面對，認為現階段保住代理權最為重要。也因此，多數經銷商不敢與研華合作，以免得罪控創。研華招攬經銷商再次遇挫後，轉換另一策略。研華不再訴諸價格的優惠，而是放大經銷商的危機。一位研華協理點出：

> 「在大陸，代理商心中是很清楚的。不管你賣的是服飾或科技產品，做得不好就被收回代理權。做得太好，也會被取代，外商會自己跳下來做。經銷商被拋棄是常有的事。今天，控創把電腦模板的客戶攬來自己做；明天，難保控創就將所有產品都包了。這些經銷商只好喝西北風了。」

雙品牌子公司避風險：為了讓經銷商安心，研華提出一套兩全齊美的方案——建立「雙品牌模式」。在大陸，由於經營公司有許多難以預見的風險，

所以一家企業會設立很多分公司以分散風險。若一家分公司不幸倒閉，還可以將資產轉到其他分公司名下，或者可以迴避清算資產與負債的風險。針對此作法，研華協助經銷商成立獨立公司，與研華合資，名義上則是研華的地區分公司。一位在大陸駐點的研華主管說明：

> 「大陸的經銷商很有彈性，可以依不同客戶的需要成立分公司。例如，福升這家經銷商可以和研華成立『福研』，成為研華的子公司；還可以另外成立『福華』，成為凌華的子公司。這樣福升就同時代理兩家公司的產品。」

這個作法擴展至各區域經銷，研華在各城市建立「分公司」。對經銷商而言，這樣的經營模式毫不費力，又不得罪控創。例如，一家華東經銷商就將公司分為兩部分，將原公司放在右邊，將電腦模板部門與研華業務放在左邊，兩邊人員每天交流。左邊的員工會穿上研華的制服，讓客戶來洽公時感覺像是不同公司。面對控創時，這家分公司又是獨立作業，與經銷商無關。

誘人的合格供應商資格：對經銷商而言，轉成研華「子公司」的另一項好處是取得合格供應商（AVL, Approved Vendor List）資格。多數經銷商因為規模小，沒有資格參與大企業採購。為管控浮濫報帳的風險，大企業要求參與競標廠商要通過「合格供應商」，才能列入採購名單。經銷商可借助研華的國際性知名度，列入合格採購廠商。研華則透過「分公司」模式打入國營企業，並借力使力建立服務體系。

大陸經銷商與研華合作還有另一項考量。近年來，經銷體系面臨新參與者如崑崙動態（MCGS）的低價競爭。這類公司將產品價格降至研華的一半，並推出「壞舊換新」的免維修模式。崑崙動態更輔導業務員自行成立經銷分公司，讓原本飽受低利之苦的經銷體系更受擠壓。與研華合資成立子公司，成為在地分公司，是脫離低價競爭的一條途徑。一位在地經銷商指出：

「崑崙竟然鼓勵自己業務員出去成立公司，給一個月的放帳，讓人人都是老闆，結果與經銷商競爭。這還不打緊，他們價格超殺的，當時研華HMI（Human Machine Interface，人機介面）用的7吋平板要價到3,000多元人民幣，MCGS就下殺到1,000至1,500元。品質不穩沒關係，他們馬上送你一台新機。和研華合作，也許可以幫助我們脫離價格廝殺。」

研華在大陸原已建置十多個服務據點，但熟悉電腦模板的工程師仍不多。透過雙品牌模式，研華可以專注較高階的維修問題，像是底板相容性或專屬設計。一般基礎性服務，如例常機台維修以及訂單處理，則轉給經銷商負責。經銷商對這些任務樂此不疲，因為可以經常接觸客戶，維修工作也不會太難，可凸顯自己的價值。這些經銷商開始引薦研華其他工業電腦產品到國企，但仍無法銷售電腦模板。研華在大陸市場漸漸打開知名度，一位區域業務主管說明：

「大陸的經銷體系和大企業間都有長期往來合作默契。他們對各行各業都熟門熟路，也常幫忙國企介紹生意。我們就是用這個網絡進入國企。我們還常常半買半送，像是送免費維修訓練。我們讓經銷商先協助拓展知名度，接著再建立供貨體系。例如，電子部門是依地區別分工，西安所專長衛星通訊，成都所負責電子監控，上海華東所負責華東地區的網路安全。這些部門每年在自動控制採購上的預算約100多萬美元。經銷商幫我們把產品推薦給這些指標性客戶，比我們自己去推銷來得有效。」

經銷放帳制度：研華取得「敲門磚」後，又遇到另一項挑戰。國企因制度問題，通常會有三到六個月的應收帳期，實際收款約需九個月。研華透過雙品牌模式發展出另一項財務操作方法。大陸經銷商為處理應收帳款，經年來已調適出一套「放帳」的交易機制。公部門每年編列的預算看似固定，卻會技巧性地進行內部調節，讓營收符合計畫編列。所以，經銷商多做生意不一定收得到款；少做生意也不一定會虧本。國營企業與經銷商之間形成一套非明文規定的結帳制度，稱之為「溢出報價」；也就是讓「應收」先變「實收」帳款。經銷商報價時會多出5%至10%的溢價作為放帳利息。這種隱性作法需要有人脈作為基礎，只有大陸公司之間才能操作。研華便透過經銷商協助調度資金。

一位外商高階主管指出，這種交易模式在外商體系很難實施。歐洲企業爲符合廉能原則，必須落實準時收款、精確出帳。因此，外商不易洞察這種放帳模式所扮演的交易潤滑功能。掌握大陸的放帳模式，經銷商成爲「內部帳房」角色，使應收帳款作業得以順利進行，穩定現金流並降低交易不確定性。這種「彈性掛帳」的方法讓研華逐步切入國營企業，強化與中階客戶的連結。研華透過此合資模式，快速在大陸市場建立經銷體系，提供通貨、融資與維修服務，提高品牌信賴感，也讓國企機構更有意願合作。大陸經銷商透過合資，不但成爲國企機構的合格經銷商，也取得研華的維修與服務知識，累積專業能力。

第一階段中，研華相對於控創是弱勢，特別在市場上的主導地位。然而，控創的強大帶來經銷商的生存危機感，浮現強勢者必然的脆弱點。研華觀察到經銷商亟需另尋營收來源，並展現自己於供應鏈上的價值，也就順勢成立雙品牌模式，讓經銷商變成研華的「隱形子公司」。研華輔導經銷商進入工業電腦銷售體系，這是雪中送炭。因爲經銷商所遭遇的困境，AVL 變得格外有價值，成爲重要的互補資源。研華也因此改變原本的經銷交易關係，轉變成總部與子公司關係，這是角色上的轉變。如此一來，經銷商變成有求於研華。

逆轉卓越服務：派遣駐地工程師

控創的策略是鎖定頂級客戶，以專業的技術團隊，包括銷售、專案經理、應用工程師、研發工程師，提供完善的售後服務。控創在 ETX 的研發團隊除了電機工程師（ME, Mechanical Engineering）與電子工程師（EE, Electrical Engineering）外，還配置 BIOS（Basic Input and Output Systems）工程師參與系統研發，以建置系統軟硬體與韌體架構。控創從規格制定、模型設計到功能測試，每階段都要送回德國總公司檢測，以確保系統開發品質。即使交貨後的維修，控創也會堅持必須送回德國進行檢測，依專案複雜程度約需六到二十四個月。

頂級客戶擁有寬裕的資源和預算，比較不在乎維修時間，「不會出錯」是這些買家的考量。控創取得頂級客群信任，可專心地經營利基市場。例如，奇異醫療的電腦斷層掃描系統、輔助診斷設備、特殊病症的床邊診斷系統等，都需要精密的電腦控制設備，控創自然成為首選。控創精良的技術帶來議價優勢，電腦模組產品較一般同業高出三倍，少有議價空間。控創的維修必須經過嚴謹的診斷，零組件更換也都必須送回原廠測試，以確保系統穩定。不過，大陸國企對此卻深感困擾，擔心維修會造成作業中斷。昂貴的維修服務，也墊高國企的經營成本。

駐點維修服務：初期，研華電腦模組部門工程師只配置兩人，以維修與規格設計為主。研華固然在工業電腦占有一席之地，但短期內技術水準尚未到位。要切入頂級客戶並不容易。於是，研華透過經銷商轉向國企，為指標性客戶提供駐點維修服務。電腦模組其實是半成品，必須配合底板設計才能導入。研華常聽到客戶抱怨控創的維修時間過長，價格又沒有彈性。所以，研華在上海派出具有系統設計能力的維修工程師進駐國企，即時提供維修服務。

一次購足服務：這些駐點工程師經常聽到國企主管抱怨控創嚴格的付款條件、沒有降價空間、服務太慢等問題。研華便主動提供「打包採購」服務。一位研華主管說明：

> 「維修過程不可能不採買零件。客戶需要特殊的電子料號、關鍵元件或周邊零組件，我們都可以在最短的時間內找到，因為研華本來就有一套全球尋購系統；甚至連辦公設備的採購或其他運輸機具等非電子周邊商品，我們的駐點工程師也都可以幫忙找廠商議價。我們會把最後的工作交給經銷商，讓他們在客戶面前有功勞。」

駐點工程師不只提供電腦模板產品，其他產品線也都在採購清單中。研華主動提供電子購料的比價分析及合格廠商名單，縮短採購流程，讓國企有「買一贈多」的實惠感。提供完整的規格制定與採購服務，讓給國企無後顧之憂，反成為研華的通路優勢。一位研華業務主管指出：

「COM 的產品技術門檻高，我們都是先和給國企研發人員談，慢慢瞭解他們的技術需求。國企發現，研華連 COM 都做得出來，又有板端產品、LCD 模組等，他們的採購部門就願意和我們談。然後，一個工業電腦產品就會帶出一連串的採購清單。」

單一帳號：研華整合自家產品線，提供給國企「一次購足服務」，也發展出「單一帳號」機制，以總產品銷售額計算。這是除電腦模板銷售額外，還含控制模板與其他工業電腦設備，而不是以電腦模板單項產品來計算績效。此外，相較於控創僵硬的付款規定，研華提供三至六個月的付款彈性，配合客戶資金調度需求。研華實施整合採購模式後，付款條件也更有彈性。駐點工程師還經常免費幫國企更換散熱器等周邊零件，建立良好關係。

於第二階段，研華發現控創的維修雖然精密，但時間耗費太久，且維修價格高昂，這是「強者必弱」之處。國企最需要的是即時維修，於是駐點工程師變成重要的互補性資源，不僅提供維修的協助，更當起技術顧問，輔助國企進行資訊產品採購。駐點工程師與技術採購讓研華與國企變成指導者與受協助者的關係，使得研華由搖身一變成為強勢者。

逆轉技術領先：推出準軍規

控創有技術上的優勢，雖然嵌入式電腦技術號稱是開放式架構，事實上控創的內藏卻有「不開放」的設計。控創的 CPU 模組板上有四個自行定義的腳架（pin），其中有三支腳開放給聯盟社群成員，用來定義各項程式功能，例如解析度、網路連線等。但第四支腳卻暗藏玄機，只有控創的工程師可以使用，是控創的「升級版」武器，像是讓解析度提高，讓網路傳輸速度更快、更穩定。一位業界專家分析：

「控創的軍規讓追隨者難以追趕，COM 產品的幾項祕密武器更拉大與競爭者的距離。除了韌體的設計、標準的制定、嚴謹的維修與研發測試外，他們的 COM 背板上，第四支腳的升級功能可以讓普通車突然變成『超跑』（超級跑車）。有這些技術，讓控創的技術領先地位難以撼動。」

當工程師要設計軍事用衛星定位傳輸，或是遇上網路基礎建設不健全時，就需要發揮第四支腳的功能。這項祕密武器讓控創能切入利基市場。當其他廠商需要花六至十二個月的時間去升級功能時，控創可以用第四支腳就地升級。第四支腳還預留應用彈性，讓控創可因應產業需求調整功能。例如，同樣的網路傳輸速度，控創的主機板能因應遠洋航運或是都會城市的需求，設計多工啓動（multiple booting）功能。廠商在修改程式時，若不小心誤觸隱藏的第四支腳，則可能造成當機。

控創通常提供最新技術，以拉高價格優勢，但未必符合國企需求，原因有二。首先，技術引入有障礙。國企除了軍事設備需要用到「軍規」（軍用規格）的電腦模板外，其他如控制系統、通訊設備或網路服務，未必需要用到軍規（因爲設備通常會在常溫的室內）。其次，預算配置有規範。國企的預算需配合政策機關刪減而波動。預算有限時，國企未必有充裕的採購經費。

以韌體設計突圍：爲迴避控創埋藏的技術限制，研華重新設計韌體。不過，控創對於技術機密嚴加控管，所有碰觸到 BIOS 的韌體程式修改都必須送回原廠處理。研華也無法取得關鍵技術。有此優勢，控創可確保在軍規市場的領先地位，也不擔心聯盟廠商成爲勁敵。對國企來說，升級就必須送德國維修，不免大費周章，他們反而比較在乎即時維修。

研華以韌體設計策略來避開控創第四支腳。雖然第四支腳能帶來高解析度或是高速網路傳輸，但是要修改控創的韌體不容易。於是，研華捨棄自己的韌體程式，轉而幫客戶客製韌體程式，像是以網路喚醒主機、4 秒開機、特殊載板設計等。略過第四支腳的程式，研華的客製程式反而穩定。當客戶遇到問題時，可將板子寄回研華總部更換，或是由駐點工程師到場協助。

考量到「軍規級產品、高價服務」這樣的模式不是所有客戶都能負擔得起，一般客戶能接受 15% 至 20% 的專業服務價差，超過這個價差，客戶就不見得有足夠的預算。一位研華產品經理分析：

「其實有些電子料號不一定要用到最頂級的，尤其有些國企的電腦設備都
　放在空調房間，溫溼調節合宜，其實是不需要全部購買軍規。這也讓我
　們找到切入點，我們會幫客戶規劃，看看設備中有哪些不需要用軍規的
　元件，用配搭的方式幫他們研擬採購計畫。」

　　電腦系統可分為軍規、工規與商規三種規格。「軍規」（軍事用規格）可
以承受最高攝氏 85 度、最低攝氏零下 45 度的高低溫差，並能承受高震動、高
溼度等，這樣的規格讓系統相當穩定。相較之下，「工規」（工業用規格）
可以承受的高低溫差在攝氏 65 度到攝氏零下 20 度之間；「商規」（商業用規
格）則在攝氏 45 度至 0 度之間。

　　客戶採用軍規的原因不外乎是安全考量。研華會派駐點工程師瞭解客戶需
求後，再配搭規格。例如，在西安的軍事單位，冬天不可能出現零下 45 度，
系統只要做到承受零下 25 度即可。耐震度上，坦克車就不需要悍馬車的耐強
震規格。在作戰環境，野戰部隊也不需要特種部隊的「急速拋摔、立即啟動」
設計。

　　於是，研華推出「準軍規」的產品配置，一方面可以符合客戶的成本考
量，另一方面也降低客戶的憂慮。在技術換代時，研華提出搭配方案，以該年
度預算為基準，搭配軍規與工規（工業規格）推出「準軍規」的產品。駐點工
程師以免費維修提升自己的研發能力，也取得客戶信任。瞭解客戶的技術需
求，準軍規省去不必要的過度採購。研華卡住換代時機，提供優惠價格。一位
研華技術主管解釋：

「你可以找出客戶的設備中有哪些不需要用到軍規的元件，把工規產品
　配套軍規，然後跟客戶說這是『準軍規』，但還是『軍規』喔，這樣他
　們就很能接受。如果你跟客戶說，這是配套工規的產品，叫做『超工
　規』，那他們就會皺眉頭了。」

準軍規產品的價格比控創軍規預算要便宜15%至30%，對於預算有限的國企是強大誘因。準軍規既符合成本考量，也較少品質憂慮。許多客戶一開始會找外商，以確保系統建置無虞。一旦系統穩定後，在技術換代時，客戶多會尋找替代方案以降低預算。卡住換代商機，成爲研華的核心戰略。

隨後，準軍規的靈感也讓研華往低價市場發展。低價市場多採用商規（商業規格）產品，但一遇到不穩定的工廠環境，系統就會出問題。於是，研華推出「準工規」配套，讓低價市場的客戶可以將部分商規的電腦模板以及相關零件升級爲工規，也就是混搭商規與工規產品。如此，當有些工廠遇到較爲不穩定（如溫溼度變化、震動、噪音等因素）的環境，便可以搭配工規產品，而正常狀況下則可使用商規產品。在控創全力守住高端客戶時，研華默默地進攻中低價市場。

在第三階段，研華發現，控創雖然有技術優勢，但造價也因此昂貴，這是「強而必弱」的機會點。研華由駐點維修，延伸爲技術諮詢服務，協助國企研擬技術採購規格，這是資源互補，更是義氣相挺。在這個過程中，研華的角色變成「專家」，去協助國企，因而又找到技術換代的契機，推出準軍規、準工規的混搭銷售方式，切入高低端市場，也轉變了兩者間的強弱關係。

/ 由強尋弱的邏輯 /

要以小博大、以弱擊強，千萬不能暴虎馮河。弱勢者回應強勢者時，要是不自量力，只會落得螳臂擋車的下場。弱勢者要懂得由「強者必弱」的邏輯來施展「逆強」的三原則：由強尋弱、資源互惠、關係逆轉（參見表10-1與圖10-2）。

表 10-1　逆強三原則——由強尋弱、資源互惠、關係逆轉

逆強原則	第一階段 雙品牌模式	第二階段 駐地維修服務	第三階段 技術諮詢服務
由強尋弱	引發經銷商被邊緣化的危機感，於是研華透過雙品牌模式將供應商變成自己的盟友。	卓越維修使維修耗時過長，於是研華提供駐點維修服務，延伸到採購協助。	技術領先但價格過高。研華熟悉客戶的需求，於是以準軍規組合找到技術換代的商機。
資源互惠	研華以雙品牌模式，協助經銷商取得國際競標資格；這卻成為經銷商的生存商機。	在作業中斷與高昂維修費用的恐懼中，研華提供駐點維修服務，變成國企的及時雨。	研華提供貴賓帳號、技術顧問等資源，協助國企找出「準軍規」方案，省下大幅預算。
關係逆轉	總部與分公司：研華與經銷商原是交易關係，研華居弱勢；雙品牌讓經銷商變成分公司，強弱逆轉。	醫生與病患：研華與國企原是買賣關係，研華居弱勢；駐點維修讓研華變成良醫，國企變成病患，強弱逆轉。	老師與學生：研華與國企原本是主從關係，研華居弱勢；技術諮詢讓研華變成老師，國企變成學生，強弱逆轉。

　　第一，由強尋弱：弱勢者可能難以找出強勢者的弱點，但強壯能力的背後總會隱含相對脆弱的一面。逆向追溯強勢者的能力，便可找出其脆弱點。這就像是希臘神話中的阿基里斯（Achilles），出生時母親就將他泡入聖河之中洗禮，以打造金剛不壞之身。造化弄人，母親的手抓住了阿基里斯的腳踝，該處沒泡到神水，便成了他的罩門。在特洛伊戰爭中，阿基里斯雖然武藝高超，刀槍不入，卻因脾氣暴躁，意氣用事而失去援軍。神射手帕里斯由太陽神口中套出阿基里斯的祕密，以毒劍射中阿基里斯的腳踝，一代英雄抱憾身亡。讓阿基里斯倒下的雖是他的腳踝，可是讓阿基里斯毀滅的卻是他易怒的性格。

　　「由強尋弱」可以幫助弱勢者找到回應的時機。德方技術水準強，研華相對是技術跟隨者，屈居劣勢。不過，德方的強勢卻也引發經銷商被邊緣化的危機感。於此，研華找到逆轉契機，透過雙品牌模式將供應商變成自己的盟友。控創以卓越維修見長，卻使維修耗時過長、成本過高；對需要盡速恢復作業的國企客戶來說緩不濟急。於是，研華提供駐點維修服務，延伸到採購協助。控

創技術領先，但價格過高也毫無彈性，令客戶難以負擔。研華因熟悉客戶的需求，又以「準軍規」組合策略找到技術換代的商機。

弱勢者找尋「強者必弱」的契機，就可找到自己「由弱變強」的時機。強勢者有鋒芒，但必然因鋒芒畢露而「必漏」，顯現出自己的缺點。「逆強」不是叛逆，而是顛覆「強者越強，弱者越弱」的迷思；當找到逆強時機，弱者便可以伺機而動，啟動「由弱轉強」的行動，翻轉優劣局勢。

第二，資源互惠：以敵方的脆弱點作為交換資源的策略，讓雙方資源互補。難處是，當本身缺乏資源，要向外求援，又遭遇對手抵制，弱勢者應該如何回應？此時，無中難以生有。弱勢者沒有足夠資源，卻可以透過「草船借箭」式的資源再覓，化敵人資源為我方可用資源，改變資源劣勢。逆轉的機緣就在看清：取得夥伴的資源前，先提升自身資源的交換價值。弱勢者可由「脆弱點」切入，將自身資源重新包裝，以雪中送炭的策略提升其價值，再與對方交換所需資源。

例如，研華以雙品牌模式與 AVL 等資源，協助經銷商化解被邊緣化的危機。研華提供駐點維修服務，讓國企避免作業中斷與高昂維修費用。研華提供貴賓帳號、技術諮詢服務，協助國企找出準軍規方案，省下大幅採購預算。

第三，關係逆轉：透過資源交換轉變雙方角色，進而轉換強弱權勢，改變遊戲規則。研華與經銷商原本是交易關係，研華居弱勢；變成雙品牌模式，研華就變成「總部」，經銷商變成「分公司」，強弱關係發生逆轉。研華與國企原本是買賣關係，研華居弱勢；但透過駐點維修，研華就變成「醫生」，國企變成「病患」，強弱關係便產生逆轉。國企與研華原本是主從關係，研華是弱勢；透過技術諮詢協助，研華就變成「老師」（技術專家），國企變成「學生」（受輔導者），強弱關係又逆轉。

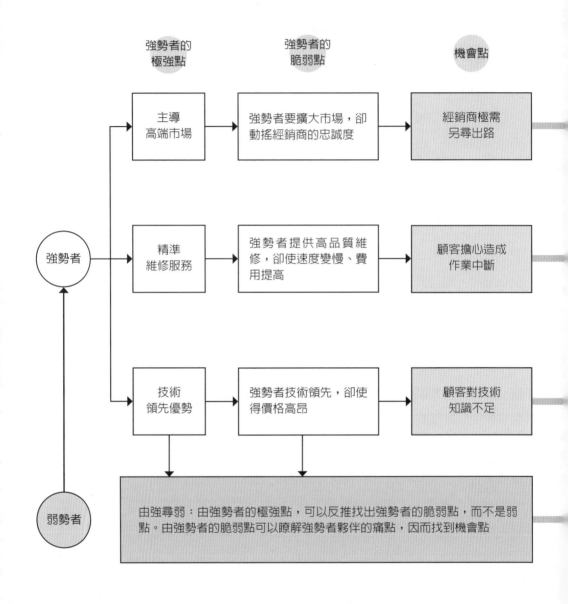

圖 10-2　逆強的策略過程──由強尋弱、資源互惠、關係逆轉

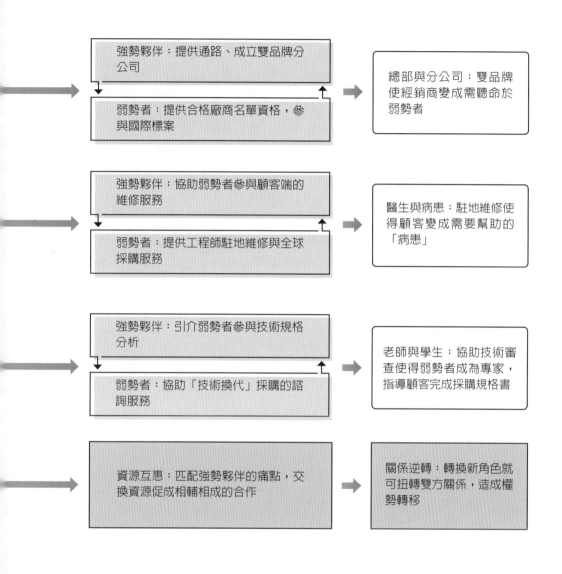

強勢夥伴：提供通路、成立雙品牌分公司

弱勢者：提供合格廠商名單資格，參與國際標案

總部與分公司：雙品牌使經銷商變成需聽命於弱勢者

強勢夥伴：協助弱勢者參與顧客端的維修服務

弱勢者：提供工程師駐地維修與全球採購服務

醫生與病患：駐地維修使得顧客變成需要幫助的「病患」

強勢夥伴：引介弱勢者參與技術規格分析

弱勢者：協助「技術換代」採購的諮詢服務

老師與學生：協助技術審查使得弱勢者成為專家，指導顧客完成採購規格書

資源互惠：匹配強勢夥伴的痛點，交換資源促成相輔相成的合作

關係逆轉：轉換新角色就可扭轉雙方關係，造成權勢轉移

強者必弱的道理其實不難理解。研發強，價格就會高，銷售就不一定強；維修卓越，效率就難以快，費用也不會便宜；對頂級客戶無微不至，就會冷落其他顧客。凡事，都是相對的。因此，遇見困境時，切勿懷憂喪志，先試著瞭解弱勢者與強勢者的逆向脈絡，也就是「越強者，可使而越弱之」。弱勢者若能反其道而思，必能觀得自身強項；若耐性而慮，也能由強勢者之強處查出其弱點。找出強勢者之弱，與弱勢者之強，便可以研擬「以弱之強，攻強之弱」的回應。針對強勢者的脆弱點，弱勢者可重新建構手邊資源的價值，就可以交換夥伴的資源。這也牽動角色的轉換，改變與夥伴的互動關係，使之朝向自己有利的方向發展。

　　劣者，少力也，劣勢中要創新就必須找出以最少力量去釋放龐大創意的槓桿點。在人微言輕的環境中找出解決方案，需要以逆強思維來運用有限資源，化制約為助力。常言道：「當上帝關掉一道門時，同時也會為你開啟另一扇窗。反之，當上帝為你開啟一扇窗時，同時也會隨手關上一道門。」強者必然存有脆弱點，理解強者的脆弱，弱者就可由自身柔弱面反推出自己的強項。劣勢下之所以能取勝，就在弱勢者能察覺強勢者的脆弱，從而找到由弱變強的契機，使敵我雙方不正面衝突，也可以扭轉劣勢。這種剛柔並濟的逆強方式便是由強尋弱的邏輯。

注釋

1.　故事改編自《聖經・撒母耳記上》，17: 1-54。

2.　這是「資源論」的觀點，參見：Barney, J. B. 1991. Firm resources and sustained competitive advantage. *Journal of Management*, 17(1): 99-120.

3.　弱勢者如何對峙強勢者，請參見：Bouquet, C., & Birkinshaw, J. 2008. Managing power in the multinational corporation: How low-power actors gain influence. *Journal of Management*, 34(3): 477-508.

4.　策略回應手法可參見：Oliver, C. 1991. Strategic responses to institutional processes. *Academy of Management Review*, 16(1): 145-179.

5.　Birkinshaw, J. 2003. The paradox of corporate entrepreneurship. *Strategy and Business*, 30(30): 46-57.

6. Hargadon, A. B., & Douglas, Y. 2001. When innovations meet institutions: Edison and the design of the electric light. *Administrative Science Quarterly*, 46(3): 476-514. 該文中以愛迪生案例說明如何由物件的設計去解讀出柔韌的回應策略，也可參見：蕭瑞麟，2020，第15章〈策略回應：愛迪生計中計〉，《不用數字的研究：質性研究的思辨脈絡》，台北：五南出版社。

7. 階梯數位學院的案例值得作爲「柔韌設計」進一步的參考，請參見：陳蕙芬，2015，〈柔韌設計：化機構阻力爲創新助力〉，《中山管理評論》，第1期，第23卷，13-55頁。蕭瑞麟，2016，《思考的脈絡：創新可能不擴散》，台北：天下文化出版。

8. 案例詳見：蕭瑞麟、歐素華、陳蕙芬，2014，〈劣勢創新：梵谷策展中的隨創行爲〉，《中山管理評論》，第2期，第22卷，323-367頁。

9. 逆強論的學術討論請參見：蕭瑞麟、歐素華、蘇筠，2017，〈逆強論：隨創式的資源建構過程〉，《臺大管理論叢》，第4期，第27卷，43-74頁。（本研究榮獲2020年聯電論文獎。）

10. 本案例感謝研華科技董事長劉克振大力支持，以及各部門同仁協助受訪；並感謝研華執行董事何春盛協助後續調查。政治大學科技管理與智慧財產研究所楊純芳、陳穎蓉同學以及東吳大學張嘉琳同學協助資料整理，在此一併感謝她們辛勤的付出。

11

逆轉勝
劣勢下隨手拈來的少力思維
Creative Turnaround, Tossing Out

在最後這章，我們從當代的趨勢重新檢視《服務隨創》這本書所希望分享的觀點。我們先談一談邏輯思維，然後回顧一下當代服務創新的迷思，最後再來回顧劣勢下的服務創新。本書一開始以創造性毀滅開頭，探討柯達的創新引擎為什麼會失靈。這其中點出「盛極必衰」的邏輯，身處優勢的領先者如果不能夠居安思危，最後會被自己的成功綁架，產生「僵思效應」。這個道理其實很簡單，但是從歷代君王到當代企業家，卻都不可避免地忘記這個教訓，因而墜入惡性循環。本書聚焦於三項服務創新主題：以人為本、複合綜效、少力設計。

以人為本
/ 匱乏時，精準洞察 /

在主題一中的案例希望揭開「以人為本」的迷思，同時要介紹如何洞察使用者行為。在實務界，服務創新最常提到的便是「設計思考」[1]。這是由 IDEO 設計公司發展出的一套創新方式，希望能找出顧客的行為脈絡，然後再從中找出創意的解決方案，分為五個步驟：發揮同理心，站在使用者角度思考；定義關鍵問題，找出顧客痛點；以腦力激盪快速構思大量方案；製作半成品以模擬現況，以小失敗進行實驗；根據使用者回饋反覆修正。但是這些步驟只是行政程序，我們其實無法理解到底要如何分析使用者，特別是在限制的條件下，精準地釐清顧客的需求，成為一大挑戰。

在「以人為本」的主題中，我們介紹人物誌、顧客旅程與文創行銷等作法。第一，用人物誌來分析台北捷運報所面對的目標客群：明日星，背後的邏輯是「精準分眾」。我們往往認為，產品或者服務應該要針對大眾設計，才會划得來，卻沒有想到，要針對大眾，就等於沒有關注到任何群眾，也就不會命中。這個案例點出，分眾不是小眾，而是更加細膩地理解大眾裡不同的群眾行為，然後才去設想解決方案。

第二，我們再由使用者延伸到服務流程。服務創新先要瞭解流程中顧客的接觸點，然後分析每個接觸點所需要的改善。但這還不夠，我們要以流程為出

發點，去探索顧客旅程。這是「相對期望」的邏輯，必須瞭解顧客在流程中的體驗。服務設計不能太過強調功能性，卻忽略顧客的感受。繪製顧客旅程的目的就是要改善服務體驗，而要理解體驗，需要對應到顧客過往的經驗。這樣才能夠撫平顧客在旅程中不佳的感受。

第三，我們轉而探討故宮商店的文創行銷方式。觀眾帶著滿腔熱忱來到博物館，卻往往敗興而歸。這是因為博物館仍然限於「古墓派」的策展與導覽方式，而觀眾在難以理解文物內涵的狀況下，常變成走馬看花。運用導意來引導觀眾認知、誘導觀眾對文物發生興趣、開導觀眾對文物的迷思，便能讓博物館變得生動有趣，同時也可以增加商店的銷售。顧客體驗需要是驚豔，而不是「驚厭」。

總之，服務創新要以人為本，所以要善用人物誌來精準分眾；要繪製旅程來瞭解顧客感受。再者，使用者對創新產生誤解時，無法感受服務的內涵。此時，我們必須採用導意的策略，轉換使用者的認知，開導使用者的迷思，以體會。要反轉劣勢，要瞭解「人性」的科學。

複合綜效

/ 缺少時，以巧成多 /

主題二探討的是面對困境時如何策略地複合資源，產生相輔相成的效果，以促成服務創新。史丹利工具案例分析如何尋求資源綜效，既活化資源的價值，也拓展事業版圖。史丹利的併購沙盤推演讓我們發現，資源複合需要的不只是巧思，更是紀律。隨之，研華IMAX更指出，所有技術獨立存在的價值，必然低於技術複合的效果，這便是「技術整合」的邏輯。綜效的紅利源自於技術的取長補短，而和諧地共同運作。

天脈聚源案例探索電視機與手機的複合，分析如何由技術的整合促成雙屏聯動的服務模式。兩個螢幕的相輔相成，所催生的是「虛實融合」的邏輯，虛與實、線上與線下、電視機與手機，最後都將融為一體，產生千變萬化的搖動

商務。然後，愛奇藝案例探索後進者的敏捷調適。環境在變化，競爭在變動，身為後進者不能夠原地踏步，更不能奢望複製模仿。影音平台這個產業特別適合研究商業模式的調適，因為變動太快，一不小心，長江後浪推前浪，後浪說不定也會死在沙灘上。從拚流量、拚載具、拚價格、拚內容到拚智財，不同的時期需要不同「調適複合」的邏輯，才能夠巧用有限的資源。

服務創新需要理解複合的作為。資源少需要透過巧用；而巧用的關鍵在於找出資源間的相輔相成。讓資源活化流動，讓虛實融合一體，在變動中以策略回應，由技術整合產生綜效。透過這些作法，新舊商業模式可以複合，手機與電視機可以複合，線上與線下可以複合，技術與服務可以複合，不同類的技術可以複合，內容、載具、智財可以複合；到最後，所有資源都可以複合。劣勢變成優勢的關鍵是理解如何調動組織的資源、協調組織的運作、發展出獨特的組織作為。

少力設計

/ 劣勢時，施展隨創 /

主題三談的是「少力設計」的觀念。之前，bricolage 一詞原來被翻譯成拼貼、拼裝、拼湊、隨機組合等。後來為了與創新管理觀念結合，才改稱為「隨創」，目前也漸漸成為正式的學術用語[2]。隨創，是隨興、隨緣、隨意而實踐出來的創新，但不是隨便的創新。人類學家李維・史特勞斯研究雜藝工匠時，發現隨創其實是披荊斬棘的勇氣以及就地取材的智慧[3]。不過，在企業實際上要如何施展隨創，至今所知仍有限。

與劣勢創新很類似的是儉樸創新，談的是落後國家在資源匱乏的條件下，如何以少為多，發揮資源最大的效用[4]。儉樸不是極簡，儉樸是窮困中找出創新之路；極簡是花大錢想出奢華但內斂的設計。儉樸創新是以巧思將有限資源拼湊出價值，化腐朽廢物為神奇資源，印度話稱之為 Jugaad。例如，印度以陶土做成不用電的冰箱；用腳踏車動能幫手機充電；將簡易濾水器放進吸管，讓非洲部落小孩可以喝到淨水。這是「以少，勝於多」（use less for more）的原則。

另外一個觀念是資源延展，其實與儉樸創新的作法很類似[5]。主要觀念就是遵循六步驟來延展資源的用途。其一，要改變追逐資源的心態，以積極的態度面對資源的限制。其二，拆解資源中的構成元素，就可以混搭出新方案。其三，找出隱藏的資源加以善用，如此垃圾也可以變黃金。其四，要懂得臨機應變，一邊拼湊資源、一邊調整修正。其五，要找圈外人合作，才能喚醒對資源的新理解，這是旁觀者清的道理。其六，嘗試去融合兩相衝突的資源；就像找到乳化劑，水與油也可以融合為一。

但是，這種資源延展的方式有些太過簡化，所提出的只是片段的證據，看不到劣勢創新的全貌。隨創要處理的核心問題是「制約」，在限制條件下如何活化有限資源。兩位管理顧問嘗試回答這個問題而寫了一本書——《美麗的限制》，認為要延展資源使用範圍、要對限制條件提出質疑、要有信心、要妥當消化失敗的情緒等[6]。同樣地，這本書所舉的例子也是片段的，所提出的原則仍然是概念性的。雖然也有許多號稱「逆轉勝」的書籍，像是豐田如何由失敗逆轉勝[7]、麒麟啤酒如何逆轉勝[8]、佳能電子如何靠洞察問題而逆轉勝[9]等。然而，這些商業案例大多只是回憶性報導，描述企業推出哪些改善計畫，於是就轉虧為盈。對於這樣的逆轉勝報導，也是過於簡化，難以令人相信。

劣勢的另一個難題是強弱的不對等。制約束縛、資源匱乏已經夠令人頭痛，若是再加上強勢者的鎮壓，那幾乎是令人絕望。暢銷書《以小勝大》就提到大衛對抗哥力亞的故事，說明以小博大是可能的[10]。牧羊人大衛雖然相對弱小，但是行動敏捷。巨人哥力亞雖然力大無比，卻動作遲鈍、眼力不好。以己之長，攻彼之短，就可以逆轉勝。不過，這本書收錄的大多是揣測性報導，對於逆境中如何改劣勢也還沒有著墨。

主題三說明隨創於不同情境的運用。星野集團案例探索隨創的原則：就地取材、將就著用以及資源重組。從這個基本觀念延伸分析：在地資源要如何取用、如何針對分眾調整資源的用途，以及資源如何轉換價值。隨創的根本是資源的拼湊，遇到劣資源時需要先轉換性質。這是依據「以少為巧」的邏輯，善用資源的文化性去轉換其物質性，以改變資源的價值。曜越科技案例更深入

探索資源轉換的議題。當我們遇到「負資源」時，可以透過改變資源的文化性質，而改變資源的價值。同時，塑造自己與夥伴之間的相互依存關係，也就會使雙方的資源跟著相互依賴，截長補短。曜越案讓我們理解「負負得正」的邏輯。一旦找到脣亡齒寒的關係，就可能找到兩項負資源的組合巧思，產生正面的價值。正與負是相隨的，找到對的連接點，轉角處就會發現負資源的正能量。

最後，研華科技的案例探索「逆強」的觀念。面臨強勁的對手與夥伴，弱勢者往往一籌莫展。市場進不去，資源取不得，劣勢翻不了，又要如何能夠逆轉勝呢？研華案例點出「由強尋弱」的邏輯。逆強並不是叛逆，而是「反著看」——由強勢者的強項，可以推導出他的脆弱點；於是就可以構思弱勢者的強項，去回應強勢者的脆弱。透過這種逆強作法，就可以進行資源交換，改變角色，逆轉敵友關係，翻轉優劣勢。強勢者雖然少有弱點，但是必然有「脆弱點」；這便是弱勢者的生存機會。不過，弱勢者如果只是「弱者」，那就不需要逆強了，只能等著循優勝劣敗的法則被淘汰。

隨創不再是簡單的資源拼湊。阻力之所以能夠變成助力，是因為瞭解禍福相倚的道理（壞事的另一面必然存在好事，只是不明顯），學會換個角度去看待制約，懂得擴大範圍去找資源，善用講究不如將就的巧思，轉換資源的文化特性。隨創不會自己跑出來，但等待過於被動，太過主動又容易變成魯莽。辨識時機必須學會解讀危機，從全新的角度去找出轉機，由無用的資源看見有用的竅門。

萬一手上皆是劣資源，也無須惶恐。巧用資源的二元性——物質特性中有文化特性；改變性質，便可改變價值。劣資源依然可以轉換成優資源。若是遭遇到不對等局勢，弱勢者也需鎮定，施展「由強尋弱」（強者必有其脆弱點）、「資源匹配」（投其所好，以交換資源）、「關係逆轉」（轉換角色來改變強弱關係）的逆強作法，弱勢者也可以找到生存空間。逆轉勝，需要熟悉「資源」的科學。

企業不論大小，組織不管公私，都會有遇上劣勢的時候。與其坐以待斃，

不如放手一搏。然而，單憑一己之勇或是華麗的口號，是難以改變現狀，更別談化危機爲轉機。通常的結局是感嘆生不逢時，而後黯然被淘汰。服務隨創提供的實踐性觀念是：劣勢翻轉必須回到基本面，從使用者著手，理解顧客的痛點，眞誠地爲他們解除痛點，並讓顧客在旅程中感受到愉悅的體驗。隨創也要找出資源複合的策略，以少爲多，去克服層層的制約。劣勢中創新，需洞察少力設計的作爲，才能走出一條深具自我風格的道路，逆轉劣勢。

逆境中蘊含比順境時更巨大的寶藏。劣勢不是詛咒，而是上天賜予的祝福。當我們謙虛地面對制約，體會化痛點爲亮點，以少爲巧，由弱轉強的邏輯；便會時時警惕，企業常敗於驕奢，而成於困頓。劣勢創新眞正的意義，不在於大張旗鼓地推動變革，而是從困境中找到逆轉的希望，讓刺蝟也能擁抱仙人掌，使憂慮也能昇華爲優勢。然後，優雅轉身俱巧思，隨手拈來皆妙意。

注釋

1. 提姆・布朗（吳莉君譯），2010，《設計思考改造世界》，台北：聯經出版公司。

2. 請參見：蕭瑞麟、歐素華、陳蕙芬，2014，〈劣勢創新：梵谷策展中的隨創行爲〉，《中山管理評論》，第2期，第22卷，323-367頁。蕭瑞麟、歐素華、蘇筠，2017，〈逆強論：隨創式的資源建構過程〉，《臺大管理論叢》，第4期，第27卷，43-74頁。

3. Levi-Strauss, C. 1968. *The Savage Mind*. Chicago: University of Chicago Press.

4. 納維・拉德築、賈迪普・普拉布（吳書榆譯），2016，《儉樸創新：用得更少、做得更好》，台北：天下文化。這兩位是印度籍作者，目前與劍橋大學研究窮困國家中的創新。

5. 史考特・索南辛（薛怡心譯），1996，《讓「少」變成「巧」——延展力：更自由、更成功的關鍵》，台北：新經典文化。延展力的學術概念可以參見：Sonenshein, S. 2014. How organization foster the creative use of resources. *Academy of Management Journal*, 57(3): 814-848.

6. 亞當・摩根、馬克・巴登（柴婉玲譯），2017，《美麗的限制：爲何嶄新的商業想像，常來自匱乏的條件下？》，台北：大寫出版。

7. OJT-Solutions（曾佩琪譯），2017，《TOYOTA的失敗學：善用失誤，創造逆轉勝》，台北：台灣角川。

8. 田村潤（楊毓瑩譯），2018，《爲什麼我家的冰箱都是麒麟啤酒：日本高知分店銷售現

場的奇蹟式逆轉勝》，台北：今周刊。

9. 酒卷久（林佑純譯），2018，《逆轉勝就靠洞察力：找出簡單美好的本質，化解獲利、能力、用人、趨勢難題》，台北：商業周刊。

10. 麥爾坎‧葛拉威爾（李芳齡譯），2018，《以小勝大：弱者如何找到優勢，反敗爲勝？》，台北：時報出版。作者麥爾坎‧葛拉威爾（Malcolm Gladwell）曾任《華盛頓郵報》記者近十年，後成爲《紐約客》專題作家。

國家圖書館出版品預行編目（CIP）資料

服務隨創 ： 少力設計的邏輯思維 ／ 蕭瑞麟
著. -- 三版. -- 臺北市 ： 五南圖書出版股
份有限公司, 2023.10
　面；　公分
ISBN 978-626-366-396-1 (平裝)

1.CST: 服務業 2.CST: 創意

489.1　　　　　　　　　112012266

1FAC

服務隨創：
少力設計的邏輯思維（第三版）

作　　者 ― 蕭瑞麟

責任編輯 ― 唐　筠

文字編輯 ― 許馨尹、黃志誠、林芸郁

封面設計 ― 林銀玲、姚孝慈

發 行 人 ― 楊榮川

總 經 理 ― 楊士清

總 編 輯 ― 楊秀麗

副總編輯 ― 張毓芬

出 版 者 ― 五南圖書出版股份有限公司

地　　址：106臺北市大安區和平東路二段339號4樓

電　　話：(02) 2705-5066　傳　　真：(02) 2706-610

網　　址：https://www.wunan.com.tw

電子郵件：wunan@wunan.com.tw

劃撥帳號：01068953

戶　　名：五南圖書出版股份有限公司

法律顧問　林勝安律師

出版日期：2019年2月初版一刷
　　　　　2020年12月二版一刷
　　　　　2023年10月三版一刷

定　　價　新臺幣500元整